新疆喀什阿帕克和加麻扎大礼拜寺藻井

新疆喀什阿帕克和加麻扎绿顶礼拜寺

广州怀圣寺光塔

福建泉州清净寺大门

福建泉州清净寺大门藻井

福建泉州清净寺

浙江杭州凤凰寺鸟瞰

浙江杭州凤凰寺礼拜殿圣龛

浙江杭州凤凰寺天花彩绘

江苏松江清真寺礼拜殿内景

江苏松江清真寺二门

河南沁阳清真寺后窑殿外景

北京牛街清真寺望月楼

北京牛街清真寺礼拜殿后窑殿

北京牛街清真寺礼拜殿内景

北京牛街清真寺后窑殿天花

北京东四清真寺礼拜殿内景

河北定县清真寺礼拜殿内景

天津大伙巷清真北寺礼拜殿屋顶

天津大伙巷清真北寺礼拜殿入口

内蒙古呼和浩特市清真大寺

陕西西安华觉巷清真寺碑亭

陕西西安华觉巷清真寺省心楼

陕西西安华觉巷清真寺礼拜殿

陕西西安华觉巷清真寺大殿内景

陕西西安华觉巷清真寺砖雕影壁

青海西宁清真东大寺砖雕

青海湟中洪水泉清真寺后窑殿藻井

新疆喀什艾提卡尔礼拜寺

新疆喀什艾提卡尔礼拜寺外殿中央藻井

新疆喀什艾提卡尔礼拜寺大殿圣龛

新疆喀什奥大西克礼拜寺内殿

新疆吐鲁番苏公塔礼拜寺

新疆吐鲁番苏公塔

新疆吐鲁番苏公塔砖饰细部

新疆吐鲁番苏公塔礼拜寺大殿内景

西藏拉萨河坝林清真寺

西藏拉萨河坝林清真寺礼拜殿

甘肃临夏大拱北墓祠与前厅

甘肃临夏榆树拱北圣徒墓细部

甘肃临夏榆树拱北仰止亭

甘肃临夏榆树拱北圣徒墓

新疆喀什玉素甫麻扎

新疆喀什玉素甫麻扎内景

新疆霍城吐虎鲁克帖木儿麻扎

新疆喀什阿帕克和加麻扎总入口大门

新疆喀什阿帕克和加麻扎

新疆喀什阿帕克和加麻扎

新疆喀什阿帕克和加麻扎内景

新疆喀什阿帕克和加麻扎大礼拜寺

中国伊斯兰教建筑

刘致平　著

中国建筑工业出版社

图书在版编目（CIP）数据

中国伊斯兰教建筑/刘致平著.—北京:中国建筑工业出版社，2010.11

ISBN 978-7-112-12478-7

Ⅰ.①中… Ⅱ.①刘… Ⅲ.①伊斯兰教-宗教建筑-中国 Ⅳ.①TU-098.3

中国版本图书馆CIP数据核字（2010）第183986号

责任编辑：张振光　杜一鸣
责任设计：肖　剑
责任校对：姜小莲　赵　颖

中国伊斯兰教建筑
刘致平　著

*

中国建筑工业出版社出版、发行（北京西郊百万庄）
各地新华书店、建筑书店经销
华鲁印联（北京）科贸有限公司制版
北京中科印刷有限公司印刷

*

开本：787×1092毫米　1/16　印张：14¾　插页：14　字数：358千字
2011年5月第一版　2011年5月第一次印刷
定价：55.00元
ISBN 978-7-112-12478-7
（19733）

目　录

绪论……………………………………………………………………… 001

建筑实例…………………………………………………………………… 013

一、清真寺建筑 ……………………………………………………… 014

1. 广东广州市怀圣寺 …………………………………………… 014
2. 广东广州市濠畔街清真寺 …………………………………… 019
3. 福建泉州市清净寺 …………………………………………… 021
4. 福建福州市南门兜清真寺 …………………………………… 026
5. 浙江杭州市真教寺 …………………………………………… 028
6. 江苏松江县清真寺 …………………………………………… 032
7. 上海小桃园清真寺 …………………………………………… 035
8. 上海福佑路清真寺 …………………………………………… 036
9. 江苏扬州市清真寺（仙鹤寺） ……………………………… 037
10. 江苏镇江市清真寺…………………………………………… 040
11. 江苏南京市净觉寺…………………………………………… 041
12. 江西南昌市醋巷清真寺……………………………………… 043
13. 广西桂林市西门外清真寺…………………………………… 043
14. 云南昆明市正义路清真寺…………………………………… 046
15. 云南大理州老南门清真寺…………………………………… 048
16. 云南巍山县大仓村回民墩清真寺…………………………… 050
17. 四川成都市鼓楼街清真寺…………………………………… 053
18. 四川成都市皇城街清真寺…………………………………… 056
19. 湖南隆回县清真寺…………………………………………… 060
20. 湖北武昌市清真寺巷清真寺………………………………… 061
21. 河南沁阳县清真寺…………………………………………… 063
22. 河南郑州市清真寺…………………………………………… 066
23. 安徽寿县清真寺……………………………………………… 068
24. 安徽安庆市清真寺…………………………………………… 071
25. 山东济宁市东、西清真寺…………………………………… 074
26. 山东济南市清真寺…………………………………………… 082
27. 河北泊镇清真寺……………………………………………… 086
28. 北京市牛街清真寺…………………………………………… 089
29. 北京市东四牌楼清真寺……………………………………… 095

30. 河北沧州清真寺……097
31. 天津南大寺……098
32. 河北定县清真寺……103
33. 河北宣化县清真寺……106
34. 内蒙古呼和浩特市清真寺……109
35. 辽宁沈阳市南清真寺……111
36. 山西太原市清真寺……112
37. 陕西西安市华觉巷清真寺……114
38. 宁夏石嘴山市清真寺……119
39. 宁夏韦州清真寺……122
40. 甘肃兰州市桥门街清真寺……123
41. 甘肃兰州市解放路清真寺……128
42. 甘肃临夏市大华清真寺……131
43. 青海西宁市东大寺……135
44. 青海湟中县洪水泉清真寺……139
45. 青海循化县撒拉族街子大寺……143
46. 新疆喀什市艾提卡尔礼拜寺……144
47. 新疆喀什市奥大西克礼拜寺……148
48. 新疆库尔勒市礼拜寺……150
49. 新疆吐鲁番市苏公塔礼拜寺……151
50. 新疆喀什市等处中小型礼拜寺……154
51. 西藏拉萨市河坝林清真寺……158
二、教经堂建筑……161
52. 新疆喀什市教经堂……161
三、道堂建筑……162
53. 宁夏吴忠县鸿乐府道堂……162
54. 宁夏吴忠县板桥道堂……166
55. 甘肃临潭县西道堂……169
四、陵墓（或叫拱北、麻扎、圣墓）建筑……173
56. 广东广州市桂花岗宛嘎素墓……174
57. 福建泉州市灵山“圣墓”……178
58. 浙江杭州市伊斯兰教墓石及碑亭……178
59. 江苏扬州市解放桥普哈丁墓……180
60. 宁夏固原市二十里铺拱北……184
61. 甘肃临夏县大拱北……188
62. 青海大通县猴子河杨氏拱北……190
63. 新疆喀什市玉素甫麻扎……192

64. 新疆霍城县吐虎鲁克麻扎…… 195
65. 新疆喀什市阿帕克和加麻扎…… 196

各种建筑做法综论…… 209

五、总平面布置 …… 210
六、各种建筑制度 …… 211
66. 清真寺大殿建筑…… 211
67. 邦克楼…… 214
68. 门…… 217
69. 墓祠…… 220
七、各种做法 …… 222
70. 大木作…… 222
71. 小木作…… 224
72. 天花藻井…… 225
73. 圣龛的处理…… 225
74. 砖作…… 226
75. 瓦作…… 227
76. 彩画…… 227

主要参考书…… 229

绪 论

我国是一个统一的多民族的国家，在我国富饶辽阔的土地上，勤劳智慧的各族人民，共同创造了悠久的历史和灿烂的文化。我国五十多个民族中，有回、维吾尔、哈萨克、东乡、柯尔克孜、撒拉、塔吉克、乌孜别克、塔塔尔、保安等十个民族信仰伊斯兰教。其中以回族人数最多，全国各省市均有分布，其他九个民族大多聚居在新疆、甘肃、青海、宁夏等省区。

这些民族自唐宋以来，就逐步信仰伊斯兰教。宗教信仰又直接影响着这些民族的政治、经济、思想、文化以及生活面貌。建筑活动是人类的基本社会实践之一，也是人类文化的一个重要组成部分。毋庸置疑，宗教信仰也必然深刻地影响着伊斯兰教建筑的发展，使其宗教建筑乃至住宅建筑等呈现出明显的民族特点及其艺术规律。在我国与阿拉伯各国之间长期友好往来和文化交流的过程中，随着西方建筑技术的传入，也必然对中国传统建筑发生深刻影响，促进中国木结构建筑及砖石建筑的发展。而中国各族人民在共同的生产实践中，不断互相学习借鉴，又使我国的伊斯兰教建筑与阿拉伯各国的伊斯兰教建筑产生很大的区别，形成了我国伊斯兰教建筑特有的风貌。我国伊斯兰教古建筑虽经历代变迁，遗留至今的还相当丰富，这是信仰伊斯兰教的各族人民辛勤劳动和智慧的结晶，也是我国古代文化和建筑宝库中的一份珍贵遗产，在我国建筑史上占有重要的地位。因此，系统地开展对伊斯兰教建筑的研究工作，用辩证的、历史的观点，论述信仰伊斯兰教的各族人民的伟大历史创造，探求宗教与宗教建筑之间的关系，总结伊斯兰教建筑在设计、构图原则、工程技术及装饰艺术等方面的辉煌成就和优良传统，正确评价伊斯兰教建筑在中国建筑史中的地位，研究中国各民族建筑与伊斯兰教建筑相互影响、相互借鉴的历史渊源等方面都是必要的，也是很有意义的。

过去在建筑史的研究工作中，由于人力所限和其他方面的原因，对伊斯兰教建筑未能全面、系统地进行研究。现经几年的努力，调查测绘了伊斯兰教建筑共约200余处，积累了一些资料，但若要求对某些问题论证十分准确详尽，尚有一定困难。本书仅根据目前掌握的材料，对伊斯兰教建筑的历史沿革、建筑原则和特点等问题，分别作一些介绍和分析论述。

自唐朝伊斯兰教传入中国后，在我国古代建筑宝库中就出现了伊斯兰教建筑这一新的建筑类型。随着时间的推移，伊斯兰教建筑也在不断发展，并逐步形成了我国伊斯兰教建筑特有的结构体系和艺术风格。从伊斯兰教建筑发展的历史特点看，大致可分为三个时期：

第一时期，伊斯兰教建筑的移植时期。从唐高宗永徽二年（651年）到元末（1367年）共约700余年，伊斯兰教开始传入我国，首先在东南沿海的一些商业城市和西北地区，出现了伊斯兰教建筑这个新的建筑类型。该时期的伊斯兰教建筑多用砖石砌筑，其平面布局、外观造型和细部处理，基本上是阿拉伯式样，受中国传统木结构建筑影响较少。到元朝末年，伊斯兰教在我国有了较大的发展，因而伊斯兰教建筑也相应地出现了大发展的趋势。

唐朝是我国封建社会发展的鼎盛时期，经济、文化、艺术空前繁荣，是当时世界上富强、昌盛的东亚大国，对外经济文化交流也很发达。当时大食（阿拉伯）、波斯等国的商人来我国经商的很多，他们来往的路线主要有两条：一条是海道——海上丝绸之路，即由波斯湾途经印度洋，绕过马来半岛，到达我国的广州等处；一条是陆路，由大食经波斯沿“丝绸之路”，经天山南北到达长安、洛阳等地。此外，也还有可能是从印度经安南到达云南等地。当时的长安、洛阳、广州、扬州等城市都是我国重要的大都市，也是“番客”、“胡商”等客居最多的地方。

根据史书记载，大食国正式派遣使节来唐，是在唐高宗永徽二年（651年）。《新唐书》卷221大食国条称：“永徽二年大食王豃密莫末赋始遣使者朝贡，自言王大食氏，有国三十四年，传二世……”从永徽二年至贞元十四年（798年）的一百四十四年间，正式遣使见于记载者已有37次之多，可见当时彼此交往之频繁。据《世界回教史》下编《中国回教记》称：“周武后天授中（690~691年）大食人之来华而客居于广州、泉州、杭州诸港者以数万计，建怀圣寺于广州以为会堂。”唐睿宗景云二年（711年，即穆罕默德纪元97年），大食名将古太巴（或称屈底波）曾派教士十人和天文学者一人来到长安。这也是历史上记载伊斯兰教教士来中国的开端。

这些信仰伊斯兰教的大食或波斯的富商大贾来中国经商，并较长时间客居长安、广州等地，必然要有做礼拜的场所。那些教士来华的任务之一就是传教，以扩大伊斯兰教势力。唐朝初期和中期的几代帝王，对待宗教的政策是兼容并蓄，只要能为统治阶级服务，或者不危及其封建统治，就允许他们传教。所以伊斯兰教在唐时开始传入我国，并逐步有一定发展，就是必然的了。

8世纪初，新疆喀什噶尔曾为大食名将古太巴占领，处于伊斯兰教的统治之下，到10世纪中叶以后黑汗王朝期间，新疆天山南北广大地区民众都信仰了伊斯兰教。原来信仰佛教、袄教、摩尼教、萨满教、基督教者，遂逐渐减少。

关于唐朝的伊斯兰教建筑的情况，目前所知甚少，仅有《苏烈曼游记》记载较为具体。据《史料汇编》三册二十八节载，苏烈曼（Suleiman）者，阿拉伯商人，常至印度、中国诸地营商。后西归，于伊斯兰教纪元二百三十七年（851年，即唐宣宗大中五年）著成其东游见闻。记谓：“中国商埠为阿拉伯商人麇集者曰广府（khamfu）。其处有伊斯兰教牧师一人，教堂一所。市内房屋，大半皆构以木材及竹席，故常有火灾……各地伊斯兰教商贾即多聚广府，中国皇帝因任令伊斯兰教判官一人，依伊斯兰教风俗，治理回民。”此书所记广府伊斯兰教教堂一所，从所记述的情况和许多文献资料印证，很可能是今日的广州怀圣寺。

广州怀圣寺创建于唐，是我国伊斯兰教建筑中历史最古老的一所。不过现有的建筑，除光塔（或叫邦克楼、唤醒楼）外，已全部为清代至新中国成立后的建筑。光塔建筑在我国建筑史上的地位非常重要，它完全是阿拉伯式样，砖砌圆形，内有双磴道相对盘旋而上。此塔砌筑之精妙，在我国砖塔建筑中是少见的。它的砌筑技艺，无疑影响了后来中国的砖砌佛塔技术。目前，各界学者对此塔的始建年代尚有不同认识，但都无确实可信的证据。

此外，在广州城外桂花岗有伊斯兰教大师宛嘎素墓。是为砖砌半圆拱顶，外观造型也系外来式样，与我国汉唐地下陵墓中的拱券式样不同。由此可见，伊斯兰教建筑初来我国，仍然采用国外式样，变化甚少。设计、施工的匠人甚至是外国人也未可知，因为这样壮丽复杂的砖砌磴道、拱顶的技艺，需要有熟练的工匠。因唐时伊斯兰教木结构建筑现无遗存，目前尚难考证。假如无外国工匠或外国工匠甚少时，聘用中国当地工匠，采用当地习用的建筑形式，或杂以中国与阿拉伯混合式，都是可能的。

五代至宋朝，我国西北地区常有战乱，大食商人来华经商多由海路。宋时我国南方地区得到进一步开发，对外贸易成倍增加。南宋时市舶占全国收入的十五分之一。唐时市舶司仅广州一地，至宋时则有广州、泉州、杭州、明州（宁波）、密州、板桥（胶州）、温州、江阴等处。特别是广州、泉州、杭州更是闻名中外的大商业港口。当时在这些城市中，大食商人、豪富聚居很多，熙宁中（1068~1077年）大食富商商议捐资帮助修广州城，因当时北宋国力还强，未被采纳。在嘉定四年（1211年）修筑泉州城就是由外商——伊斯兰教徒出资的。淳熙中（1174~1189年）因得泉州“诸番”之助，建沿海警备战舰。由上所述，可见当时大食商人之富。

当时在广州，大食商人聚居之地称为“番坊”，并有“番长”，泉州、杭州等地大概也有类似情况。朱彧《萍州可谈》谓：“广州番坊，海外诸国人聚居，置番长一人，管勾番坊公事，专切招邀番商人贡用，番官为之，巾袍履笏如华人。番人有罪……送番坊行遣……衣装与华异，饮食与华同……但不食猪肉而已。”

宋朝伊斯兰教建筑的情况，史书很少记述。在岳珂《桯史》中，曾对广州蒲姓住宅记载较详。《桯史》卷十一记谓：“番禺有海獠杂居，其最豪者蒲姓，号白番人，本占城之贵人也。”“有堂焉，以祀名，如中国之佛，而实无像设，称谓聱牙，亦莫能晓，竟不知何神也。堂中有碑，高袤数丈，上皆刻异书，如篆籀，是为像主，拜者皆向之……”“居无溲堰，有楼高百余尺，下瞰通流，谒者登之，以中金为版，施机蔽其下，奏厕铿然有声”，“楼上雕镂金碧，莫可名状。有池亭，池方广凡数丈……”“后有窣堵波，高入云表，式度不比它塔。环以甓，为大址，絫而增之。外圜而加灰饰，望之如银笔。下有一门，拾级而上，由其中而圜转焉，如螺旋，外不复见其梯磴，每数十级启一窦……绝顶有金鸡甚巨，以代相轮，今亡其一足……”

由此记述，可知宋时外商豪富及其建筑的具体情况。它的主要设置是外国制度。如家中设有礼拜堂，只有豪富商人或大地主等才能有条件的。

宋时广州、泉州等处豪富商人们的住宅及礼拜寺建筑之精丽，必然影响中国建筑之发展。如宋时砖塔内绝大多数突然地改用磴道（虽然砌法的精确程度远不及光塔），也可以说是与伊斯兰教光塔的建筑影响分不开的。

宋朝时建筑遗留至今的所知甚少，仅有泉州清净寺一例。此寺有几个特点为国内所少见：①遗物全部用石砌成；②大门发券做法全为阿拉伯式；③大门在礼拜殿之前侧紧邻（此种平面，亦见于新疆吐鲁番苏公塔及喀什等处），而非四合院式。

这几个特点全是外国常见的制度，与中国传统建筑有很大差异。

总的来看，此时期伊斯兰教建筑受我国建筑影响还很少。

宋时北方的辽、金与大食交往也不少。辽与大食自天赞三年（924年）起至宋开禧间（1207年）凡二百八十四年，正式遣使见于记载的有三十几次。辽、宋曾与大食通婚，所以后来辽为金灭时，耶律大石遂率兵西去建西辽，凡八十八年才为元所灭（见翦伯赞《中国史纲要》及陈垣《回回教入中国史略》）（“回回”是旧时对回族同胞的蔑称，现在都不这么叫了，但本书引用的一些已出版文献中的“回回”未作改动。此处回回教即指伊斯兰教）。

在西辽建国以前，葱岭西回纥在10~12世纪建立黑汗国时，伊斯兰教曾在新疆广泛传播。从12世纪西辽建国到13世纪初，乃蛮屈出律篡位时期，喀什噶尔、叶尔羌、和田等处始终为伊斯兰教教徒所在地。

到13世纪初，长春真人西游记曾记载新疆的伊斯兰教徒及佛教徒，以今吉木萨尔为分水岭，吉木萨尔以东为佛教势力，以西为伊斯兰教势力。也就是说，新疆从10世纪以来，伊斯兰教的势力渐从喀什噶尔、和田东北向阿克苏、库车等地发展。从吉木萨尔到喀什噶尔路线上，形成伊斯兰教徒的区域（见《维吾尔族史料简编》上）。

当时新疆的伊斯兰教建筑是很多的，不过现已找不到此时期的建筑遗存，可能有些伊斯兰教建筑遗址尚未被考古发掘到。黑汗王朝时代（从10世纪到12世纪）文化发达。1069年（宋神宗熙宁二年），回纥伟大诗人、思想家玉素甫哈斯·哈吉甫的长诗《福乐智慧》写成。玉素甫的坟墓，据当地有关部门考证，地点在今喀什南郊。坟墓是用绿琉璃砖瓦砌成的，为半圆拱顶式建筑，前有礼拜殿。整个建筑虽然不大，但很优美，气氛凝肃之至。此建筑为后世重修之物（特别是绿琉璃瓦甚新）。不过墓的规模制度还是原来的样子。它的建筑制度与我国内地的完全不同，近于阿拉伯建筑式样。

在元朝，我国是个大统一的国家，结束了南北分裂的局面。版图辽阔，东西交通畅行无阻，西方诸国的贡使、商人、旅行家、传教士纷纷来华，络绎旅途，马可波罗及伊本·拔图塔等人均有游记传到今天。当时伊斯兰教的信徒和清真寺建筑更加增多，主要原因是：一方面元代商业极为繁荣，阿拉伯商人、传教士来华的很多。另一方面是自1219年成吉思汗西侵，到1258年旭烈兀攻陷巴格达，蒙古贵族先后征服了葱岭以西、黑海以东的大片地区。随着每次战争的胜利，大批中亚细亚、阿拉伯等国人民被迫迁到东方来，屯田定居，散布在全国各地，成为中国各省内回族聚居之地，如《马可波罗游记》载：甘肃、山西、直隶各城市内，皆有萨拉森人（Samaseus），今日中国北部诸省尚多伊斯兰教徒者，盖皆元时萨拉森之苗裔也。

由于伊斯兰教得到元朝统治者的提倡，有许多蒙古人、汉族人也因此而改信伊斯兰教，甚至有的军队大部分都信奉伊斯兰教，而这些军队屯垦之地，后来也就变成了回族农庄，到今天许多省（区）、市还有“回回营”、“回回村”等名称（旧称，即“回民营”、“回民村”）。当时伊斯兰教徒在我国西北、华北、东南沿海等地区以及云南等省均有分布。

鉴于上述情况，元代清真寺建筑规模和数量必远远超过唐宋时期。据史书记载，中统四年（1263年）左右，元大都就有回族人民2 953户，按每户五人计，共达15 000人，约占元大都总人口的十分之一还多。当时有清真寺35座之多。今日北京伊斯兰教四大名寺，多始建于元朝，是完全可能的。此外，在阿拉伯及回族商人大量聚居的地区，如广州、泉州、上海、澉浦、温州、杭州、庆元等地，元朝时设有市舶司，伊斯兰教建筑也肯定会有一定数量。如泉州在宋朝时只有清真寺一座，到元朝时增加到六七座。

关于当时伊斯兰教建筑的具体情况，《多桑蒙古史》引元代回民阿剌丁所述：

“今在此东方域中（中国），已有伊斯兰教人之不少之移殖，或为河中与呼尔珊之俘虏挈至其地为匠人与牧人者，或因签发而迁徙者。其自西方赴其地经商求财留居其地建筑馆舍，而在偶像祠宇之侧设置礼拜堂与修道院者，为数亦甚多焉……复次为成吉思汗系诸王曾改信吾人之宗教，而为其臣民士卒所效法者皆其类焉。”

摩洛哥国大游历家伊本·拔图塔，曾在元末（1340年）来中国（彼于22岁即1325年元泰定帝二年开始旅行），其游记谓：

“中国之皇帝为鞑靼人，成吉思汗后裔也。各城中皆有伊斯兰教人居留地，建筑教堂，为礼拜顶香之用。而中国人于伊斯兰教徒亦尊视崇拜……秦克兰即兴阿兴（今广州）……城中有地一段，伊斯兰教徒所居也，其处有伊斯兰教总寺及分寺，有养育院（另一书译作旅馆），有市场，有审判一人及牧师一人。中国各城市之内皆有伊斯兰教徒。有长者以代表教徒利益，审判者代教徒清理词讼，判断曲直……第三日进第三城（指杭州）。城内皆伊斯兰教徒所居，此处甚优雅。市场之布置与西方信伊斯兰教国相同。有礼拜堂，有祈祷处。余辈进城数日，今日方始举行午间祈祷。余寓埃及人鄂施曼后裔家中……其子孙在此亦颇受人尊敬……创办医院（另书谓学舍）……建筑颇为华丽……鄂施曼在此城营造一回教大礼拜寺名曰甲玛玛思及特（Jama masjid）。并捐钱甚多，作维持费，伊斯兰教徒在此者亦伙。”（笔者按：陶宗仪《辍耕录》谓：“……杭州荐桥侧首，有高楼八间，俗谓八间楼，皆回民所居”，想即所谓甲玛玛思及特伊斯兰教徒居留地区。而八间楼或即为鄂施曼之寓所，也未可知。）（以上见《史料汇编》）

从史书及碑记记载看，元代清真寺建筑已很多，北京、广州、泉州、杭州、松江、昆明、霍城等地均有遗迹可寻。但真正留存至今的为数已极少，所以对元时伊斯兰教建筑全面加以考察是有一定困难的。但从一些伊斯兰教清真寺中某些殿堂或局部系元代建筑来看，仍可对元代伊斯兰教建筑有个粗略的分析。

杭州真教寺在元代延祐间（1314~1320年）为大师阿老丁（Slaiali-Din）所建，寺的原貌与今日所见恐大不相同。保留至今只是后部砖砌窑殿的中间一殿而已（今日后窑殿为三个大圆拱顶拼成）。

定县清真寺后窑殿内部仍是元代建筑，甚是可贵。它的四隅起圆拱顶处是用砖砌斗栱的做法，而他处所见之圆拱顶则完全是砖叠涩的做法。

今日所见诸多寺中，凡是后窑殿是砖砌圆拱顶的，多有元代创始的记载。砖砌后窑殿明代仍时常使用，而清代则甚少见用，除非是在明代的基础上重修的建筑，仍继续原来的窑殿制度。此种窑殿即是仿制西方清真寺后殿顶上用圆拱的做法，不过是中国化了。

在“圣墓”方面，有新疆霍城县（在伊犁西北）的吐虎鲁克麻扎，比较完整可观，是成吉思汗七世孙吐虎鲁克铁木耳（死于1363年）的坟墓，是用蓝、白、紫色琉璃砖砌成的半圆拱顶的坟墓，形制极为精美，近于中亚式样。

此外，在泉州清净寺内及灵山上，杭州清波门外（宋之聚景园，“孝宗致养之地”），北京牛街寺内，以及扬州普哈丁墓，只存留一些雕刻精致的墓石或须弥座等，尚属可观。石座或墓石雕饰之精，是元代工艺之成就。此外，在杭州“柳浪闻莺”公园内有一石砌重檐六角亭，原为元代回民坟地中物，后迁至今地。此种石雕亦是我国南方建筑中现存最早之亭式建筑，而且为石制，甚属少见。伊斯兰教建筑中的砖石建筑物多有精品，特别是清代西北的甘肃、宁夏、青海等地，是当时国内回民雕砖艺术的最精之区，这也是与西方伊斯兰教建筑的影响分不开的。

由上可以看出，元代伊斯兰教建筑有了大发展的趋势，一般外观造型还基本保留阿拉伯建筑的形式，不过已逐步吸取中国传统建筑的布局和木结构体系，出现了从阿拉伯形式逐步形成中国伊斯兰教建筑的过渡形式，或中西混合形式的伊斯兰教建筑。

第二时期，伊斯兰教建筑发展的高潮时期。从明朝初年至鸦片战争前，即1368~1840年，近500年间，伊斯兰教在我国得到很大发展，有十个少数民族逐步信仰了伊斯兰教，在各省内清真寺建筑大量创建，出现了讲经堂、拱北等伊斯兰教建筑类型，逐步形成了中国内地特有的回族 等民族的清真寺、拱北和新疆维吾尔族等的礼拜寺和麻扎，两种不同风格的伊斯兰教建筑体系。

明朝的历代统治者都大力提倡儒家的伦理道德和封建礼制，对佛教、道教、伊斯兰教等宗教也很重视。在明朝开国之初，就有“十回保明”的传说。明朝开国功臣中就有回族人，各代文武大员中给事内庭的回族人也很多。无论军事、外交、航海、经商、天文、历算、医药及营造等各方面，觉得回民的助力。因此，各代帝王对伊斯兰教建筑的发展，必然给予很大重视。明太祖即位不久，首先建清真寺于南京三山街及西安子午巷，并亲撰“百字赞”赐清真寺，这都是前所未有的事情。现在的三山街清真寺砖牌坊及子午巷清真寺，规模之大，建造之精丽，不下于当时佛教著名的大寺。以后的成祖、武宗，也都曾敕建或重建过清真寺。西安子午巷清真寺仍然存在部分明代建筑，是研究明代伊斯兰教建筑的重要实物。

明代建国后的大约七十年间，国力已很富足。在1405~1435年间（即永乐三年至宣德十年），出现了中外闻名的大事，即中国杰出的航海家、回族人郑和曾率领船队七次下西洋。先后到过亚非的30多个国家（当时船队中最大的船长达44丈有余，宽18丈，可容1 000多人，也是当时海上最大的船）。郑和本人是历任洪武、建文、永乐、洪熙、宣德五代的太监，即世传的“三保太监”。他奉旨出使西洋，扩大了明王朝对外的政治影响，对中外的文化、经济交流作出了巨大贡献，同时也对

我国伊斯兰教建筑的发展起了巨大的促进作用。这时的伊斯兰教建筑大量采用后窑殿，因之无梁殿的结构形式就成为我国伊斯兰教建筑的常用制度了。

这一时期，西方新兴国家，如葡萄牙、西班牙、英国等的船队也开始进入我国东南沿海。至16世纪，这些国家的向外扩张一日千里，海上霸权已逐步为欧洲人控制。阿拉伯等国的商贾及贡使从海路来华多被阻止，而是多由新疆入嘉峪关。加之，明代的首都已由南京迁至北京，政治中心北移，所以东南沿海的阿拉伯商人日减，而更多集中在西北及北方一带。这一时期，回民多聚居在从杭州至北京的大运河两岸，以及从济宁西达新疆的沿途各城镇，如曹州、开封、郑州、洛阳、西安、兰州等地，于是这些地方也就兴建起了许多伊斯兰教清真寺。

明朝曾实行回、蒙古、汉可以互相通婚的政策，并实行由人口密集的沿海诸省向荒僻地区大移民的政策。明英宗曾徙甘州、凉州的"寄居回民"至长江各卫。许多明时新发展起来的回民农村，有一部分是明代军屯和徙迁逐步形成的，这就使回族人民的分布更加广泛，形成了"大分散，小集中"的状况。

随着封建经济的发展，也必然导致回族中的两极分化，明朝中、后期，在西北地区的回族聚居地出现了教主世袭的门宦制度，并崇拜拱北（即教主的陵墓）。在教主陵墓上，建起雄伟的建筑物，有的还建有其他附属建筑物，如礼拜堂、客房等。明中叶有回人胡登州（1522~1597年）朝觐麦加归来，立志兴学，在清真寺内讲授经卷，于是出现了讲经堂建筑，开始流行于陕西，逐渐推广到全国各省。这种讲经堂一般多设于清真寺内，而新疆则多为独立的建筑。

15世纪时，新疆的天山南路和北路部分地区的维吾尔族人改信伊斯兰教，到15世纪末，整个维吾尔族地区已全部处于伊斯兰教影响之下，而其他宗教影响则渐趋弱小。至于哈萨克、塔吉克、撒拉等民族，则自元朝起也都信仰伊斯兰教。随着信奉伊斯兰教的人日多。伊斯兰教建筑也出现了大发展的盛况。

从明朝新建或重建的清真寺建筑实例看，已明显形成中国特有的两大体系的伊斯兰教建筑，即内地的以木结构为主的伊斯兰教建筑和新疆维吾尔族的伊斯兰教建筑（部分保留某些阿拉伯式的特点）。如明初兴建的西安子午巷大寺（即华觉巷大寺），今日仍保留着明时规模，寺中遗留的明时结构也不少（如大门、二门、石坊亭等），大殿可能为明末或清初重建之物。从整个形制分析，此寺已无砖砌后窑殿，一切布置全系我国制度，大殿建筑的精丽华美、雕饰的庄严肃穆，实属难得的古代建筑精华。

杭州真教寺，今只剩下后窑殿三大间，为明朝时期的建筑（中间一间可能为元时所建），其他如大门、大殿及配楼等早已改观。明代真教寺曾在元代基础上大加扩充与翻新，大门仍富于阿拉伯形式，上有五层楼，后窑殿全系砖建，是我国古代建筑中的精品。其形式尚保留阿拉伯的作风，但又不完全同于阿拉伯形式。江苏松江清真寺为嘉靖重建之物，大殿的后窑殿也是砖砌半圆拱顶，外观作十字脊、重檐，形制极为壮丽。北京是明朝的首都，许多清真寺都予以重修或扩建，如：东四清真寺的大殿及后窑殿，均为明建，内部彩画虽经后世重绘，但明代的华丽雄伟气氛仍然存在。砖砌后窑殿下之须弥座，至迟也是明代建筑，雕饰非常古拙。

现存明代清真寺最高大的要算云南大理清真寺，大殿虽经后世重修，但其内部梁架仍为明物，该寺也是西南地区大木结构的重要实例。此外，明代新建的清真寺，如广西柳州清真寺、安徽合肥清真寺、湖南常德八斗湾清真寺、甘肃天水清真寺、河北保定清真寺、北京通县清真寺、江苏松江清真寺等，也都各具特点，不过有的因战火、地震，或因规模狭小，至清代远不敷用，而予以拆改扩建。完整保留至今的明代清真寺，已经不很多了。

清朝是我国伊斯兰教及其建筑大发展的高峰时期。这时，我国信仰伊斯兰教的民族已达十个，即回、维吾尔、哈萨克、东乡、柯尔克孜、撒拉、塔吉克、乌孜别克、塔塔尔、保安等族，其分布遍及全国，人口数量比以前大为增加，尤其在西北、西南地区更加明显，如在西安居住的回民不下数千家，陕西渭河两岸到处都有回族村庄。乾隆四十六年（1781年）署理陕西巡抚毕沅的奏折中，陈述陕西回族的情况时称："查陕西各属地方，回民居住较他省为多，西安省城及府属之长安、渭南、临潼、高陵、咸阳及同州府属之大荔、华州，汉中所属之南郑等州县，回族多聚堡而居，人口更为稠密。仅西安省城内回民不下数千家。城中礼拜寺（即清真寺）共七座，许多府县都有回民聚居的地方"。甘肃、青海、宁夏一带也有类似情况，"宁夏至平凉千里，尽系回庄"。

当时，云南省是仅次于西北地区的第二个回族大聚居的地方。有许多回庄，每个回庄内在地势高爽、位置适中的地方，常建有清真寺，层楼叠起，翼角翚飞，甚为壮观。

东北三省在清朝时回民也陆续增加，沈阳、吉林都有17、18世纪的清真寺建筑。

随着伊斯兰教人口的增加，伊斯兰教建筑也被大量修建。道光年间，南京的清真寺就发展到48座。成都也有十余座。现存许多清代兴建的清真寺，规模宏大，建筑精美华丽，在我国建筑史上有着重要地位，如济宁东大寺大殿，就面积而论，它仅比太和殿略小，是全国第二大殿建筑；泊镇清真寺号称九九八十一间。其他如成都鼓楼街清真寺，兰州解放路及桥门街寺，济宁东西大寺，济南、天津、武昌、寿县、沧州、开封、郑州、朱仙镇等处的清真寺，其工程技术、装饰艺术等都有许多值得注意之处。

清朝时期的伊斯兰教建筑，已完全形成了中国特有的形制，其总体布局多为四合院式，大殿及主要配殿都是大木起脊式建筑，用斗栱。屋顶则多为勾连塔，带前卷棚及后窑殿的式样。平面类型有矩形、十字形、凸字形、工字形等。尤其是后窑殿的式样变化甚多，举不胜举，有单檐、重檐、三重檐的十字脊及亭式等。材料有木有砖，砖砌圆拱后窑殿已不多见。可惜的是鸦片战争以后，由于战火，许多著名的清真寺，如桂林、长沙、合肥等地的大寺多被付之一炬。总之，清朝清真寺建筑可谓千姿百态、争艳斗胜，在中国建筑史上占有特殊地位，极大地丰富了中国古建筑的传统，远不是一般佛寺和宫殿建筑所可比拟的。

新疆信仰伊斯兰教的各民族，远较内地为多，他们居住集中，礼拜寺建筑也较内地密集。如仅有4万人口的喀什市，在清末就有礼拜寺126处，几乎每条街道都有一座或数座清真寺建筑。其建筑又呈现了另一种情况，建筑形式更多地保留了阿拉伯形式，并结合当地的气候与建筑材料，形成了新疆伊斯兰教建筑的特有风貌，与内地传统木结构建筑系统相比，又有很大的不同。其是用木料、土坯、砖及琉璃砖砌成的，为圆拱顶或平顶式建筑。因新疆天然少雨，常将敞口殿堂与封闭殿堂合用，即内外殿制度。夏季做礼拜在敞口的殿堂即可，而冬季则入封闭的内殿。吐鲁番地区多用上下礼拜殿制度。值得一提的是著名的苏公塔清真寺，建自清乾隆二十五年（1760年），大殿平面呈方形，邦克楼（即苏公塔）在殿外右前隅高44米，全部砖砌圆形，建造非常雄伟绮丽，大门处理近于阿拉伯形式，与泉州清真寺相似。

新疆维吾尔族的麻扎规模也都很大，不仅为纪念教主修筑了高大的建筑，而且一般教民死后也都葬在教主陵墓附近，所以麻扎实质上也就成了教民集体的公墓。其中以阿帕克和加墓及伊敏王墓最为可观。阿帕克和加墓祠呈方形，四隅有邦克楼，用各色琉璃砖砌成。除此尚有礼拜寺四座，教经堂一所，及其他附属建筑，每年节日来此扫祭的教民不下数千乃至数万人，临时聚居在附近，热闹非凡。此外，一些中小型寺院，或为平顶，或为圆拱顶，它们都有各自的特点。总之，清代是我国伊斯兰教建筑发展的鼎盛时期，形成了中国内地回族等民族特有的清真寺及拱北，以及新疆维吾尔等民族的礼拜寺、麻扎这两种形制迥异的伊斯兰教建筑体系。

第三时期，从鸦片战争到新中国成立前，即从1840年至1949年的百余年间。由于帝国主义的侵略，我国逐步沦为半殖民地半封建社会。由于战乱不止，各族人民生活在水深火热之中，此起彼伏的人民起义斗争和清朝统治者及军阀的残酷镇压，使人民的生命财产损失奇重，不少清真寺被破坏。如南京在太平天国时期有清真寺二十四座，到清朝攻陷南京后，只剩下残破的七座。这一时期的一些新建的清真寺，其建筑规模、工程质量及艺术水平也都远远不如前一时期。西北地区伊斯兰教建筑有一定发展，而东南沿海甚至出现了衰退现象。由于西方建筑技术的传入，在一些新建的清真寺中也使用钢筋混凝土结构，并出现了楼层式的清真寺。

鸦片战争后，西北各省门宦制度有一定发展，许多教主和宗教上层人物为扩大自己的势力，招揽教民，兴建了许多规模宏大的道堂。在道堂内不仅有传教的道堂建筑，而且建有清真寺、拱北、客房、账房等，形成了庞大的建筑群，如宁夏鸿乐府道堂、板桥道堂、临潭西道堂、新疆喀什教经堂等，就是较突出的代表。

同时在这一时期，西北诸省的宗教上层人物，也利用宗教扩大自己的影响，借以攫取高官厚禄，大量修建清真寺，如甘肃临夏八坊就是这种情况的一个缩影。甘肃河州（即今日临夏），清末民初时是西北几个马姓省主席的家乡（国民党时代共出主席八人）。这里土地肥沃，人口众多，这些省主席以及由他们提拔起来的亲友，大发横财之后，广置田产，在临夏城外回民坊（俗称八坊）大量建造公馆、住宅及清真寺。八坊在临夏南关，纵横七八里，人口密集，市廛罗列，街道笔直，屋宇栉比，不仅是一个宗教活动中心，而且也是回族军事、政治、经济的一个相当重要的所在地。整个坊内建有12所清真寺，俗称八坊十二寺，有的邦克楼凌空独立，姿态优美，是他处少见的回民坊镇。市镇西北建有祁静一的大拱北。

在新疆由于战乱较少，伊斯兰教建筑有一定发展，不论城镇或乡村，到处建有大大小小的各种礼拜寺。据统计，仅南疆一带大小礼拜寺就有13 000多座。而和田县的三区八乡共575户，就有礼拜寺36座，平均16户就有一座清真寺。据1958年统计，青海循化县共有大小清真寺74座，拱北22座。

在内地及东北诸省，由于军阀战争连年不断，“九一八”事变后日本帝国主义入侵中国，抗日烽火到处燃烧，因此伊斯兰教建筑发展较西北缓慢。而东南沿海诸省呈现了衰退现象，许多著名寺院遭受战火焚毁，未能及时修复，如福建全省仅存清真寺四座，杭州市也只剩下两座。

这一时期欧美建筑技术传入我国，在某些寺院的建筑中使用了钢筋混凝土结构形式，由于大城市的地基日趋紧张，出现了楼层式清真寺，在一些新建或重修的清真寺的立面造型、门窗式样以及细部装饰上，也采用了一些西方建筑的手法。

新中国成立后，各族人民在中国共产党的领导下获得新生，党和人民政府制定并执行了宗教信仰自由、尊重少数民族的风俗习惯等正确的方针政策，并颁布了保护文物古迹的法令政策，许多伊斯兰教寺院、陵墓予以重新修葺，致使我国许多著名的古老伊斯兰教建筑，得以妥善保护、重放光辉。

建筑实例

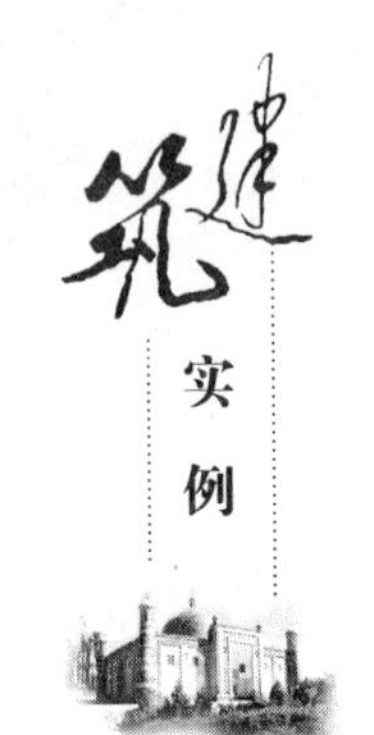

一、清真寺建筑

清真寺早年多叫“回回堂”（系旧时蔑称）或礼拜寺，今天新疆等地还叫礼拜寺，是进行宗教活动的主要场所。礼拜殿为寺内的主要建筑，其他还包括：召唤教民来寺做礼拜的邦克楼，教民进行淋浴的水房，讲解教义的讲堂及学员宿舍，教长及阿訇们办公议事的办公室及宿舍，教民死后举行仪式的地方等，组成了一个以宗教活动为中心的具有多种功能的建筑群。由于伊斯兰教徒经商的多，流动性大，也需要到清真寺内聚会，因此清真寺也往往兼有会馆的性质。

本书列举各地清真寺实例五十一所，其中以回族寺院最多，维吾尔族寺院较少，撒拉族寺院只一座。回族清真寺建筑形制大致相似，但因各地自然条件的不同，又有明显的地区差异。在这些清真寺中，最著名的是建寺历史较悠久的四大名寺，即广州怀圣寺、泉州清净寺、杭州真教寺及扬州清真寺。此外，北京、西安、南京、兰州、济南、济宁、天津、成都、昆明、桂林、沁阳、上海等地的清真寺，也都有一定规模。这些清真寺无论在建筑制度、工程做法以及装饰手法等方面，都有许多独到之处，值得研究借鉴。

在维吾尔族寺院中，有著名的喀什艾提卡尔礼拜寺、库尔勒大寺、吐鲁番苏公塔。此外，尚有许多中小型寺院。这些寺院建筑形制和风格与回族寺院绝然不同，仍保持了不少阿拉伯伊斯兰教建筑的特色，形成了新疆地区伊斯兰教建筑的独特体系和风貌。

1. 广东广州市怀圣寺

我国最古老的伊斯兰教建筑是广州怀圣寺及城外桂花岗宛嘎素墓。唐宋以来，广州为我国海外贸易的主要港口。那时广州大食富商最多，且多是伊斯兰教徒，他们在当地统治者的支持下，不惜人力物力，在广州建筑了一座规模最大的清真寺，相传此即今日的怀圣寺。该寺古老的光塔建筑是很有名的。寺中的元碑，明白地指出该寺即唐代的怀圣寺（图1-1）。不过该寺现存建筑有多少是唐宋时建造的，光塔建筑究竟为唐为宋，一时尚难确定。值得注意的是，光塔位置在寺前右隅，这与泉州清净寺和吐鲁番苏公塔的布置，原则上是相同的。此外，中门做法是重檐歇山带斗栱（出三挑），石墙微向内斜，屋顶较大，形制古拙，当是清康熙时的重建之物。紧接中门的是围绕天井的三面回廊，也就是我国古代建筑上常用的回廊制度（图1-2、图1-3）。

该寺作为宗教祈祷用的大殿，则是置于院庭的正面，它是三间带周围廊，歇山重檐绿琉璃、带斗栱的钢骨水泥建筑，巍然耸立在宽敞的带雕石栏杆的大平台上，显示出大殿的“高贵、威严”。石栏杆栏板上的雕刻各异，有葫芦、扇子、伞盖、花卉、狮、鱼等物，很是活泼生动（图1-4、图1-5）。

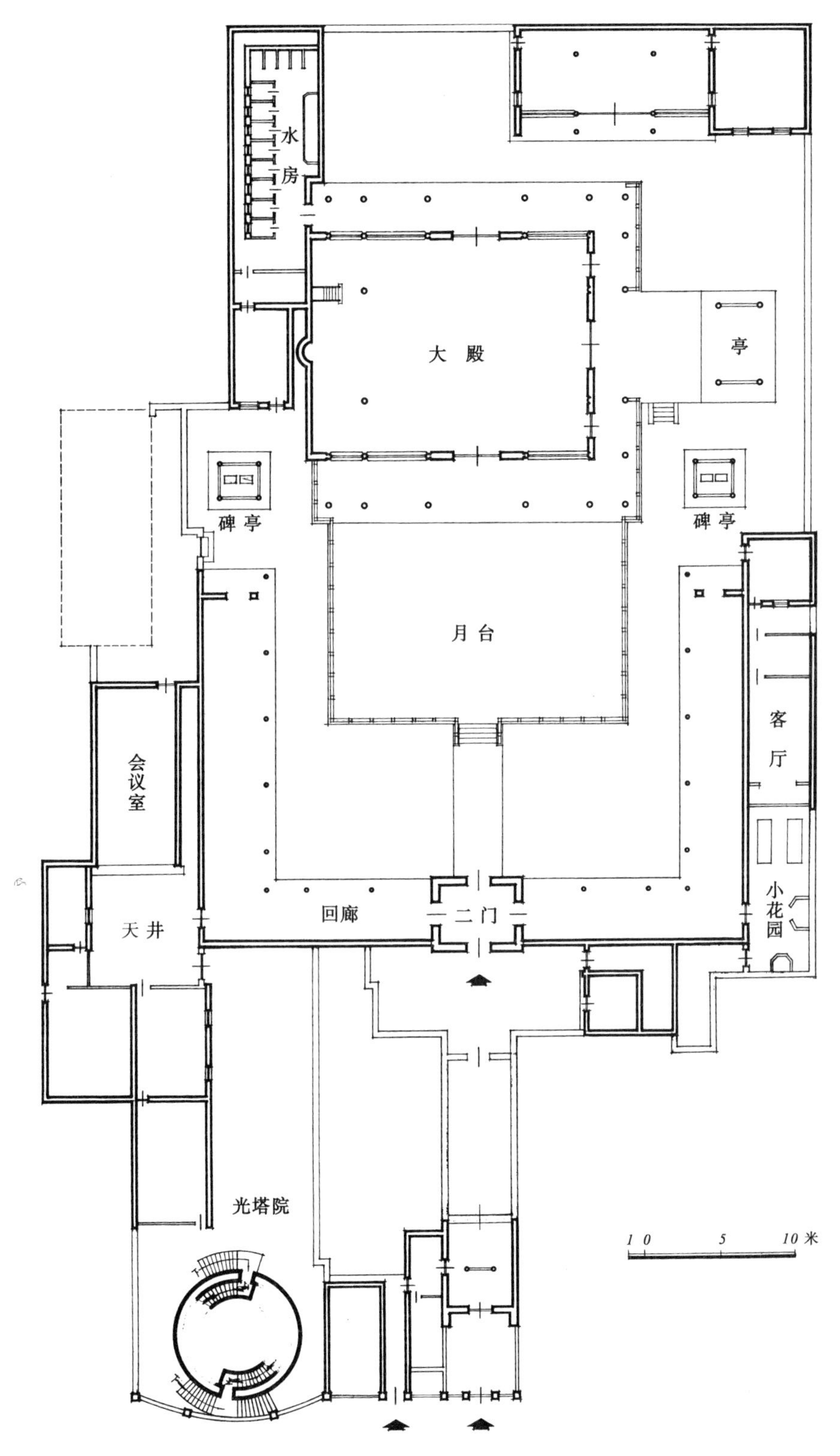

图1-1　广东广州市怀圣寺总平面图

图1-2　广东广州市怀圣寺光塔及寺门

图1-3　广东广州市怀圣寺俯视

图1-4　广东广州市怀圣寺大殿

图1-5　广东广州市怀圣寺石栏板

大殿内部洁白明亮，用木地板及三面拉门。装饰虽少，但甚整洁大方。

大殿梁下题字为："唐贞观元年岁次丁亥鼎建，民国二十四年岁次乙亥三月二十一日辛未第三次重建。

大明戊戌三年岁次丁亥秋九月二十日戊午重建。

大清康熙三十四年岁次乙亥腊月十七日乙巳再重建。"

该寺最后一次重建改为钢骨水泥大殿是民国24年（1935年）的事情。钢骨水泥的新技术应用在寺庙的大殿上，一方面是对大殿的重视，另一方面则是因为广州白蚂蚁太多，木梁柱建筑很不耐久。亭用石柱，中门是石墙，无柱，光塔则整个用砖石砌成。凡此种种，全是为了防止白蚂蚁损害建筑（图1-6）。

图1-6　广东广州市怀圣寺碑亭及学校

在大殿的右侧，原有清真寺小学校二层楼房建筑，新中国成立后为了保存古代文物及尊重少数民族信仰，一方面另辟新校舍，将清真小学迁离古寺，使礼拜寺恢复宁静；另一方面拨用巨款将寺宇全面修葺，恢复旧时形态。大殿右后方有新建的水房，设备甚好。

在大殿左侧碑亭内有元碑，保存尚佳，不过石质日益风化。此碑在我国古建筑上很有价值，是断定光塔建筑年代的主要证据之一。

此外，尚有康熙及同治时重修碑记，说明在康熙时曾大修一次，在同治时又行修葺，并将小学校予以扩建，今日大门已非清代原物。

关于光塔的建筑，现重点介绍如下：

光塔整个用砖石砌成，主要是砖墙，内外墁灰（现存国内外砖砌邦克楼，多

不墁灰，而是利用砖砌花纹作装饰）。建筑平面为圆形。有前后二门，各有一磴道。两磴道相对盘旋而上，到第一层顶上露天出口汇于平台上。在平台正中又有一段圆形小塔，塔顶在最初原是金鸡像凤飞翔，金鸡或凤是我国古建筑装饰喜用的题材。到明代，此塔金鸡一再为飓风所坠。清康熙八年（1669年），又复为飓风所坠，后遂改为今状的葫芦形宝顶（剖面见华南理工大学建筑系古建筑实测图）。

该塔收分很大，露出地面总高为35.75米（据广东省建筑设计研究院保俊文同志测量尺寸，见图1-7）。现据粗浅观测，塔下被土埋部分尚有数米，旧志谓塔高十六丈五尺，则塔下土埋部分尚有许多，它的修理发掘当可证实，而唐宋时小塔也可能比今天更高。

该塔是我国伊斯兰教最大的邦克楼之一，与吐鲁番的苏公塔大小相仿佛。当时在广州修建如此高塔，充分说明当时该寺在教徒中的重要影响和当时的物力及人工技巧水平。建塔的目的大约有四：①作为船舶的探照灯用；②指示风向用；③登塔顶召唤做礼拜用；④宣扬伊斯兰教的威力，使人起信（图1-8）。

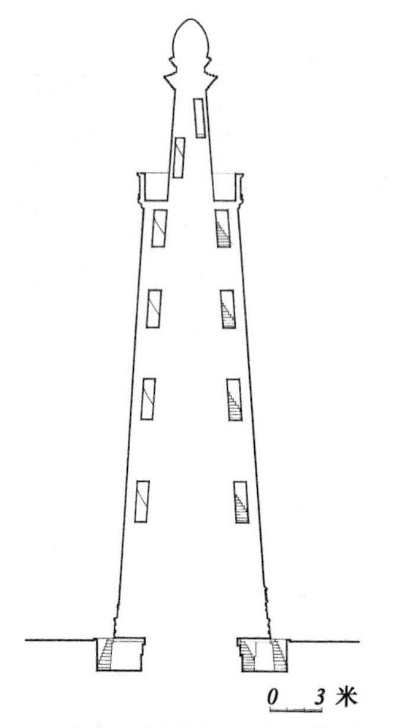

图1-7　广东广州市怀圣寺光塔剖面图

图1-8　广东广州市怀圣寺光塔内壁

此塔因为年代太久，现已经日益倾斜，若遇地震，上部小塔将难免坠毁。

此种古老的圆形砖塔，使用砖磴道盘旋而上，在我国古建筑中的确很突出，我国的砖砌佛塔，最古的如唐代多为方形、砖筒状建筑，用木梯木楼板上下；到宋代，塔才多用八角形及砖磴道的砌法，但砌工简单，与光塔的圆形双磴道的精巧技术，远远不能相比。笔者以为我国伊斯兰教的砖砌邦克楼磴道技术，影响并提高了我国砖砌佛塔的建筑技术。这在我国工程技术史上不是一件小事。

关于该塔建筑年代问题，据现存大殿左侧的元至正十年（1350年）八月郭嘉重建怀圣寺碑记谓：

"白云之麓，坡山之隈，有浮图焉，其制则西域，嵘然石立，中州所未睹，世传自李唐迄今，蜗旋蚁陟，左右九转，南北其局。其肤则混然，若不可级而登也。其中为二道，上出唯一户。古碑漶漫而莫之或纪。寺之毁于至正癸未也，殿宇一空。今参知制省僧家纳元卿公实元帅，是乃力为肇砾树宇，金碧载鲜。征文于予，而未之遑也。适元帅马合谟德卿公至曰，此吾西天大圣擗奄八而马合麻也。其石室尚存，修事岁严，至者，其弟子撒哈八，以师命来东。教兴岁计殆八百，制塔三，此其一尔。因兴程租，久经废弛。选于众，得哈只哈散使居之，以掌其教……既一毁荡矣，而殿宇宏敞，广厦周密，则元卿公之功焉……遂为之辞曰："天竺之西，曰维大食，有教兴焉，显诸石室，遂逾中土，阐于粤东、中海内外，窣堵表雄，立金鸡，翘翼半空，商舶是脉，南北其风，火烈不渝，神幻靡穷，珠水溶溶，徒集景从，甫田莽苍，复厦穹隆，寺曰怀圣，西教之宗。"

碑开始就叙述光塔建筑很详细，后来又叙述"寺之毁于至正癸未也，殿宇一空"，但"火烈不渝"，塔并未被烧坏，因为砖是很耐火烧的。桑原隙藏谓塔为元代重行修建，恐非是！

南宋岳珂《桯史》内记载有此塔。可见在南宋时此塔即已存在。至于唐贞观时建塔的说法甚不可信，因为那时伊斯兰教尚未传到中国。即使那时已传到中国，人数也少，难建大寺及光塔。据A.C.Cresuwell考证，伊斯兰教邦克楼在673年（唐高宗时）才出现，并且多用方形的建筑，所以这个圆形双磴道的光塔，如果说是唐代后期"安史之乱"后的建筑，最晚可能为南宋初期。现在因为塔内外全用白灰粉饰，看不出砖的尺寸大小、灰缝砌法、花纹等，也未发掘塔埋入地下部分有无装饰雕刻等，所以暂时无法断定其是什么年代的建筑物。为了不致委屈了光塔建筑时的上限，所以暂谓为唐末即有此建筑为是，但不一定是圆形的，下限则以南宋初年为是。而《桯史》所记"下有一门"，恐误。

2. 广东广州市濠畔街清真寺

广州现有清真寺，除怀圣寺最古、规模最大者外；其次要算濠畔街清真寺，工程比较精丽可观；再次为南胜寺；小东营寺最小，但门庭等布置尚曲折有致。

濠畔街清真寺建筑密度相当大，是南方清真寺常见的式样（图2-1、图2-2）。它的平面布置严整大方，令人悦目。大殿方形，三间歇山重檐，带周围廊。围绕天井，用三面回廊，和怀圣寺及南胜寺同一制度。南方多雨少风，气候炎热，所以回廊制度较为常用。

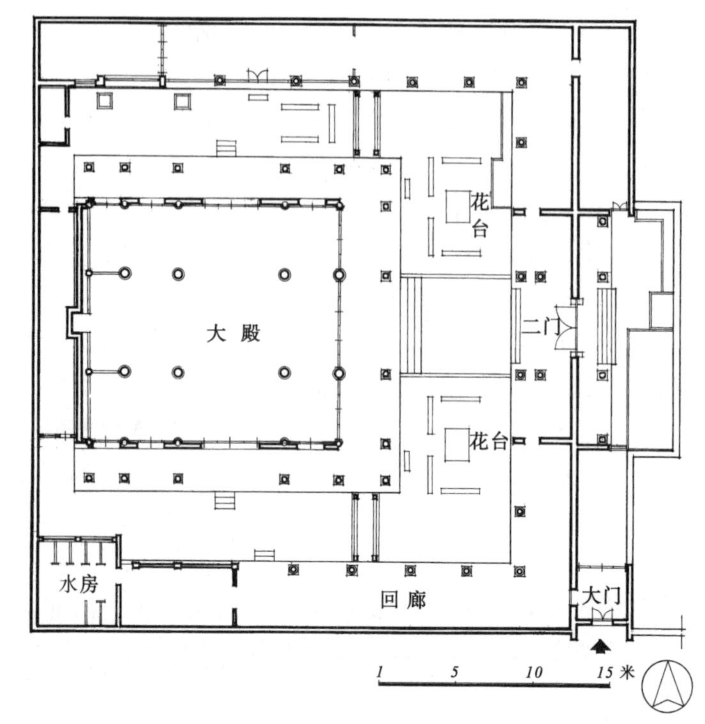

图2-1 广东广州市濠畔街清真寺总平面图

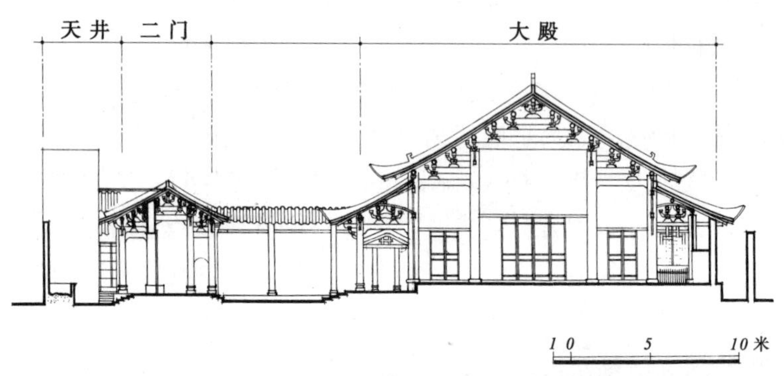

图2-2 广东广州市濠畔街清真寺总剖面图

二门与大殿距离甚近，入二门不数步，即可到大殿。因为彼此距离近，所以入二门后不易见到大殿全貌，而是感到大殿极大，无边无际，而且感到很接近圣龛，容易激发起宗教情感。

大殿歇山重檐，做法与北方的完全不同。歇山即是硬山，山墙直到正脊重檐下檐即是周围廊的屋檐。大殿内部为"彻上露明造"，檩子分布较密，在檩子与梁枋接头处，使用斗栱，显出工程的精致。殿内工料俱精。木柱不是拼镶，而是整料（图2-3）。大殿内正面装饰手法甚好。在圣龛前柱枋上即用木刻湾门（或花罩），枋上悬挂匾额，匾上刻许多阿拉伯文字图案。此匾即是整个大殿内的绝妙装饰。圣龛墙上图案也很少见，是几何花纹内加阿拉伯文红地金绿字，与黑柱灰瓦相配，情调幽雅而富丽（图2-4）。在圣龛左右间的墙壁上，用木板雕刻成大幅图案，其下陈设家具及瓷器（图2-5），使人感到殿内堂皇壮丽。殿内宣教台用硬木做成，雕刻亦精美可观（图2-6）。总之，该寺是一座相当完整精丽的中型寺院。

图2-3　广东广州市濠畔街清真寺大殿内部（一）

图2-4　广东广州市濠畔街清真寺大殿内壁

图2-5　广东广州市濠畔街清真寺大殿内部（二）

图2-6　广东广州市濠畔街清真寺讲经台

3. 福建泉州市清净寺

泉州在宋元时期，是我国对海外通商最主要的港口。阿拉伯的穆斯林在泉州经商的很多，为了礼拜祈祷及聚会，他们在宋代即建有清真寺。到元代色目人势力渐大，伊斯兰教更有发展，泉州已有寺六七座。元至正十二年（1352年），监郡偰玉立并拓南罗城以就晋江北岸翼城。他也是倡议修葺清真寺的主要人物之一。

《马可波罗游记》谓："14世纪泉州建第二个伊斯兰教寺，甚壮丽。"泉州现存一座古寺，名清净寺，位在泉州通淮门大街，俗称涂门街，元代蒲姓阿拉伯人多聚居于此，故又名半蒲街。通淮门在泉州城东偏南。寺的东南即德济门，在罗城城濠之南，元时称为南城。

清净寺大门建筑完全是阿拉伯伊斯兰教建筑的情调，高约20米，宽4.5米，是用本地特产的绿色花岗石（当地名青草石）砌成的。它的颜色苍翠，琢磨光亮，是令人喜爱的建筑材料，国内古建筑只此处见用。门内右转即大殿，用浅褐色花岗石砌，面阔五间，进深四间。殿内共十二柱，殿后正中有一间向后凸出，即供圣龛之处。值得注意的是，此圣龛不是背向正西麦加，而是背向西北方。这有两个原因：一是顺马路方向修建，在北宋或南宋的时候，此处在罗城城濠以外，马路方向西偏北。一是寺可能属于什叶派而非逊尼派。什叶派主要在波斯，所以圣龛背向西偏北，以为礼拜时方向（图3-1、图3-2）。

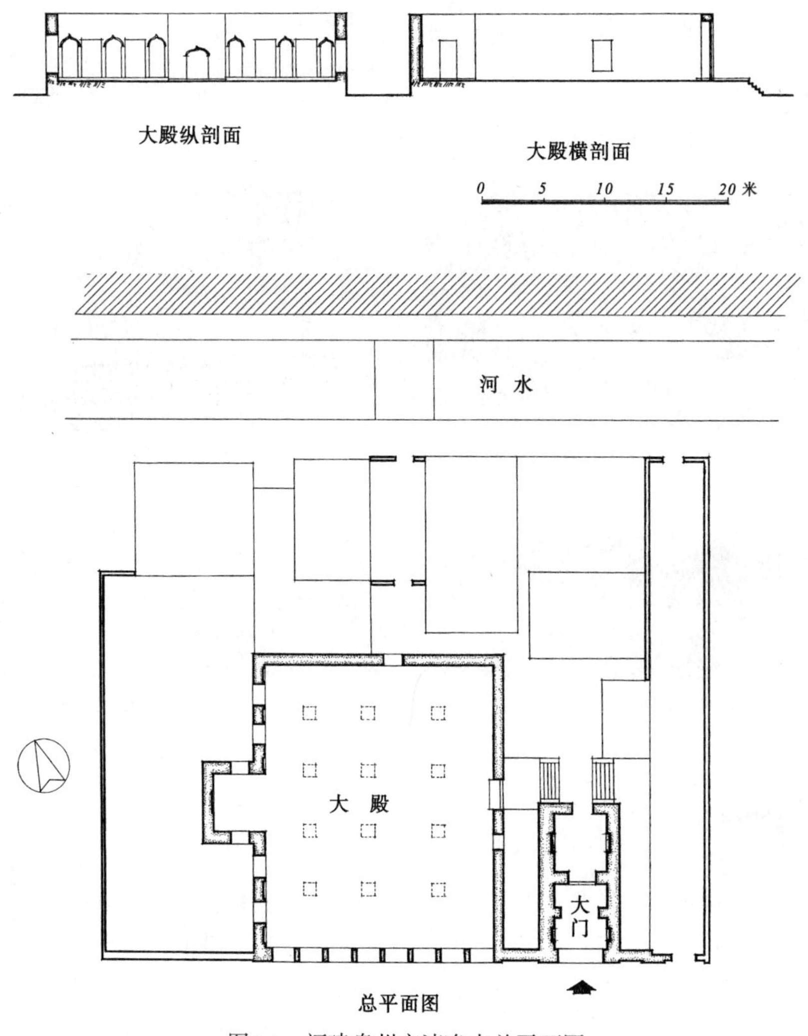

图3-1　福建泉州市清净寺总平面图

该寺大门顶上是望月台，或兼邦克楼之用。此种平面，大门与大殿密集，不作四合院式，是西方清真寺的制度，与我国四合院寺殿制度不同。在技术方面，大门的砌法，也完全是阿拉伯式的。它的平面是狭而深的长方形平面，分为内外两部分：外部是开敞式的门厅，内部为封闭式的门厅。外部开敞式门厅又可分为内外两部分。

外部大门作尖拱券状，拱顶甚尖。门内作半圆球状，顶有密肋（即宋之“阳马”）八条，形如藻井。在此半圆球状顶下，又有一尖拱券状门，此门远较外门为小。门后亦有半圆球状顶，不过拱顶内用小龛状雕饰，是伊斯兰教建筑上常用的手法。此半圆拱顶下即是门洞，安装普通大小双扇门板。此种大拱形门内开小门的做法，也正是伊斯兰教建筑的特点之一。它给人的感觉是门外有门，气势宏大壮丽，而比例尺度又甚合适（图3-3~图3-5）。

门内部封闭式门厅形很方正，顶上为圆拱顶，现已涂垩洁白，毫无装饰。在此门后墙上有阿拉伯文碑刻，是断定 此寺建筑年代的主要证据之一。

图3-2　福建泉州市清净寺大门

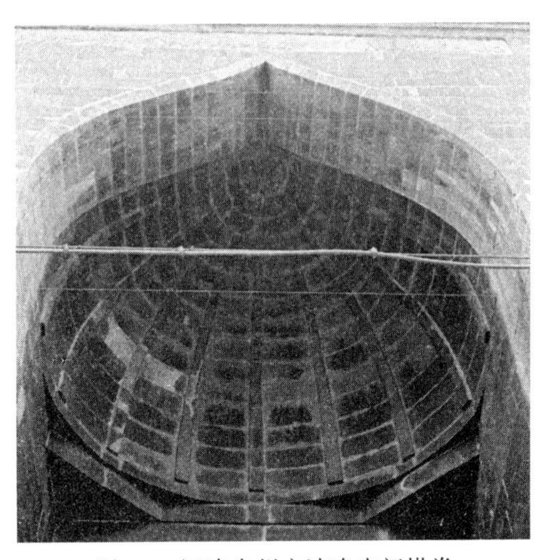

图3-3　福建泉州市清净寺门拱券

图3-4　福建泉州市清净寺大门局部

图3-5　福建泉州市清净寺大门藻井

此门虽然是外国式样，但也有许多泉州地方特色和民族特色，如雕刻雀替使用云纹、用深绿色花岗石砌墙等均是。

据记载，有的说大门上原有五层木塔，如果是则大门原状与杭州真教寺大门形制相同。同是我国早年伊斯兰教建筑的一种中外混成的新式样，也非常富有宗教的“威严”气氛及引人入胜作用。不过此木塔很可能是明代加建的。

该寺大门及大殿石墙的砌法，很值得注意。即用长石条及正方形丁头，使石墙外观每隔一层即是一方块形物，使殿面富有装饰趣味，是一很好的手法。此种砌法也常见于伊朗一带的砖墙上，而很少见于国内他处（图3-6）。除大门大殿以外，在寺后部仍有房舍多间及一小四合院，是明代明善堂址。

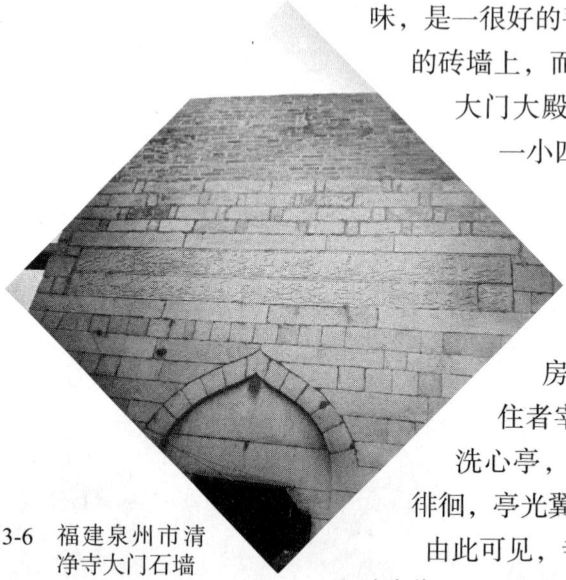

图3-6　福建泉州市清净寺大门石墙

此一片建筑显然与明代情况不同。明万历三十七年（1609年）重修清净寺碑谓：

“先是楼北无庭涂，左设居房，右置灶舍，中途加甬，后为占住者宰牛之垣，余是以移去之。易居为洗心亭，除灶为小西天，庭空月碧，楼影徘徊，亭光翼翼，若增一胜。”

由此可见，寺后部在明代是很值得观赏的。不过到清代及民国时，已逐渐改成今状——明善堂已是一三开间小四合院的制度。新中国成立后，对寺又加以修整。

寺的大殿大门等的建筑年代问题，说法甚多，是一不易解决的问题。有谓为北宋大中祥符二年至三年（1009~1010年）建的，证据即是大门后石墙高处有阿拉伯文古体字二列。最近据马坚先生的翻译（见吴文良：《泉州宗教石刻》）是：

“这一寺是居留在这一邦国伊斯兰教信徒的第一圣寺。最古、最真，众人所崇仰，所以取名叫圣友之寺，建于回历四百年（1009~1010年，宋大中祥符二年至三年）。三百年后，回历七百一十年（1310年，元至大三年），有耶路撒冷人库哈美德者，别号设剌失的进香客卢克尔那丁，这人有一个儿子，叫做阿哈玛特，出资修葺这一圣寺。大门上的圆顶、顶盖及进门甬道，以及门窗，都焕然一新，所以尊敬主上也。祈求主上及圣人摩阿米和他的家族，以后要赦免他们。”

根据这段记载，可知现存大门的上部圆顶以及大殿的门窗，都是元至大三年（1310年）重修的。

又据元至正十年（1350年）三山吴鉴重修清真寺碑记：

“……宋绍兴元年，有纳只卜穆兹喜鲁丁者，自撒那威从商舶来泉，创兹寺于泉州之南城，造银灯香炉以供天，买土田房屋以给众。后以设塔完里阿哈昧不任，凡供天给众其窜易无孑遗，寺因疲坏不治。至正九年……高昌楔玉立至，议为之征复旧物，众志大悦。于是里人金阿里愿以己赀，一新其寺，来征予文为记……”

这又是一段元人重修清净寺的记载（比大门上的元建年代后四十年）。所以现存大门及大殿是宋建，元部分重建是无问题的。这里的争执只是创建于北宋或是南宋的问题。笔者以为既然阿拉伯文碑所书全是整数如三百年、四百年等，显然不够详确，但不能视为作伪。吴文良《泉州宗教石刻》则谓三山吴鉴元碑是由另外一寺移来的，如是可以解决阿拉伯文记载与汉文的不符之处。总之，此寺建筑年代问题一时尚难解决。但大门可能是北宋原有建筑，后经重修的。

明万历三十七年（1609年）重修清净寺碑记，则沿用宋绍兴间兹喜鲁丁创造，元至正间夏不鲁罕丁与里人金阿里重修的说法，可能是正确的。关于明代清净寺的建筑情况，此碑有很详细的记载，并在大殿旁院改建了洗心亭、小西天、明善堂等。但是最有问题的则是大门上的五层木塔是否为明代增建的问题。此碑记载明代清净寺的状况很是详尽，可以作为参考。记谓：

“……郡见建寺楼，相传宋绍兴间兹喜鲁丁自撒那威来泉所造。楼峙文庙青龙之左角，有上下两层，以西向为尊。临街之门从南入，砌石三圜以象天三，左右配合为九门，楗琢皆九九数，取穹苍九天之义。内圜顶象天，上为望月台，下两门相峙而中方，取地方象。入门转西级而上，曰下楼，南级上曰上楼。下楼石壁，门从东入，正西之座曰奉天坛。中圜象太极，左右二门象两仪，西四门象四象，南八门象八卦，北一门象乾元。天开柱子，故曰天门。柱十有二，以象十二月。上楼之正东曰祝圣亭，亭之南为塔四，围柱于石城，设二十四窗，象二十四气。西座为奉天坛，所书皆经言云。

……楼北有堂，郡太守万灵湖公额曰明善尝，以楼为正峰，横河界之，通海水潮汐，短桥以济。异时教众每月斋日，齐登楼诵经，已毕，退休于北堂之上，寺极观备是矣。胜国以前，递坏递兴，无得而记。按碑载元至正有夏不鲁罕丁与里人金阿里修之。明兴，不知其凡几缮。隆庆丁卯，塔坏，住持夏东升鸠众修之。太守万灵湖公捐俸以助。万历三十五年地大震，暴风霪雨，而楼栋飘摇倾圮日甚。住持夏日禹率父老子弟请余修之……先是楼北无庭涂，左设居房，右置灶舍，中途加甬，后为占住者宰牛之垣，余是以移去之，易居为洗心亭……楼之坏者葺，欹者正，兹者隆起……逮及明善之堂，翕然改观矣。”

从这篇记载看，我们可以断定明代大殿是两层楼房，祈祷多在楼上，楼上最东有一亭。大门顶上则是一座木塔。有的记载是五层塔。可疑的是此塔是否创始于元或明？这是有关伊斯兰教建筑的主要问题。

至于此碑上故意附会阴阳八卦等说法，这于伊斯兰教的建筑上极为荒谬，也由此可见明代对建筑甚重阴阳八卦等迷信，以及伊斯兰教与儒教之间在学术上无甚隔阂。

碑文较为难读，而与建筑有关的即是“亭为南为塔四围柱于石城。”这有两种解释：①亭之南有塔四座在石城上立柱；②亭之南有一塔四面在石城上立柱。按另有文献记载是石城上有一座五层木塔。此碑文上记有隆庆丁卯塔坏。如果是四座塔则不可能同时全坏，又如果在石城上修四座塔，则城上地位有限，如修建四座小塔，即难供叫“邦克”之用，所以以石城上有一座木塔五层为是。而亭即在木塔的

北面，门内厅之上。此木塔是明代添建的。因为元代阿拉伯文及汉文碑文上的记载根本未谈到大门顶上有塔的建筑，至多可以假设能有简单亭状物覆盖着。《万历泉州府志》，对木塔建筑又有较详尽的记载。志谓：

“清净寺在郡城通淮街北，府学之东，宋绍兴间，回人兹喜鲁丁自撒那威来泉所造。楼塔高敞，传为文庙青龙之左角，教以沐浴，事天为本。详三山吴鉴记中。元至正间寺坏，里人金阿里修之。国朝正德间，住持夏彦高，鸠工重修。隆庆丁卯木塔坏。知府万庆，捐俸同住持夏东升、教人苏养正等修塔五层。万历三十七年大地震（笔者按万历三十二、三十五、三十七年在志书上全有大地震记载。）楼颓其角，而寺中房屋，占住几百余人，污秽破坏。知府……捐俸重修，悉驱出之，仍构亭宇，寺为一清。同教人林日耀，住持夏日禹、董其役、孝廉、李光缙有记。”

由此记载可知，“隆庆丁卯木塔坏”，但未及层数，重修时则“修塔五层”。所以可以知道在隆庆重修时为五层木塔。五层木塔修在门上不是小建筑了。如果元时即有，则宜有记载为是。或元时有一小木塔也未可知？以此塔象征府学的青龙左角，可见此塔之大了。同时也可以与杭州真教寺相对照比较，即彼寺亦为一五层木塔，建在大门之上，而大门式样也彼此相似。

此外，寺内有一石雕花座，为宋元作风。雕刻手法豪放富丽，可能即是“香炉”座的一部分。

4. 福建福州市南门兜清真寺

在宋元时代，我国东南沿海一带伊斯兰教很盛行，但是明清以来，因国都北迁，海运又不发达，所以此地伊斯兰教逐渐衰落，现在福州市只有南门兜一处清真寺，建筑也很巨丽，不过近来改修得较多。

此寺建置年代及沿革不易确定。

明嘉靖二十八年碑载：

“闽之礼拜寺即清真寺……其址在城南……东临官衢，西抵邑庠，南至民房，北依万寿，纵横深广计有三十余丈。迨元至正时堂宇倾圮，廉访使张公孝思捐俸……嘉靖辛丑灾于回禄，时有隐溪张君洪者……其寺肇工于辛丑之冬，落成于己酉之夏。中构拜堂，面树华表，左座茶厅，右到房廊、厨舍，旁盖民居，岁收其凭以增圣忌之需。”

由上述可见，在元代乃至元代以前已有此寺。今日规模大致为明嘉靖二十八年（1549年）所建，可容两千人礼拜，不过后来改建太甚。现存大殿的后廊可能仍是明代建筑。大殿前卷棚则是清代建筑。

在大殿的中部原为一座面阔五间、进深四间的中殿，已于1956年人民政府重建为一座穿堂式中殿，形成了比较少见的工字形大殿平面。

大殿前卷棚特别低平，出檐斗栱用插栱。格门门心方格细密，都是当地的手法，为他处所少见（图4-1、图4-2）。

后殿砖墙上敷以木板，彩画画成壁画式的装饰，也很富有宗教气氛（图4-3）。

卷棚高度不大，整个后殿内部阴郁杂乱，不够开朗，在宽而浅院庭内显出一种安静而庄严的气概。也是我国建筑常见的特色。

在二门以外尚有左右厢房等建筑，多为近代建成。

大门不与内门相值，而是较为错落偏右（南）使有曲折，亦是一种手法。大门左侧并有铺房多间（图4-4）。

新中国成立后，人民政府出资将寺修整，使古建筑得以保存下来。不过原来大殿不坏时，则现在三部相连成方整的平面（非工字式），与今之凸凹生姿的状态又自不同了。

图4-1　福建福州市南门兜清真寺大殿前面

图4-2　福建福州市南门兜清真寺大殿前廊

图4-3　福建福州市南门兜清真寺大殿内景

图4-4　福建福州市南门兜清真寺大门

5. 浙江杭州市真教寺

杭州在宋元时期地位极为重要，信仰伊斯兰教者甚多，自成一区，真教寺的建筑就是这时出现的。现存伊斯兰教建筑系由元至新中国成立后不断兴修改建而成。究竟还有什么是宋元时代的，尚须探讨（图5-1、图5-2）。

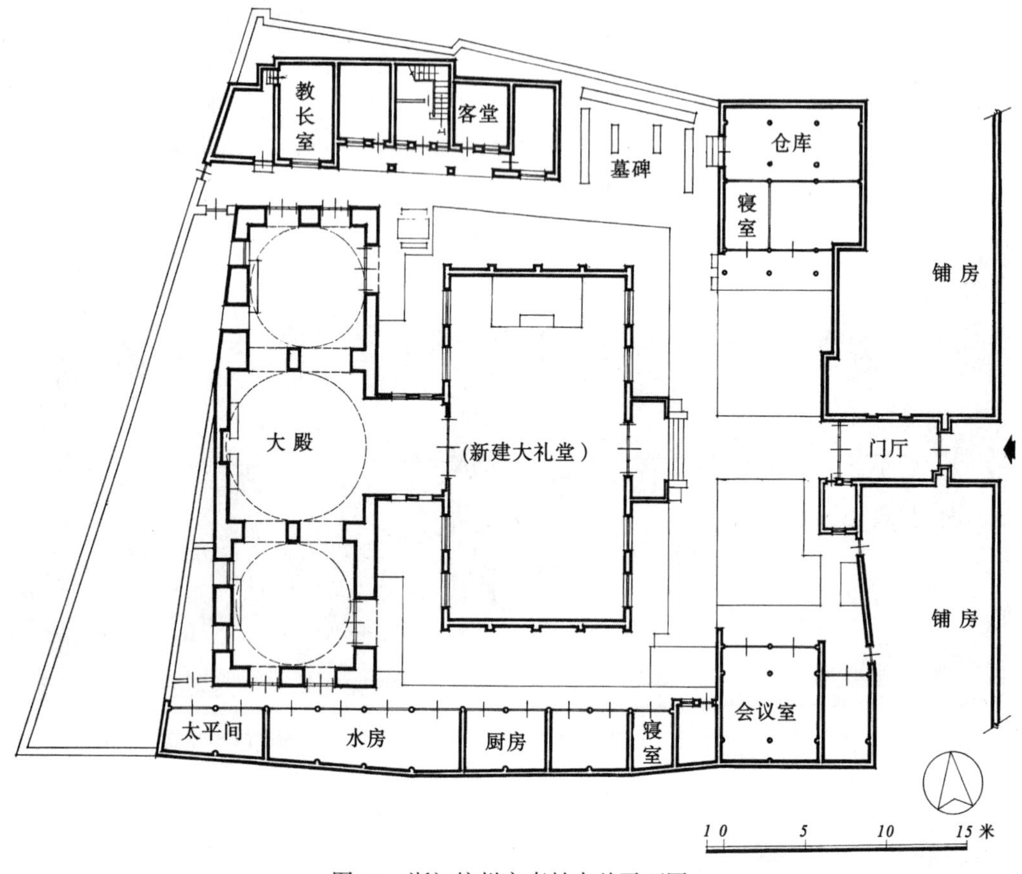

图5-1　浙江杭州市真教寺总平面图

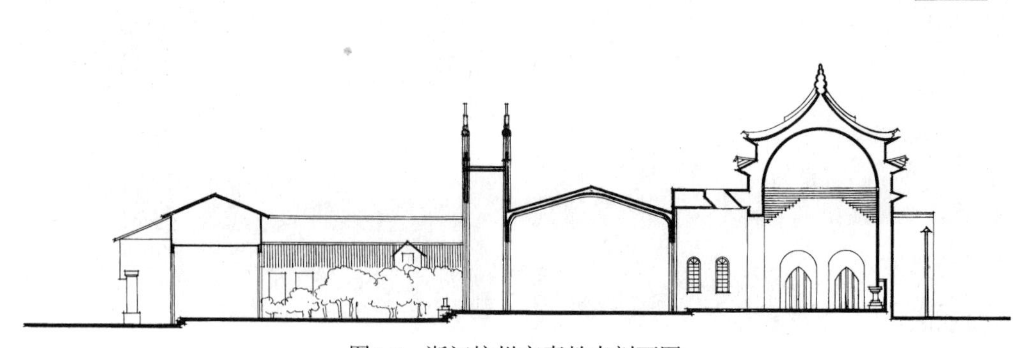

图5-2　浙江杭州市真教寺剖面图

在元明清时代，杭州的清真寺很多，到民国时较少。1960年春，笔者调查时，尚余两座寺院，即真教寺和建国南路清真寺。建国南路清真寺为一民房改建，规模不大，为清初康熙时建筑。由此也可说明，寺制度是比较可以随意变通的，只要有礼拜场所及圣龛背向西方即可。

杭州市真教寺也叫凤凰寺，是我国伊斯兰教建筑的四大名寺之一，值得较详细地论述。寺位在杭州市中山路坐西向东，现在的规模较明清时代缩小了许多，因为在民国十八年（1929年）杭州市展宽马路时，由于工程负责人员对寺勒索未遂，遂将马路向寺方扩展，将寺的大门拆除，地盘缩小。现在临街一带是铺房，正中为大门，是一种砖石窟门式建筑，比原来带五层塔楼式的大门建筑之雄伟气势相差远甚（图5-3）。今仅在大门内的门厅上嵌以五色玻璃，与一般住宅不同，而略有宗教建筑气氛。在门内即为一大院，周围房舍已是民国时修葺之物。正面大礼堂五间则是新中国成立后1953年人民政府出资新建的，作为祈祷及附近市民开会之用。这座新建大礼堂，虽然是用钢骨水泥及砖石等建成的，但是为了表示它是伊斯兰教的建筑，所以用了尖拱形的窗户及伊斯兰教特有的大门（内门外有更大的大门），以及门上置双邦克楼的式样。在礼堂原来的位置是一座大殿，比现在的礼堂要大些，为五间周围廊式。传说是明代建筑，不过早已倾斜危险，所以改建新礼堂。

图5-3　浙江杭州市真教寺俯视

图5-4　浙江杭州市真教寺内墓碑雕刻

礼堂后即是砖窑殿三大间，这三大间还是元明时代的建筑被保存下来的。正中部分可能是宋代的遗存。

在院左前方有文娱室、库房。库房内藏带阿拉伯文方砖数块，在砖侧有宋杭州定造京砖数字，相传原在大殿内悬挂。

在库房西面有空地一小块，安置许多石碑、墓石等物。许多墓石是由他处移来的。据谓有一墓石尚是六七百年前物。

这些墓石边上用"减地平钑"刻了许多的卷草花纹。有的瘦削刚硬，有的丰满肥硕……种种不同全是雕刻中之精品（图5-4）。

在此空地往西为五间楼房，是会客室、办公室、教长室等房间，再西为厨房。厨房靠西墙外有一小门，通至后街。

在大门南侧有一带房屋，是寝室、会议室、厕所、浴室、厨房等所在。

整个院内建筑密集，各种建筑风格甚不统一。左右厢房及楼房颇有起伏，不够整齐。与元明时代的真教寺统一完整风格不能相比。

关于杭州真教寺建筑的历史发展，可以分宋、元、明、清及民国几个发展阶段来谈：

最初创始据许多碑记文献谓创自宋元〔注一〕，主要是因为唐、宋、元以来，杭州是我国的大都市之一。南宋将杭州作为首都，其更是繁华富盛。穆斯林聚居在杭州经商的很多，有建寺的必要。

元时穆斯林更多，他们的社会地位又比宋代远为重要。杭州"商胡麇集"，贸易甚盛。据伊本·拔图塔谓：其时崇安门（清泰门）内荐桥附近，多犹太人，基督教徒及拜日教徒的突厥人聚居。荐桥以西为伊斯兰教徒区域，一入此区，宛如身临伊斯兰教国（参见《浙江建筑近代史资料》）。所以在元时杭州有清真寺的建筑是肯定的。关于宋建清真寺的确实根据，清康熙九年（1670年）碑记谓："创自唐，毁于季宋，元辛巳年有大师阿老丁者，来自西域，息是于杭，瞻遗址而慨然捐金……"〔注二〕。在新中国成立前后，又发现原来明代大殿内有阿拉伯文方砖六块半，尺寸为42.0×42.5×4.7（厘米）〔注三〕，雕砖的侧面发现"宋杭州定造京砖"戳记。不过笔者在杭州调查时，仔细观察字迹感到"宋"字可能有问题，不太像"宋"字。

范祖述《杭俗遗风》："回民堂在南大街文锦坊地方，系伊斯兰教教民聚众礼拜之所，故一名礼拜寺。其堂四方壁立，高五六仞，迎面彩画，有伊斯兰教寺匾额，中间圆门，上造鸡笼顶，两旁列石栏。"

这段记载，明确地说明了回民堂是"四方壁立，高五六仞的鸡笼顶"（即半圆拱顶）建筑，即相当于今天存在的三大间后窑殿的正中一间，而这间的面宽达8.84米，约合普通民房两间半大小，这已是一个相当大的砖圆拱顶的礼拜殿了。由现存实物证明了另一认知，即这三间后窑殿不是同一时期的建筑。正中一间是早年的建筑，而左右两间则是后来添建的。由现存大小位置即可以断定与正中一间是全然不同时代的建筑。范祖述为北宋时人，所著《杭俗遗风》是南宋初年的见闻。回民堂之情况至少是南宋初年乃至北宋即已建成，毁于南宋末年。估计砖无梁 殿建筑不易全毁，可能顶部有的破坏，而阿老丁“为鼎新之举”，但是“鼎新”到什么程度则不易判断。现有后窑殿内外墙皮全用白灰抹饰，根本看不到砖的尺寸砌法等，所以根据现有材料，只能谓现存的后窑殿正中部分为宋建、元重修之物（即宋时已有此砖砌无梁殿，而元代予以重修，可能大部分重修）。而左右两较小的砖窑殿则为元或明（15世纪后半纪）所建之物。大门也可能为元代建筑（木楼除外），同时也可能有大殿的建筑。而元代建寺，据明碑所记，以及清康熙九年碑记，均谓为元世祖至元辛巳（1281年）阿老丁所建。而府志等书谓为延祐间回民阿老丁所建非是。因宋末寺毁，元初即应重建，不宜迟至延祐时重建。因二者相差四十年左右，约半世纪，差数不宜如此之大。元初，杭州穆斯林较宋更多，如不即建寺，则礼拜无所。可见此砖无梁殿是北宋时已有，元初重修。如果泉州清净寺是南宋绍兴年间创建的，则此无梁殿比清净寺为早〔注四、注五〕（图5-5~图5-8）。

图5-5　浙江杭州市真教寺内部（一）

图5-6　浙江杭州市真教寺内部（二）

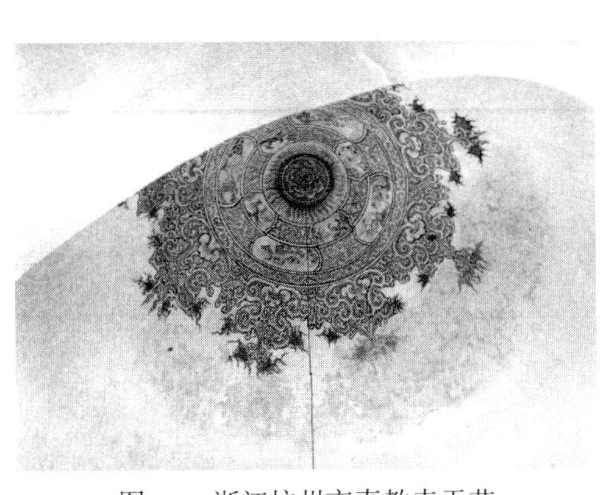

图5-7　浙江杭州市真教寺天花

图5-8　浙江杭州市真教寺内部（三）

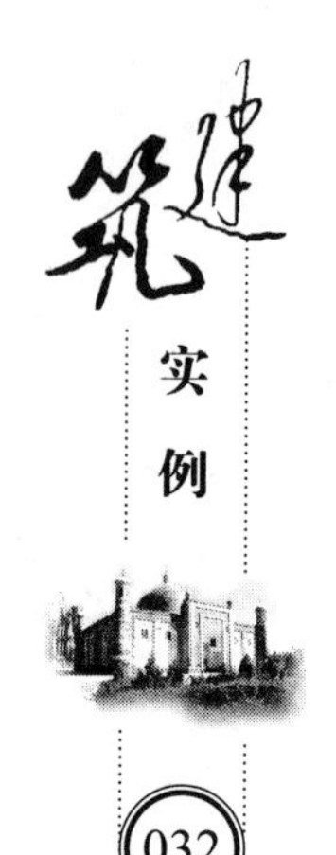

明弘治六年（1493年），杭郡重修礼拜寺记碑载：

“……回辉国出自西域，来居中夏，所至则建寺……杭郡礼拜寺在西文锦坊之南，东向屹立，□尝造焉，中间不设形象，惟庋天经一函，并署其先代设教之□尊名号……寺创于前元世祖至元辛巳，回辉国永世守之，迄今二百□□季如一日也。岁久则日就倾圮，住持掌教满拉亦马仪□力图兴起，……经始于大明景泰辛未（1451年）正月，讫工于今年癸酉（1493年）六月，视旧规为增广，而殿堂则□□一新矣。”

此次重修，前后凡四十二年，时间实在太长，在修建过程中有何波折，碑上未予记载。但是谓最盛时期是景泰到弘治（即15世纪后半纪），则可以断言，而寺之成为“凤凰寺”也是这期间告成的。据《回回民族问题》一书谓，回族的民族形成于明代中叶，恰巧与此寺鼎盛时期相合。

明代真教寺视旧制为增广，已有大殿五间，周围廊可能是重檐歇山带斗栱的制度。大门与大殿之间有穿廊。大门的阿拉伯建筑色彩很浓厚。门上满是花纹，如竹节式边柱、方格形花边、花方塔、阿拉伯文匾额、圆洞券式大门口等。它充分表明了此时我国伊斯兰教建筑发展已到了很成熟的阶段，产生了自己的民族形式的建筑。

此后历代均有修葺，不过都无大变革。民国时杭州又有更大发展，展宽了马路，因此真教寺的门楼在民国18年展宽马路时，予以了拆除。

注一：明田汝成的《西湖游览志》载：“真教寺在文锦坊南，元延祐间，回民大师阿老丁所建。”“寺基高五六尺，局镛森固，罕得阑入者，俗称礼拜寺。”

注二：《杭州府治》载：“真教寺文锦坊南元延祐（仁宗）回民阿老丁所建。”清康熙九年碑谓：“寺创自唐，毁于季宋。”

注三：参见《文物》1960年第一期，纪思的《杭州的伊斯兰教建筑凤凰寺》。

注四：马以愚的《中国回教史鉴》载：“凤凰寺，寺门东向，门顶如圜冠，重楼五级，垩墁如新者，望月楼也。清时宦斯土者以形家之言，拆毁之，去其二。凭楼远眺，与雷峰塔东西并峙，西湖之胜在望矣。殿宇宏伟，中狭而前后修广，今以□道，寺门又易旧观。”

注五：康熙九年（1670年）真教寺碑记载：“……创自唐，毁于季宋，元辛巳年有大师阿老丁者，来自西域，息足于杭，瞻遗址而慨然捐金，为鼎新之举，表以崇闳，缭以修庑，焕然盛矣，无何，而守者不戒复毁焉。按洪武中，有咸阳王赛典赤七代孙哈曾赴内府宣谕，允各省建造礼拜寺，历代赐勅如例。大清定鼎，……而吾教之行于中土较前尤盛。顺治丙戌岁，中州苏公见乐来镇□□捐俸重建。飞丹流垩，其巍焕殆甲于中土焉……”

6. 江苏松江县清真寺

砖砌无梁殿的结构，在明代建筑中时常使用，而伊斯兰教建筑中应用更为广泛，是一值得注意的现象。我们有理由说，我国无梁殿建筑是由伊斯兰教建筑的影响所致。江苏松江县（现已改为上海市松江区——本书责编注）清真寺二门及后窑殿全是此种做法，不过三门用桶状券，后窑殿则用半圆拱券顶。此两座建筑又全使用十字脊，在我国古代建筑中为难得之例。后窑殿出檐叠涩等做法显得较三门为古老，似有元建之可能。在大门入口不远的墙边，有一元郡守达鲁花赤墓及碑（清康熙时立碑），则此寺元代创始之可能性更大。大殿前院中有道光元年捐输碑记："清真寺创自有元，迄于明季，至我朝康熙六十六年郡学博士杨公，……捐俸修葺，……嘉庆十七年墙垣颓废。"所以此寺后窑殿有元建之可能，不过部分瓦件已为明物，又经明清予以重修（图6-1~图6-4）。

笔者调查时，曾用望远镜仔细检查三门上字迹，有明嘉靖重修字样〔注〕，此寺建筑主要部分至迟当为明中叶以前之物。

大殿原为明建，甚大，因年久失修，所以前些年予以重建，规模较前略小。大殿利用旧料略加修葺，至于左右讲堂及水房大门等，全系清代重修之物。

殿院庭较小，一切大小木结构全是当地式样。

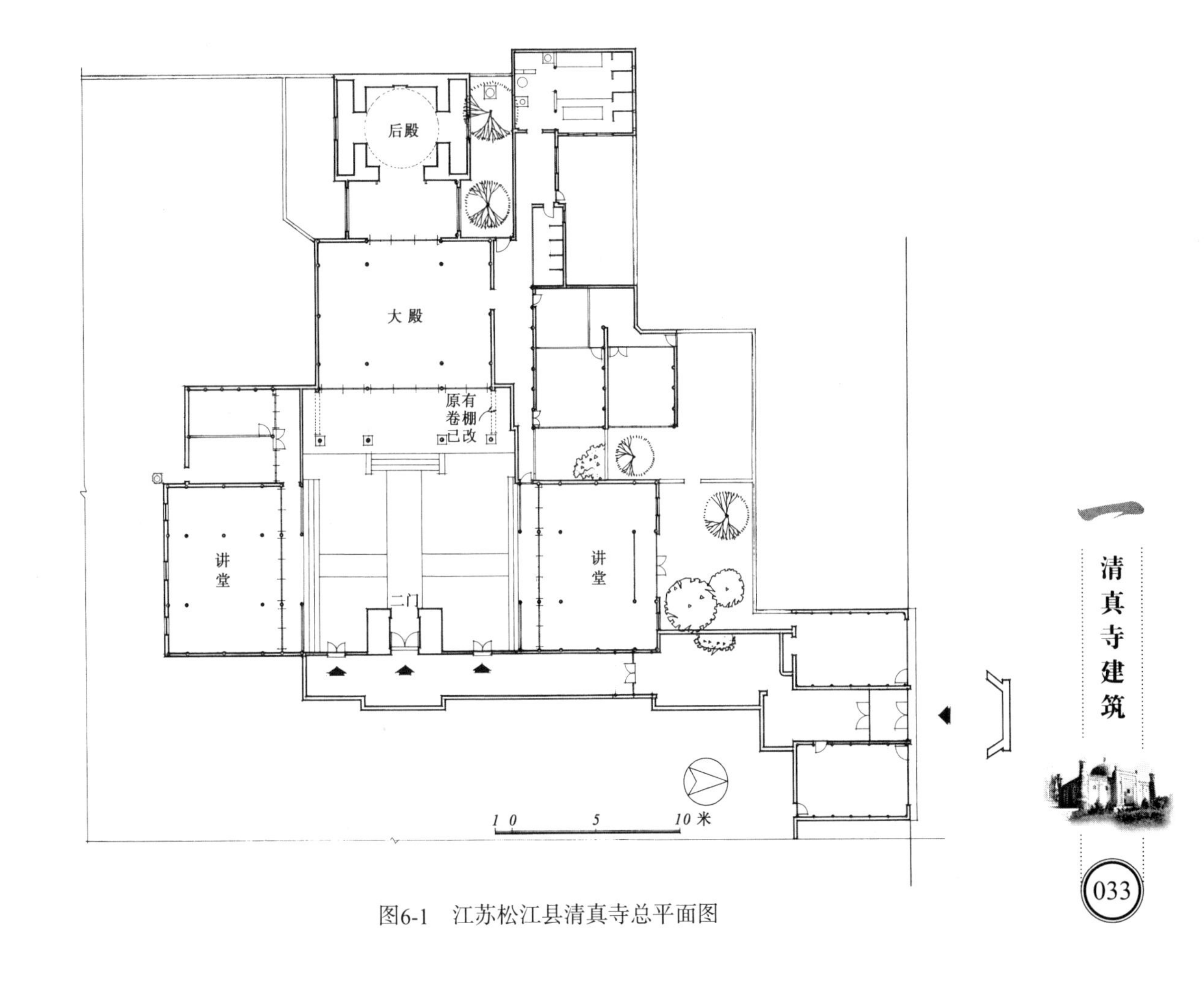

图6-1 江苏松江县清真寺总平面图

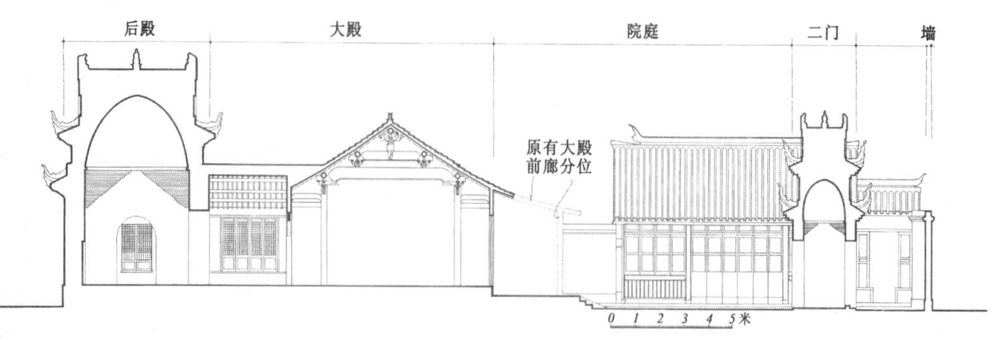

图6-2　江苏松江县清真寺总剖面图

图6-3　江苏松江县清真寺三门屋顶

图6-4　江苏松江县清真寺三门上部

大门至二门经过许多曲折，亦似后来做法。寺大殿内有两个明代小木作精品：一为明代祝枝山书屏风；二为明代宣教台雕作。屏风作插屏式，制作简单，秀雅可爱。宣教台较之后世所作远为纯朴。寺大殿为硬山造，平面长方形。后窑殿则较小，平面方形，但上为重檐十字脊屋顶，远比大殿屋脊为高，与大殿的低矮雄伟朴素作风完全不同。因此，大殿与窑殿的配合收到了相得益彰的效果。寺东南二面有空地甚大，冢墓垒垒，显然在明清时代此处为穆斯林公共墓地（并建清真寺），可能在元代达鲁花赤时即是墓地。寺当时大门似不在今之缸甏行街。

松江在元明时代为东南经济繁荣富盛之区，所谓出产布匹可以“衣被天下”。在商业发达的地区，穆斯林信徒是不会少的，有此古寺，更能足以证明。

注：三门上下檐中间砖上题字在左侧有：“辛未岁张云昇复整，重建清真寺。张云昇重修记（小字）”。右侧题字有：“大明嘉靖岁次乙未夏五月。康熙癸亥岁冬月”字样。此寺三门原建于嘉靖乙未（1535年），康熙癸亥（1683年）及辛未（1691年）曾经重修。

7. 上海小桃园清真寺

上海商业极盛，华洋杂汇，少数民族甚多，信仰伊斯兰教者不少，所以清真寺建筑也多，而且式样各自不同。上海小桃园清真寺是民国19年（1930年）建成的（图7-1）。《上海清真寺理事会建立西寺碑记》略谓："上海旧有清真西寺，拓址不广……每感结集不足以回旋示庄严也。丁巳冬西寺应运以兴，……金子云君……斥万余金货西门仓桥路一巨室……即捨……为寺……而鸠工庀材又靡费八万余，逾三年落成，为中外四方伊斯兰教顶礼皈依之所……"寺中主要建筑大楼奠基石刻："穆圣迁都一千三百四十二年，时中华民国十四年乙丑谷旦。清真董事会建立，四明李合顺承造。"

民国时，上海崇洋之风较甚，所以上海在华洋杂汇、豪华富盛的地方建造清真寺，也难免用了外国式样。又因新兴的钢骨水泥等材料，亦被普遍应用在主要的公共建筑上，所以该寺用了新式结构技术。又因为上海地皮昂贵，人多地少，所以大殿为楼房制度。做礼拜也不限于楼下，人多时楼上也做。它的圣龛部分是通达上下两层的。

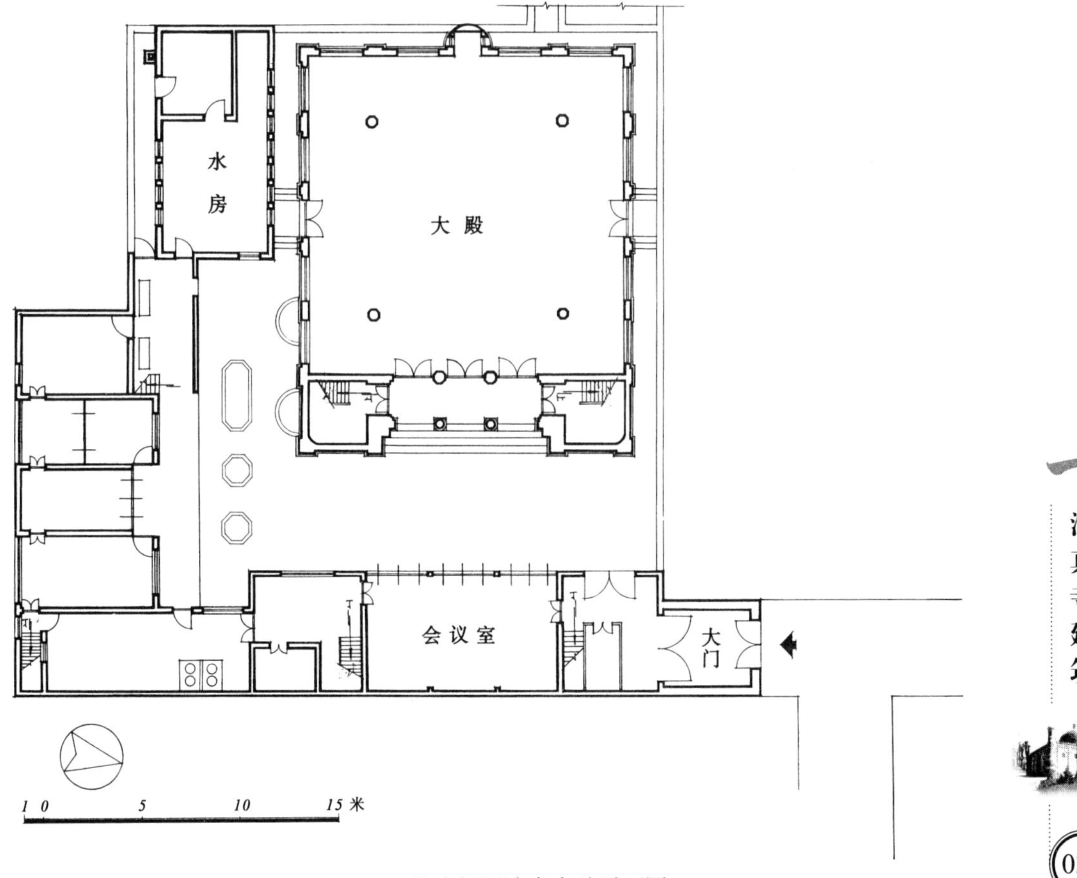

图7-1　上海小桃园清真寺总平面图

主楼即礼拜殿，正面用西式发券及柱式，门窗模仿西方古典式样，但又不全相像。楼上大圆拱顶直径达三大间之广，显出现代工程技术水平。因用钢骨水泥材料，所以楼上下坚固、整洁，并可多开窗户，光线充足。

图7-2　上海小桃园清真寺大殿

大殿圆拱顶上有望月楼一座，楼四隅为邦克楼，在楼外不易发现。它与西方清真寺四隅是邦克楼的形制不同。大殿地面上满铺地毯，显出豪华高贵的气势。

我国清真寺建筑很少用正方形及上下楼房为大殿的。此寺改用正方形平面的楼房，并且上有圆拱顶及四隅邦克楼，实一难得之例。此外，在主楼前及左侧，尚有会议室、客厅、水房等建筑（图7-2~图7-4）。

图7-3　上海小桃园清真寺屋顶内部

图7-4　上海小桃园清真寺楼顶

8. 上海福佑路清真寺

上海浙江路有巴基斯坦伊斯兰教徒修建的清真寺。其礼拜殿、办公、会客等房建在一起，无四合院。礼拜殿正中上有圆顶，整个建筑外观近于巴基斯坦式，与我国的建筑制度完全不同。

在上海清真寺较为古老而又是接近我国建筑制度的要算福佑路的清真寺（图8-1）。

福佑路清真寺又名北寺，是针对草鞋湾南寺而言的。据福佑路阿訇谓：南寺始建于1852年，是回民首批来上海时建造的，不过房屋简率，不够高大宽敞。后来，因为上海市区不断向北发展，硝皮弄回民人数激增，所以在1870年于穿心街（即现在的福

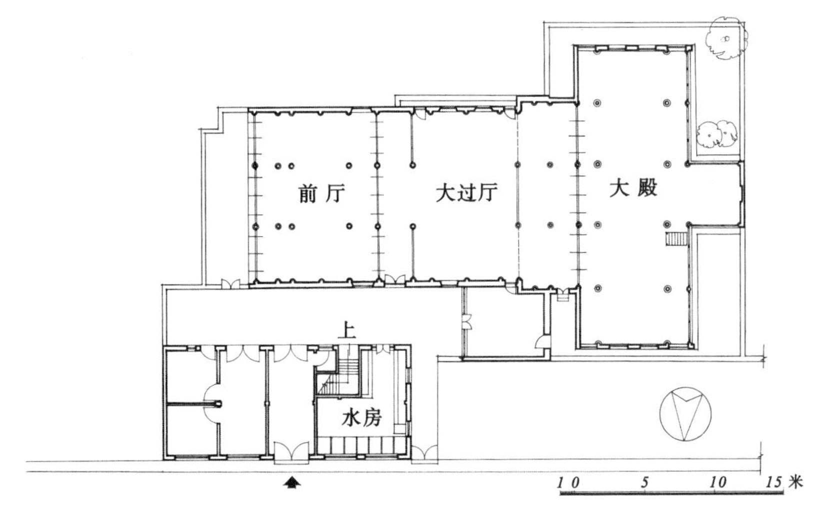

图8-1　上海福佑路清真寺总平面图

佑路），建立上海第一个清真寺。经过1897年和1905年两次扩建，有大殿三进，可容纳千余人礼拜。寺门两旁房屋，抗战初期已翻造钢骨水泥三层楼房，规模更加完备。

寺礼拜殿是由三部分合成的，即：前厅、中厅、大殿及后窑殿。比较值得注意的是大殿为五开间，而前厅一座则为三开间，再加上后窑殿的一间，平面形成了拉丁十字形。

此礼拜殿建筑的妙处，是在平面布置上有极大的灵活性，如平时礼拜人少时，即只在大殿五间内做礼拜，而中厅即为敞口过厅，前厅则关闭为殡仪之用。如遇大礼拜或节日人多时，则将三座建筑的格门等全部取下而合成一座大殿。如是的灵活性是我国建筑里非常可取的手法，也是较为常用的手法，不过福佑路寺用得很是得当。这也是梁柱式结构及格门制度在使用上的优越性所致。

9. 江苏扬州市清真寺（仙鹤寺）

扬州自从开凿大运河以来，即成了南北及东西交通的要地。隋炀帝晚年曾将江都作为行都。唐时扬州商业更发展为全国最繁盛的地区，所谓“扬一益二”者是。田神功兵掠扬州，死外国商人数千之众。可见外国商人总数是远不止“数千之众”的。

宋元时代，扬州工商业也相当繁盛，因之该地也为我国伊斯兰教最发达地区之一，扬州清真寺（又称仙鹤寺），是我国伊斯兰教建筑的四大名寺之一。关于该寺的创始年代，据扬州教长刘彬如老先生函告，谓根据《扬州府志》所记载，是公元1275年（宋德祐年间）西域人普哈丁所建。经历代兵燹毁损，虽由后人几次重修，已非原来面貌。《扬州府志》寺观：“礼拜寺在府东太平桥北。宋德祐间，西域僧补好丁建（补好丁即普哈丁）”。此寺创始于宋末，固无问题，因为宋代扬州仍是国内重要的工商业集中地区，伊斯兰教徒不在少数。

扬州在清代共有清真寺六座，城内城外各有三座，以仙鹤寺为最古最大（图9-1、图9-2）。

图9-1　江苏扬州市清真寺（仙鹤寺）外景

之所以名为仙鹤寺，主要原因可能有二：一是表示它的平面布置是非左右对称的，而是屈卷为仙鹤状（图9-3）。现存泉州清净寺平面布置也是非左右对称的，或名之为麒麟寺。二是因为“扬州城廓形似仙鹤，城西北隅雉堞突出者名仙鹤嗉”（见《扬州画舫录》）。所以寺名也引用仙鹤二字。此寺即可与狮子（广州怀圣寺）、麒麟（泉州清净寺）、凤凰（杭州真教寺）三寺媲美并列，而为四大名寺之一了。

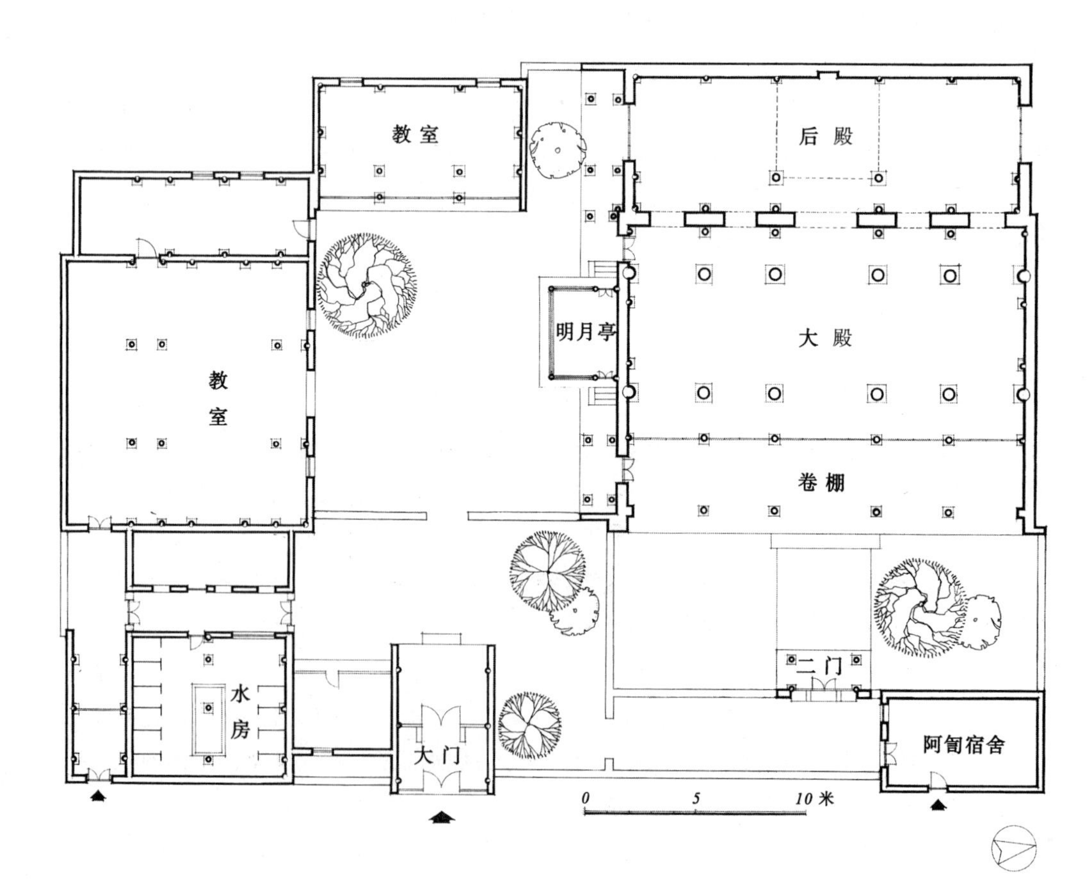

图9-2　江苏扬州市清真寺（仙鹤寺）总平面图

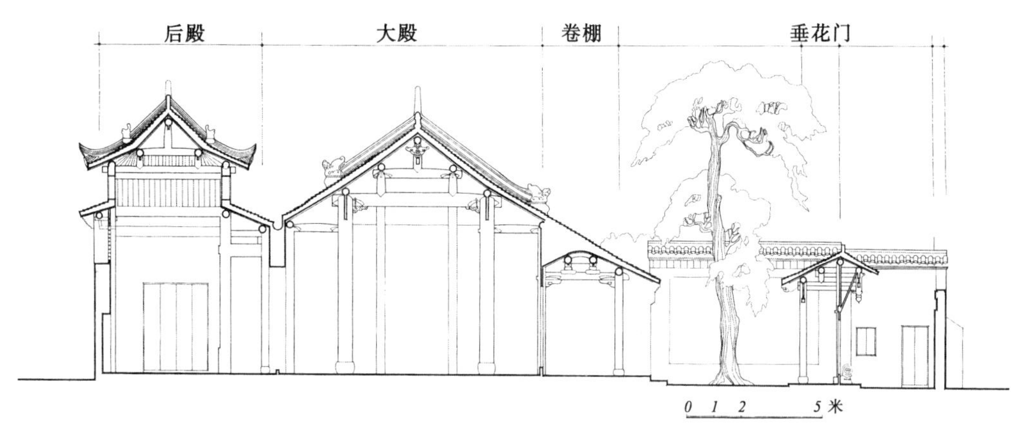

图9-3 江苏扬州市清真寺（仙鹤寺）总剖面图

该寺占地面积小、建筑物布置非对称式、用小天井（非四合院式），是该寺的平面特点。将学校亭园布置在一个院内，又将大殿布置在另外一区，大门内又另形成外殿，区划分明，三区各不相扰而又联系，灵活紧密又极为节省占地面积，是此寺建筑上的巧妙之处，值得我们仔细思考学习。

在学校院内有讲堂三大间，是清初建筑，正面三小间则是清光绪年间建置的。在大殿左山墙上建明月亭一座以及走廊，使此院颇富于园林风趣。

原来大殿右侧为大厅三间，已毁，今改为正房。此寺现有规模已不是清代面貌，而是因时需要不同，历经修改成为现状。

寺大门内有银杏树一株，约有七百多年历史，形如伞状，高约五丈余。在扬州市现存的数十株古老银杏树中，以此树为最古老而美观（另有雌银杏一株，在光绪年间触电死亡）。大殿前南北各有老松柏两株，也很高大可观。

大殿建筑年代不甚早，约为清中叶或稍前时期。平面分为三部，即：前为卷棚；中为大殿；后为后殿。三部面阔相等，作长方形。大殿后墙为砖砌圆拱门五，显系受阿拉伯建筑影响。后殿仍为木构，在正中起楼，光线集中在中部圣龛处。后殿起楼亦是伊斯兰教建筑的特色之一。圣龛雕制也相当精美可观。

殿内宣教台，是明代作品。

殿外存有方形抱鼓石，图案为几何纹样，正中雕小狮三个，意态生动活泼，甚为可爱。在大门处亦有抱鼓石，雕制精美，也是伊斯兰教建筑中较好的作品（图9-4~图9-6）。

图9-4 江苏扬州市清真寺（仙鹤寺）大殿

图9-5　江苏扬州市清真寺（仙鹤寺）大殿内部

图9-6　江苏扬州市清真寺（仙鹤寺）大门抱鼓石

10. 江苏镇江市清真寺

镇江清真寺共五处，如剪子巷清真寺、西门外清真寺，以及其他三处小寺，多是太平天国后所重建的。

西门外清真寺平面布置多用小天井，由大门经过厅，进后院曲折而入。门庭甚多，最后突然出现方正的四面周回廊的天井。正面大殿后为正厅花园等。大小天井的利用最为巧妙。大殿前大院庭（天井）周回廊全用一色花栏杆，气势伟丽（图10-1）。此寺为长江流域常见之式样。较为特殊的是剪子巷清真寺。

剪子巷清真寺的最大特点即是大殿为五座勾连搭硬山屋顶做成，但仅面阔三间，因此构成了大殿特为窄长的形状，为国内其他建筑所少见（图10-2）。每勾连搭处用厚砖墙，墙上发券（三间即用三券）仿阿拉伯式建筑而气氛又有所不同。这种窄长平面虽然是因受地盘限制而出此，但与伊斯兰教不供偶像，在布置上富有灵活性是分不开的。因为使用窄而深的平面，同时又用层层的圆券作为隔叠，颇能使殿内增加宗教神秘感。此种形制的大殿平面在新疆也曾见过。与此相反，在新疆礼拜寺中平面极为浅而宽（即面阔甚大，而进深甚小）的大殿颇多。这与不供偶像，祈祷人不必亲见偶像有关。

剪子巷清真寺大殿的建筑年代最初可能为明万历年间。围墙上有碑谓为“万历三十年（1602年）迁建治安坊”，清初又行重修。现存诸建筑可能为清末时建筑。

在大殿前面院庭，尚有三面照壁围起，气势甚壮，东照壁后又有两进房屋，现在房已塌毁不全。

图10-1　江苏镇江市西门外三巷清真寺大殿

图10-2　江苏镇江市剪子巷清真北寺山墙

11. 江苏南京市净觉寺

明初全国最主要的伊斯兰教建筑有二，即南京净觉寺和西安华觉巷清真寺。

南京净觉寺在三山街（今建康路四十一号），原来规模很大。它的历史起点是在明洪武二十一年（1388年），西域鲁密国亦卜剌金、可马鲁丁等人，因征战有功，为之敕建二寺，一在三山街，另一在聚宝门外〔注一〕。以后寺又屡次修葺或重建。有史可考者只有宣德五年（1430年）和弘治五年（1492年）的两次重修。而宣德五年一次火后予以大修〔注二〕，则是郑和第七次“下西洋”时的事情。郑和本人是穆斯林，又是明成祖倚重的太监，他很有力量大修此寺。

太平天国起义占据南京时，因为寺多用楠木建筑，所以“将寺之梁栋榱桷，移建藩邸”〔注三〕，到清末光绪、宣统时重建，成今状。

现在寺平面布置有砖坊、楼厅、左右讲堂、客厅、正厅、大殿等建筑。除大殿为五开间三面出廊外，其余全是三开间。房屋密度很大，与其他江南伊斯兰教建筑相似。天井相当小，正厅与大殿之间有穿廊相连接，呈工字状（图11-1）。

总的看来，寺的平面布置除密度大及工字殿外，无其他特异之点。在建筑中有蝴蝶厅一处，可能为明末清初的建筑，年代一时尚难肯定。

至于确知为明代建筑遗物的，现只有砖牌坊一座。此砖坊砌造精良，年代古老，为国内难得之物。它的形制充分显示出砖石建筑的特点，既敦实又华丽。它是在一砖门罩上用磨砖做成的向外突出的线脚及装饰，顶上覆以瓦檐，手法甚是简洁。在砖坊下部开了三个小门洞。门洞的上部全部都是各种花纹，但又有轻重

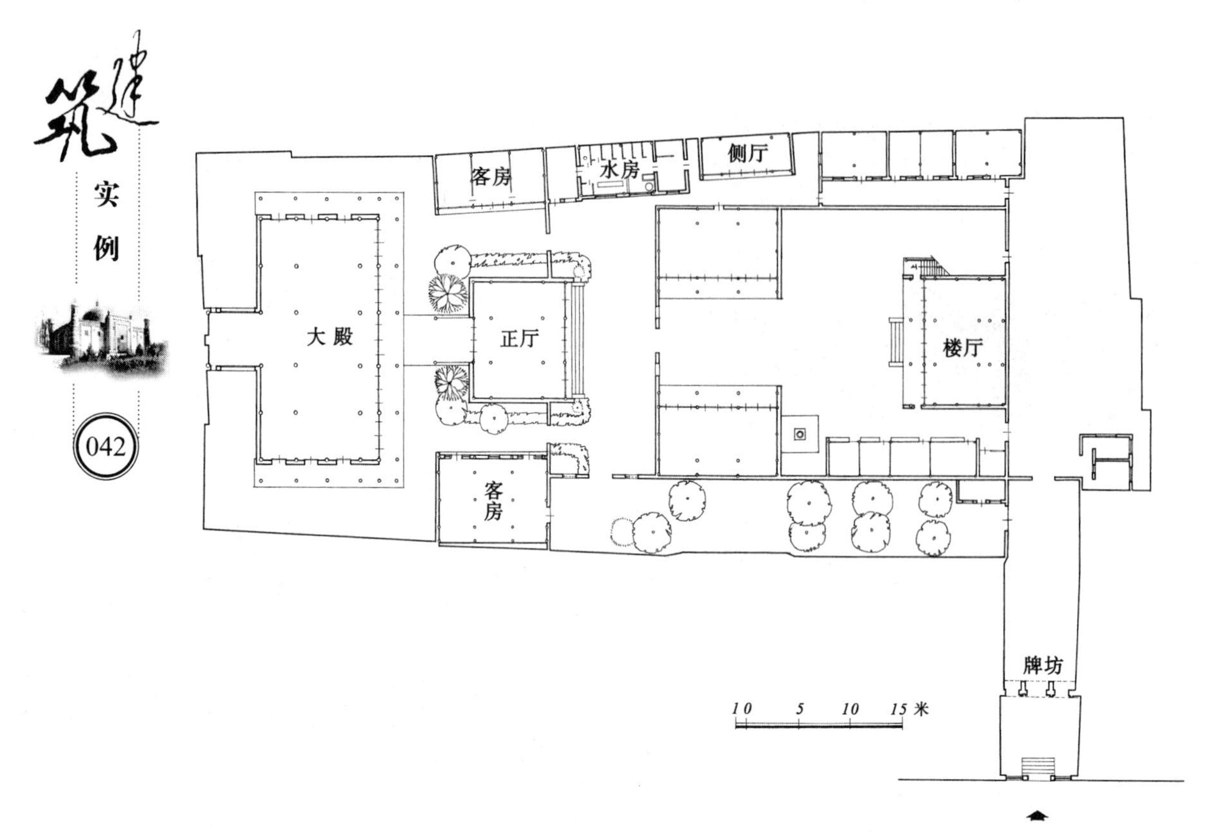

图11-1　江苏南京市净觉寺总平面图

图11-2　江苏南京市净觉寺大门砖刻（一）

图11-3　江苏南京市净觉寺大门砖刻（二）

主次，毫不杂乱。如石柱上用“减地平钑”的做法；横坊上则用几何纹或加小花朵的装饰，或在更主要的横坊上使用起伏更大的卷草、云纹等装饰；而在最上部则用瓦檐及斗栱起伏最大的构件来作装饰。此砖牌坊的雕饰最为可爱之处，则是下坊上的几何纹地加圆球状团窠数个，极富于装饰趣味，是为一般砖坊上少见的（图11-2、图11-3）。

总之，此坊在偌大的面积上处理得有条不紊、华而有致，是此坊在艺术上的最大成功之处。同时由此砖坊也可看出当时对伊斯兰教的重视程度。此坊有些斗栱零件可能为清代重修之物，但并不影响此坊在建筑方面的重要地位，现在此坊已为南京市妥善保管。

注一：明弘治五年（1492年）敕建净觉礼拜寺碑记谓：“洪武二十一年（1388年）有

亦卜剌金、可马鲁丁等，原系西域鲁密国人，为征金山开元地面，遂从金山境内随宋国公归附中华。……因而敕建二寺安扎。”

另据西安华觉巷石碑载：

“洪武二十五年（1392年）三月十四日咸阳王赛典赤七代孙赛哈智赴内府宣谕，当日于奉天门奉圣旨，每户赏钞五十锭，绵布二百疋与回回每分作二处，盖建礼拜寺二座。南京应天府三山街铜作坊一座，陕西承先布政使西安府长安县子午巷一座。如有寺院倒塌许重修，不许阻滞与他住坐。凭往来府州县布政司买卖。如遇关津渡口不许阻滞，钦此钦遵。

永乐三年（1405年）二月初四日立石。”

注二：宣德五年七月二十有六日，敕太监郑和重建礼拜寺记中谓：“得尔所奏，南京城内三山街礼拜寺被焚。尔因祈保下番钱粮人船，欲要重新盖造，此尔尊敬之心，何可怠哉？尔为朝廷远使，既以（已）发心，岂废尔愿。恐尔所用人匠及材料等项不敷，临期误尔工程，可于南京内宫监或工部支取应用，乃可完备，以候风信开船。”

注三：马以愚的《中国回教史鉴》中载：

“净觉寺的寺址辽阔，明太祖时以楠木敕建，及太平天国据南京，将寺之梁栋榱桷，移建藩邸。”

12. 江西南昌市醋巷清真寺

南昌仅存一座清真寺，在城内醋巷万寿宫侧。它是清末的建筑，新中国成立后又重新修理。原来在楼下做礼拜，民国初年则改为在楼上做礼拜，主要是因为在楼下做礼拜既不宽敞明亮，又潮湿阴暗，不够卫生。民国以来修建洋楼的风气大开，所以在民国后的南方清真寺，有一些是采用在楼上做礼拜的办法，如上海小桃园清真寺、南宁清真寺、银川某清真寺等。我国已知最早的大殿带楼房的清真寺是宋代的泉州清真寺。

此寺的另一特点是天井小，这是为了适应当地气候（图12-1）。民间住宅也喜用很小的天井。

楼上全部做礼拜殿，它的面阔及进深与楼下正厅完全相同。楼上正中天花高起，做成侧面天窗，以便采光，给人的感觉是非常明快整洁的。

总之，此寺能利用很小的地面容纳了最多的房间，同时使用上也极为便利，光线也算充足（不过有的个别房间光线稍感微弱）。

这也可以说明，自然条件对建筑形式有重大的影响，即使是宗教建筑也不例外（图12-2）。

13. 广西桂林市西门外清真寺

广西的伊斯兰教势力在明清时代是较盛的，清真寺的建筑也不少。不过在抗战时期寺院被日寇焚毁的很多。现在桂林只剩下一座较为完整的清真寺，即崇善路

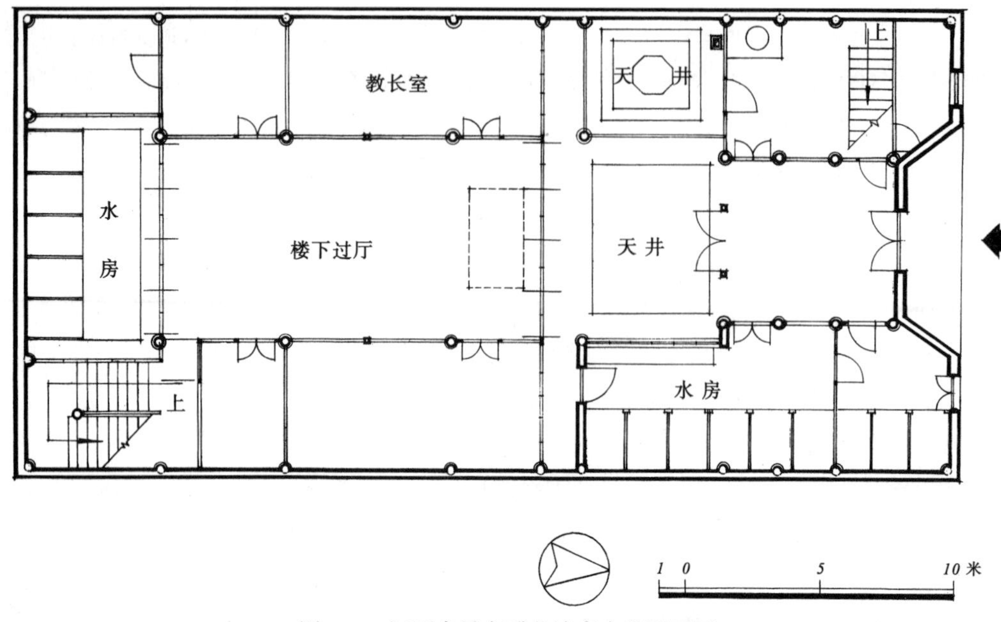

图12-1　江西南昌市醋巷清真寺总平面图

图12-2　江西南昌市醋巷清真寺大门

的一座小寺。西城外原有一座大寺，比崇善寺要大得多，被日寇烧毁，残余很少。此寺的历史很悠久，它的创始年代可能起于明代。据康熙三十九年（1700年）庚辰菊月重建西门清真寺并学堂养膳碑记谓：

“……吾教自唐代入贡，始隶版图，……州处里居，建有寺宇，聘请教长……粤西省城附郭，原有寺宇。越明至今三百年于兹矣。□属草创。自流贼蹂躏，故址鞠为茂草。至我朝定鼎，总镇马蛟鳞，提督马雄父子相继来粤，损买地而创建焉。又遭吴逆之乱，倾圮复危。幸有张君文襄，富而好义，起造民房，招安故籍，倡首建寺。临终遗命男清之、腾之、瑞之、祥之、翼之重捐数百余金，鸠工庀材，重建寺宇……功既告成，而立教有其地点……奈讲学无人……康熙元年正月，内督马雄捐银二十七两买建寺地基，坐落西门桥下……”

又嘉庆三年重修清真寺碑记：

“桂林省垣之西城数十步，有清真寺者，创自康熙初年，迄今百载矣。两廊及望楼□□□□之势，于是合邑教民咸捐资重为修造。或仍或烂，较前更为宏敞……夫廊房之设，特为选高明，聘师长，训教养蒙，讲习经典……阐明夫忠孝廉节之义……。”

这次修建使用的材料及人工，在碑上也有记载，如“木、石、大砖、瓦石、土砖、石灰、纸筋、黄泥、牛粪、铁钉、颜料、桐油、鱼鳞窗子、管工人、火头工、木工、石工、泥水、油漆……共银壹仟□百柒拾伍。”

现在寺大殿只存半部，邦克楼也只余台基，两廊也不完整。经过仔细考察及部分的地基清理，知大殿后部分的后窑殿墙用大砖是咸丰、同治间加建的（图13-1）。

由碑文及实物看来，大殿是清初康熙年间的建筑（今已改观），而两廊及邦克楼等则是嘉庆及其以后的建筑，它们的规模仍是清初的。在清末民初又在寺旁添建了一座女寺，为三合院式，大小与男寺比较，相差甚远。

男寺在平面布置上，仍然是一般常用的四合院式布置，即邦克楼居中，左右为讲堂，大殿在后。比较值得注意的，即是天井仍然较小，具有南方特点。在较晚

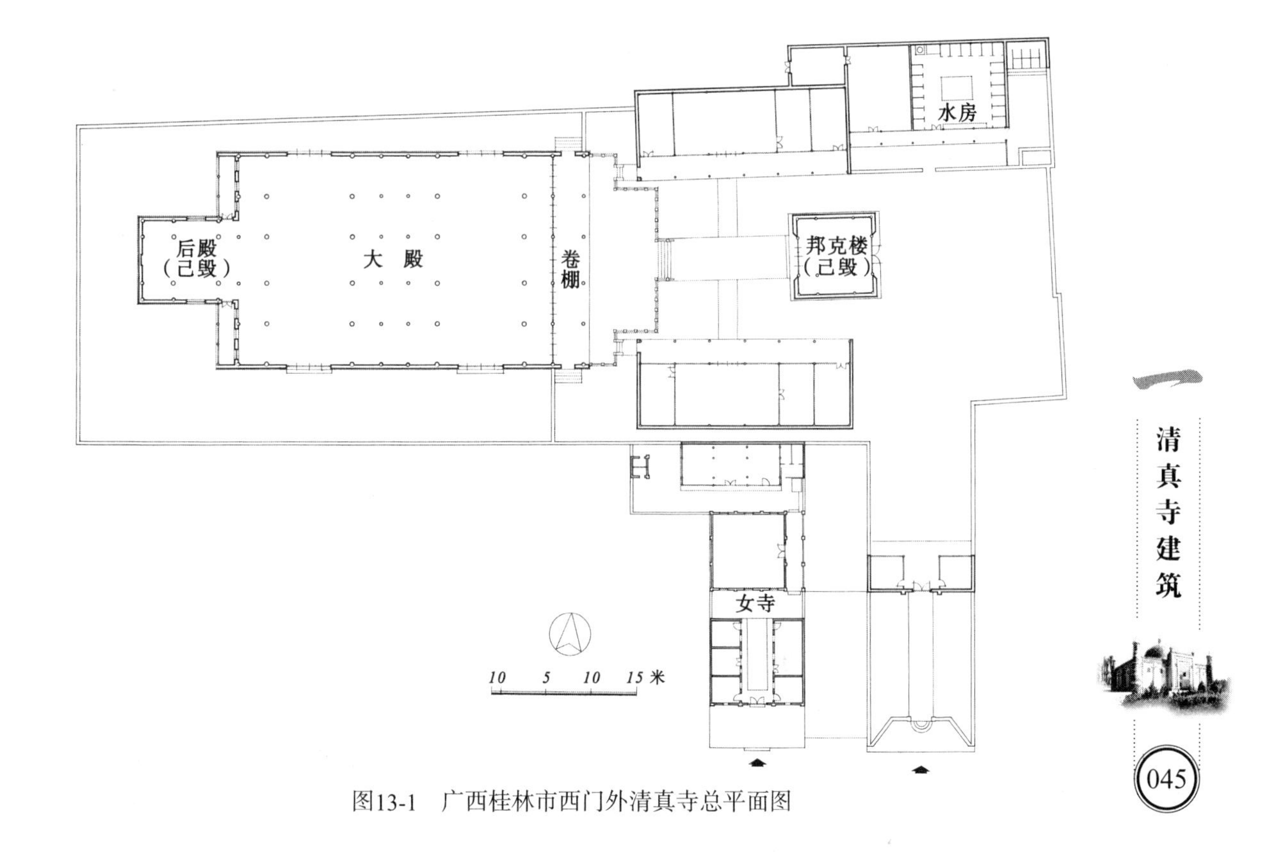

图13-1 广西桂林市西门外清真寺总平面图

图13-2　广西桂林市西门外清真寺大殿

的建筑如城内崇善清真寺的院庭，不但小，而且使用十字形穿廊（此例也见于北京长营清真寺内，不过长营院庭甚大，与此寺不同），竟致院庭内只有几小块空间露天。

男寺的水房置在外院，另有墙与外院隔开，也是很好的办法。

大殿后部的后窑殿，面阔约两间。在后窑殿左右与大殿后部，又有左右后廊，是教友们做完礼拜时向外间眺望的地方。此做法也是首见的（图13-2）。

总之，由于此寺大殿的宏大国内少见，可推知清代初年，桂林的穆斯林一定不少，且经济定很充裕，马蛟鳞等人，对此寺经营之力，也甚使人注目。

14. 云南昆明市正义路清真寺

云南从元代起色目人就很多，特别是咸阳王赛典赤，对云南有很多贡献，如提倡文学、兴修水利等。今天在昆明正义路有清真寺一座，传即元咸阳王赛典赤创建的。

云南在明清也是伊斯兰教徒最多的地区之一，不下西北甘肃、青海、宁夏一带。今日在大理仍有一明建的清真寺礼拜殿存留，尚未大坏（志书刊则记有顺宁县亦有明代万历二十四年建的清真寺）。

清代由于战火，云南的清真寺建筑受损失较重，在滇、黔交界一带，损失也很严重。今日穆斯林较多，清真寺建筑较好的除了昆明以外，尚有大理、巍山、保山、蒙化、开远、大庄、河西通海、纳家营、大回村、激江、寻甸、昭通、鲁甸等。其中如开远、大庄、鲁甸拖姑、大理老南门寺、巍山回民墩寺等建筑皆很精美。《续云南通志稿》谓“清真寺各州县皆有”。一般建筑也都有邦克楼、大殿及左右讲堂等，其中也有些清真寺没有邦克楼。

昆明市区内有正义路寺、城南寺、顺城街寺、正义路（永宁）寺等，规模均不甚大，多为清初至中叶所建，清末至民初又有增建（图14-1、图14-2）。

正义路寺又名永宁寺，是昆明最古老的寺，在咸丰、同治年间，此寺遭到严重破坏。后在光绪年间，又行重建。据《云南通志》谓：

“清真寺在城南门（即今之正义路），唐贞观六年建（笔者认为此说不可信），元赛典赤瞻思丁改修。清光绪二年，湖南提督建水马如龙重建。一在鱼市街，俱元平章赛典赤瞻思丁建。”

寺院庭较窄小，左右讲堂掩盖了大殿的左右梢间约半间。大殿五间，只露出约四间之数。在四间大小的院庭内，又建了一座花厅式的建筑，所以显得寺内相当拥挤。一般说来，昆明寺庙院庭都不甚宽大，也可能与风大等有关。如住宅建筑的天

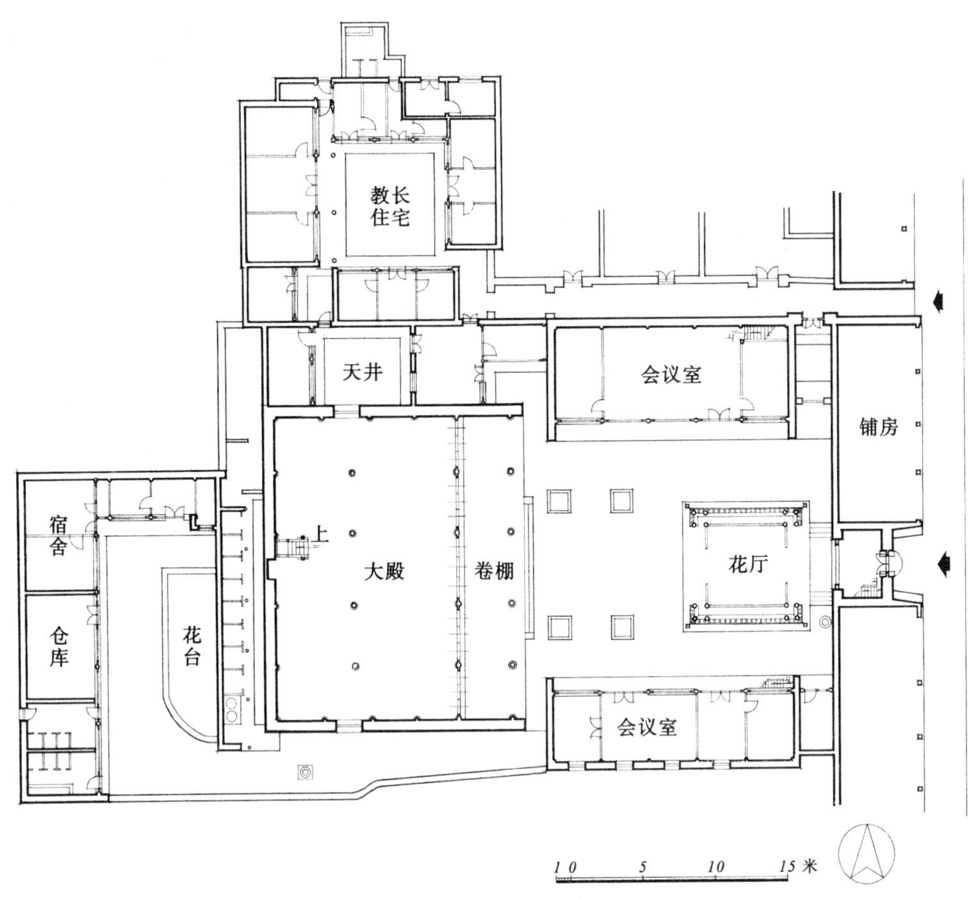

图14-1　云南昆明市正义路清真寺总平面图

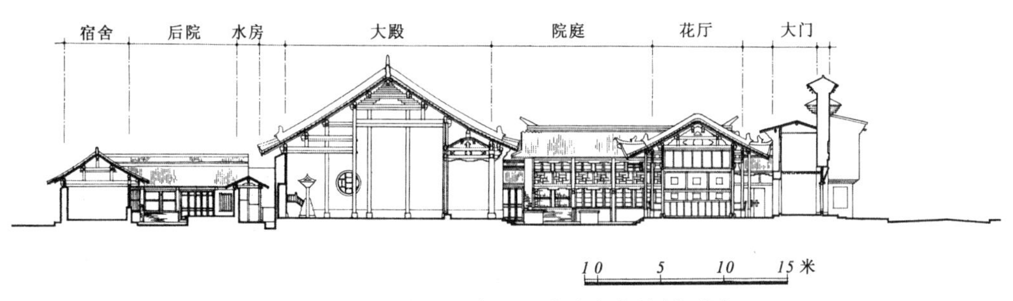

图14-2　云南昆明市正义路清真寺总剖面图

井亦较四川、华北一带为小。

寺大殿在全院正中，最为高大，并且彩画鲜艳夺目，为他处所少见。

在比较单调的四合院院庭正中轴线上，靠大门处建了一座四方歇山卷棚的花厅，四面用花支摘窗，周围走廊。此花厅距离大门甚近，完全挡住院内的建筑，因此一进大门即给人以非常绮丽的感觉。转过花厅，即是雄伟壮丽、五彩缤纷的大殿。在殿前又有花木掩映，这一切无疑是寺建筑比较成功的地方（图14-3、图14-4）。

图14-3　云南昆明市正义路清真寺花亭一角

图14-4　云南昆明市正义路清真寺地毯

花厅的位置，一般说来是邦克楼的部位。可能此处原有邦克楼已毁。另建花厅，则是因为一进大门就是大殿，感到内容不够丰富，始建此厅。显然，此厅在功用上是可有可无的。大殿的后面有水房、厕所、仓库等建筑。北侧有跨院，原是阿訇等的住宅。

此寺能做到充分、合理地利用地形，是较成功的地方。

大殿梁枋彩画是近几年来重新油饰的，也有箍头、藻头等物，中间为枋心，枋心内画花卉，红、白、蓝、绿、黄及黑线相间使用，色彩缤纷夺目。

大量地使用彩画，是昆明一带寺院建筑常用的制度，此寺大殿也不例外。在其他各县则有很多清真寺大殿不用彩画，纯是本色木面，色调呈现自然朴素，予人以大方安定的感觉。

15. 云南大理州老南门清真寺

明代大木构架在伊斯兰教建筑中是很难得的，但今得之于大理。大理在云南是仅次于昆明的重要城镇。明清时更是回民聚居的所在。清咸丰年间，杜文秀即据大理起义，修建了元帅府及大清真寺。起义失败后，府、寺全毁。今日尚余四五座普通寺院，多为道光及民国时建筑，但最古老、最壮丽的一座则是老南门寺。它的大殿仍是明代建筑，至为难得。不过在杜文秀起义失败后，此寺被改为城隍庙（也是因为有人贪污寺产而将寺改为城隍庙的）。现在该大殿前廊部分的斗栱，斗底向内"䫜"，麻叶头弯曲也不太甚，很可能仍然是明代的做法，而清代予以修整。斗栱上的彩画则是清代重绘的。大殿前部特别低矮，进殿内则突然"彻上露明"，举架高大，予人以意外强烈的壮丽感觉（图15-1）。

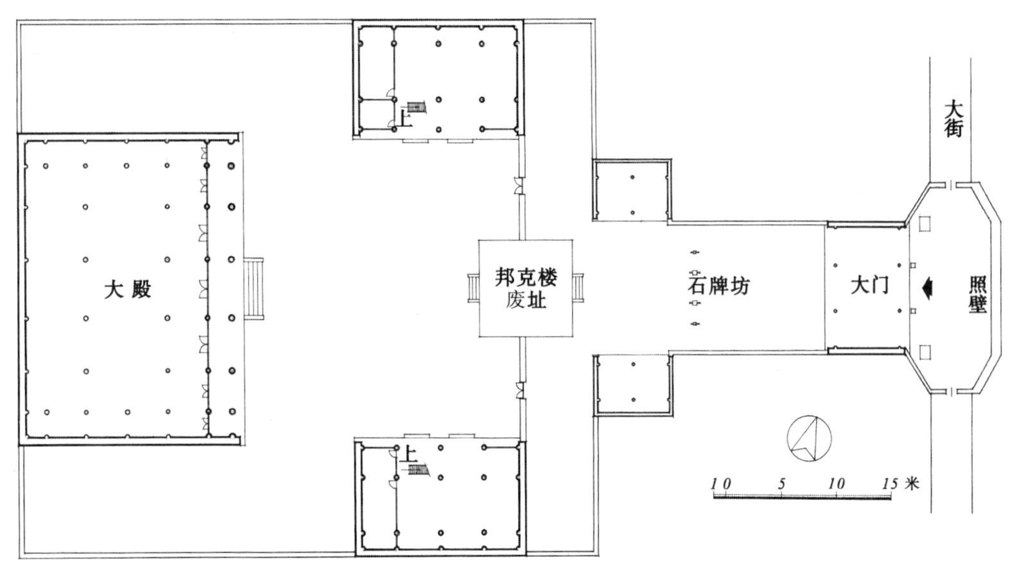

图15-1　云南大理州老南门清真寺总平面图

大殿内部梁架最可注意的是：一坡度平缓；二屋面几乎成一直线，无举折，显然仍是明代的作风。特别是柁墩，它是云南地方上的特有形制，而“生起”在云南尤其是迤西的住宅建筑中都是很大的，此殿也不例外。在梢尽间的檩上用很高的枕头木垫起，屋角起翘很高（约达16尺，是国内少见的），所以屋面的凹度很大（图15-2、图15-3）。

大殿内部梁架甚是整齐直壮。因改作城隍庙后烟火很盛，已经将梁面熏黑。又因木料年代久远，所以裂缝及糟朽之处很多（图15-4）。

图15-2　云南大理州老南门清真寺大殿外观

图15-3　云南大理州老南门清真寺大殿斗栱

图15-4　云南大理州老南门清真寺大殿梁架

屋面用筒板瓦（望板也用板瓦）、琉璃脊，两山用琉璃砖砌成山花。

大殿山墙由乱石砌成，外涂白灰，在檐墙头并施彩画，是当地常用的装饰手法。

在大殿左右，有讲堂各四间硬山，可能是明末清初的建筑。在正面当二门处，原有一四方三层楼高的高大邦克楼式建筑，已毁。

在邦克楼前为外院，有石坊大门等物，已非原状。大门外已无原有照壁等建筑。

总的看来，此寺不愧为明代的大寺。它的布局很完整，并且已使用我国传统的四合院式的布置及建筑结构，可见明代已是伊斯兰教建筑完全民族化的时期了。

关于此寺的文献记载有民国3年《大理县志稿》转载《徐霞客游记》的一段：

“徐霞客滇游日记（崇祯己卯三月十九日），至……家西南城隅内，其前即清真寺。寺门东向南门内大街。寺乃教门……所建，即所谓回民堂也。殿前槛陛窗棂之下，俱以苍石代板，如列画满堂。俱新制，而独不得古梅之石……”

现在大殿下台基尚余大理石陛沿及圭脚，圭脚雕刻也纯是明代作风。束腰甚高，其间大理石装板全已无存。所谓“如列画满堂”的气概，完全不见。不过大理石圭脚雕刻，在建筑上亦精美可观。

16. 云南巍山县大仓村回民墩清真寺

巍山在下关南，大仓地区。四周环山，中间一片平地，展建了十几个回民村庄。每一村庄的中间或中后部交通便利，地势高敞的地方，即有寺一或两座，每寺都有邦克楼，远望各村，楼殿巍峨、风景秀美（图16-1）。当地比较著名的是回民墩清真寺。

回民墩清真寺是光绪二十年（1894年）建成的。但在民国三十三年（1944年）又有大发展。那时寺大殿已不敷用，故在寺大殿后的空地上，又建了一座更大的大殿，为七大间，外加周围廊共十五檩重檐歇山。不过工料较粗，亦不施油漆彩画，较之前部旧建筑远为朴素粗糙（图16-2~图16-4）。云南清真寺的诸大殿平面，多横长，与佛道大殿窄深平面不同，此大殿也不例外，主要原因与云南平地少、山岭多有关。后窑殿不大，仅宽一间，但比大理、昆明等寺无后窑殿者，又觉富有庄严隆重之感（图16-5）。

该寺前部旧殿宇工、料全较后大殿为佳，处处表现出当地的艺术特色。

前部有大殿、邦克楼、左右讲堂、水房及学校等建筑。邦克楼三层，利用左右

图16-1　云南巍山县大仓村回民墩清真寺远景

图16-2　云南巍山县大仓村回民墩清真寺大殿

图16-3　云南巍山县大仓村回民墩清真寺外景

图16-4　云南巍山县大仓村回民墩清真寺大殿内部结构

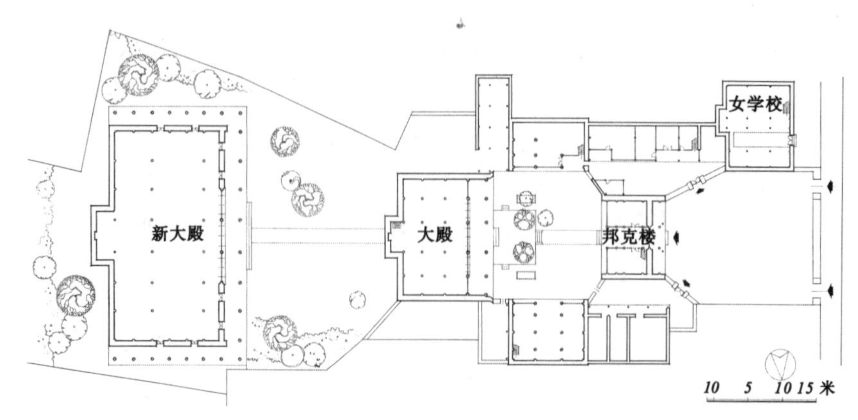

图16-5　云南巍山县大仓村回民墩清真寺总平面图

山墙辟为左右跨院，为水房、学生宿舍等房间。而在外观上不易察觉有此二院及其建筑，使大殿院庭增加了整齐、严肃之感（图16-6）。

院庭相当狭小，宽度稍大于大殿五开间之宽，所以感到整个大殿塞满了院庭。同时在大殿前又有月台，因此感到院庭稍嫌拥挤。月台侧面用雕砖砌成，是一很好的装饰手法。

此外，还有两点值得注意：①云南的墙面上常喜墁白灰。在墙头与檐下之间常施雕砌及彩画。此寺大殿，邦克楼山墙以及女学校的围墙上，全有很好的雕饰彩绘，并且在束腰内画些花卉，题些诗词。这些做法在大理一带最多（图16-7~图16-9）。②在迤西一带最感特殊的即是屋顶的特大“生起”，再加上大殿屋脊的起翘，使整个呆板僵直的屋面呈现出了神采飞动的姿态。如前述大理清真寺即是如此。而此寺照壁、大壁、邦克楼、厢房等也全都如此。这种富于装饰意味的做法与周围住宅的情调一致，促成了我国建筑的特点之一（图16-10）。

图16-6　云南巍山县大仓村回民墩清真寺邦克楼远景

图16-7　云南巍山县大仓村回民墩清真寺侧面

图16-8　云南巍山县大仓村回民墩清真寺院墙门

图16-9　云南巍山县大仓村回民墩清真寺基座

图16-10　云南巍山县大仓村回民墩清真寺影壁

17. 四川成都市鼓楼街清真寺

成都在清末、民国时期，共有大小清真寺十几所。鼓楼街清真寺是四川年代最久的清真寺之一，它的制度也是我国古建筑上极为少见的。它的大殿用前后三重檐，带斗栱，周围廊，平面作窄而深的布置，以及大殿内部彩饰及藻井等做法，全是建筑艺术上难得的精品。在伊斯兰教建筑中或全国的古代建筑中，像这座大殿的精美而生动的作风，是很少见的。它标志着清初伊斯兰建筑蓬勃发展的兴盛面貌。

鼓楼街清真寺，相传为明代建筑，是不可靠的。它的一切斗栱、大小木作等做法，全是清初制度，与四川的明代建筑完全不同。四川明式带斗栱的建筑仍与北方明官式的建筑无大差异。而入清以来，四川的清代大式（带斗栱翘角的）大木即有显著的不同，特别在角梁的起翘，以及斗栱等的制作上，有很大的差异。同时，明代鼓楼街因在蜀王府东部，很难在此建筑大寺。因为伊斯兰教寺所在地也是穆斯林集中的地区，而穆斯林很少有可能集中在蜀王府的紧邻。

此大殿的梁架上，有题字为“大清乾隆五十九年十月重建”字样。后部脊檩下有“乾隆七年，岁次……”，同时又有雍正甲寅（1734年）果亲王题的匾额。可以证明此寺是雍正十二年或稍后至乾隆七年间修建的。而乾隆五十九年，又予以重修。

它的平面布置，因限于地势，很是紧凑，与皇城寺不同。寺内大殿左右讲堂，水房、邦克楼、牌坊、大门等设置应有尽有（图17-1、图17-2）。

邦克楼安置在院庭正中，作六角二层亭状，是一般的常用制度，不过在抗战期间（民国三十年七月二十七日），被日本飞机炸毁，但大殿未损坏。

大殿有许多特点值得注意：

（1）它不像其他大殿建筑（如帝、王、佛、道等的建筑），用宽而浅的安排，而是采取面阔窄、进深深的布置。这种布置与殿内不供偶像有关。因为不用偶

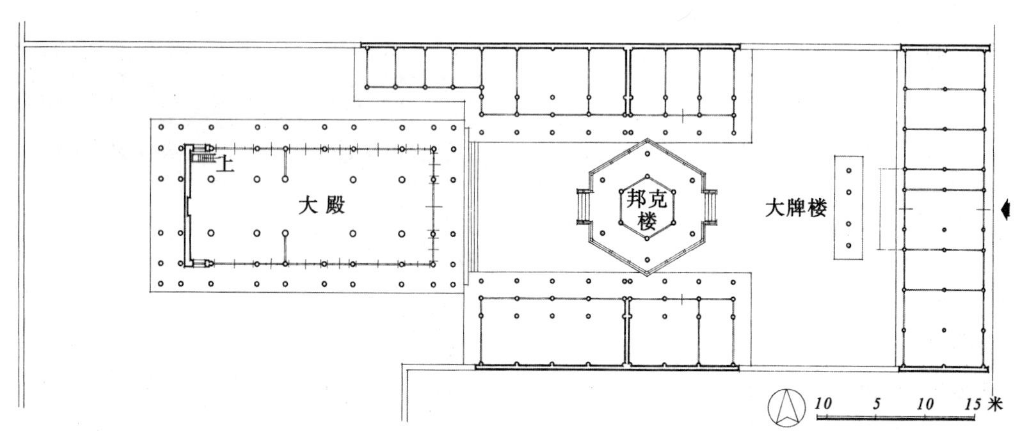

图17-1　四川成都市鼓楼街清真寺总平面图

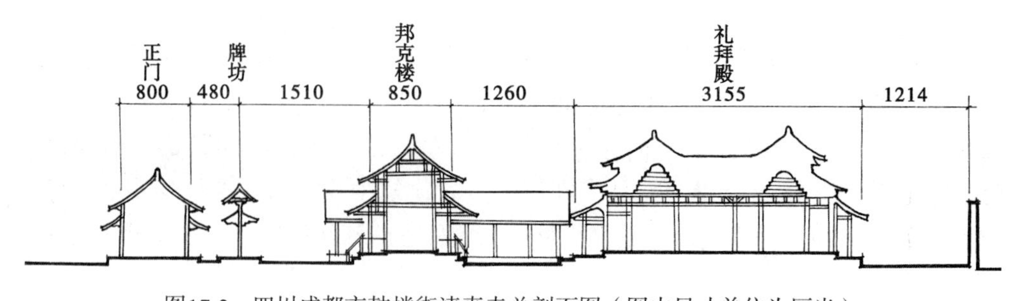

图17-2　四川成都市鼓楼街清真寺总剖面图（图中尺寸单位为厘米）

像，所以做礼拜时只要面向正西“麦加”方向即可。

此殿又因地形窄长，以及表示与其他偶像庙宇的不同，所以采取了窄而深的布置。

（2）窄而深长的平面，要在内外处理上令人满意，是不容易的。此殿内部仅仅用了一道格门装修，将大殿分为内外两部分，就使得人们感到内部深邃而有变化。

殿内一律使用天花，在内外两部分主要集中的地方则用藻井。此藻井是用薄薄的木板装成圆井及八角井。它们显然是外国Dome的变体，是用不同的材料及艺术技巧而产生的新的形式。它既不同于旧藻井的费工费料、千篇一律，而又不似外国Dome笨重的作风。它是我国工人智慧的表现。

（3）大殿的外观，除了用周围廊表示它的华丽以外，还将屋顶做成工字形，即在前后两端有藻井的地方，做成三重檐的式样（一般多用重檐，用三重檐的比较少见）。这样一来，使大殿外观既庄严又雄伟华丽，再加上斗栱的使用——上檐用五踩、单昂斗栱，腰檐用象鼻、云头等，如金细斗，使整个建筑显得甚是豪华，房顶全用爪角顶（即清式歇山顶，川中很少用庑殿顶，所以爪角顶即指清歇山顶而言）。平出椽子、爪角左右钉虾须板，完全为四川当地的清式做法（图17-3~图17-5）。

图17-3　四川成都市鼓楼街清真寺大殿（一）

图17-4　四川成都市鼓楼街清真寺大殿（二）

图17-5　四川成都市鼓楼街清真寺大殿（三）

（4）至于彩画，则内部天花及柱头完全布满。它的题材，在梁枋箍头处，常画回纹、卷草、如意头等。枋心画云纹或几何形花朵。柱头常用卍字回纹。天花彩画常做圆光式，在岔角处画菱形花纹。藻井上全画卷草花卉。全部彩画的特点仍是不用动物题材。因为彩画多已剥落，所以颜色不易辨别。在大殿正面，格门格心雕刻甚精，整个格门不用彩色及油漆，完全是本色木面，但是雕刻花纹上则用贴金。这种办法兼古拙素雅及辉煌壮丽而有之，是一少见的装饰制度。至于内部对联，有的雕刻满布，有的金地黑字，也达到了艺术高峰（图17-6、图17-7）。

图17-6　四川成都市鼓楼街清真寺内部

图17-7　四川成都市鼓楼街清真寺细部

（5）殿的门窗户壁及内部装修很精丽，有些做法也与他处不同，特别是侧面格门全向外开，原因是做完礼拜时，徒众们由殿两侧散出。格门向外开是合理的，因而格门向外开，地脚枋也就不是立摆，而是平放着。

正面地脚枋下堂子内，满刻卷草花纹，有一种极为细腻的感觉，这点与我国的其他建筑不同，它雕花的主要原因，是与徒众入殿脱鞋、席地跪坐有关。

总之，此大殿的特点甚多。主要是由于不用偶像，因而大殿平面可以随意安排；受阿拉伯Dome的影响，产生高度的木结构技艺；雕刻彩画的大量使用等所促成的。

18. 四川成都市皇城街清真寺

四川的伊斯兰教建筑有它的独特之处，特别是技艺工巧方面，是其他地方所不及的。

就清真寺建筑来说，成都皇城街清真寺便地道地表现出与其他地方清真寺不同的特色。结构轻灵，大小天井错落，与敞口厅打成一片，不分内外，更是它的特点中最突出的地方（图18-1）。

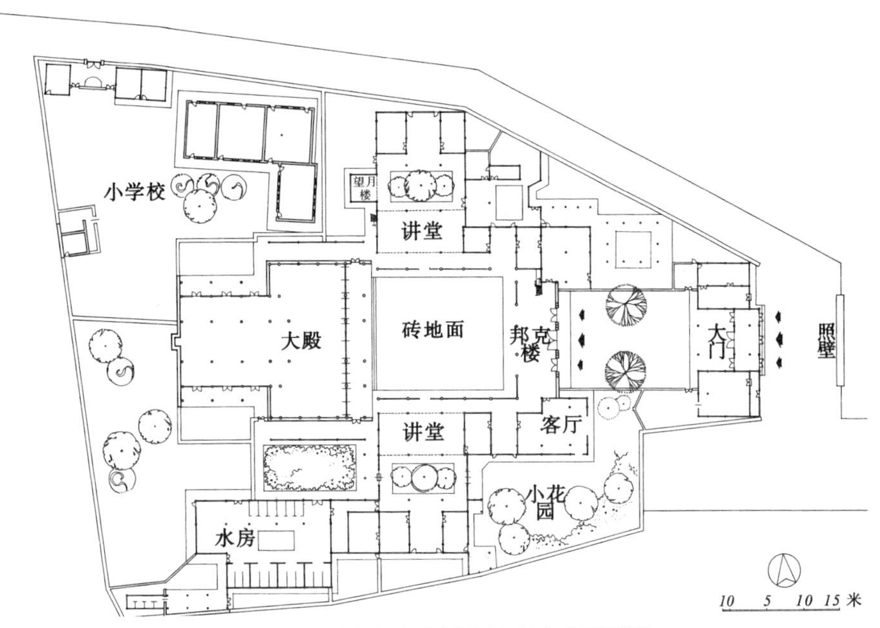

图18-1　四川成都市皇城街清真寺总平面图

这种在同一建筑中又有不同的做法，显然是依据着气候、材料以及技术条件的缘故。成都气候冬天不太冷，风又小，雨又多，因此可以使用木板壁及编竹夹泥壁，更可大量使用敞口厅，与室外打成一片，以免夏天闷塞。又因雨多，所以多用瓦顶，并喜用廊将各屋连在一起，以免雨水淋湿建筑及行人。这样一来，便造成了屋屋相连的局面。所以我们在平面图上时常感到建筑是一片相连的整体，与北方分散布置的四合院、西北庄窠式的大寺院都不相同。即使与东南诸清真寺相较，也有它的不同之处。这种敞口厅、小天井等布置，确实给人们带来了很大的舒适和方便。此寺最舒适的地方，即是大殿左侧（南），跨院部分的阿訇住处，有小天井内植花石。在敞口厅前，并置插屏一座。屏制作甚是精巧华丽。小天井面向大天井（院庭）处，为三开间大敞口厅，外面有走廊及花栏杆掩映。

在小天井向东，经过壁间一圆洞门，到一片绿地，有各种树木花草、亭子，是阿訇的小园。在小园的左（北）侧，则为会议室及客厅。这样内外打成一片、舒畅及灵活的作风，是四川常用的手法，而他省则很是少见（图18-2~图18-5）。

此寺建在清初，晚于鼓楼街大寺。到民国六年，军阀混战，寺为某军占领，其在寺内驻扎军队；而另一方则开炮轰击，于是整个寺院全被炸烧毁坏。现在全部建筑都是民国八年（1919年）重新建成的，不过大致仍按原来的规模制作，仅仅是大殿已非原状。据同治二年碑记谓：

“……我寺自咸丰九年二月……殿南面限以地势，厢房檐后，空无房屋，浴房湫溢，亦不甚敞亮……修理南讲堂一座，期与北面相配合。浴房即接建于南讲堂之西，一切井灶，妥为安顿。更购铺面房……周围地基，现在堂……围墙，遂与前首事所修，北面院墙一律整饬，……而地势开拓。其规模更较完善于往昔矣。”

图18-2　四川成都市皇城街清真寺大门

图18-3　四川成都市皇城街清真寺院庭

图18-4　四川成都市皇城街清真寺跨院

这座大寺，因为军阀内战，为炮轰毁。到民国八年、九年又不得不全部重建。民国八年碑记谓：

“闰二月二十七日、五月十七日连遭兵燹，将本寺大殿左右回廊、讲堂、过厅、大门以及贡院街、西卸街、染房街、顺河街、寺户居房、住房、宅院、铺房，□□概行一并烧完，净成焦土。数百年清真皇城古寺，大殿原流碑记，建自清初，远近伊斯兰教人捐资陆续修成，礼拜寺念经之所，资产业六万余金。”

这寺基本上是民国八年、九年建成的，也即是北京五四运动时建成的。

据阿訇等人谓，原来大殿与鼓楼街清真寺大致相同，也有重檐斗栱、彩画等物，现在则改成一般大殿的制度。我们由大殿的平面图上可以看出，大殿中明间面阔5.15米，次间较小，为3.2米，而梢间反而又大，为4.1米。按常规，此梢间面阔应该更小，但是今反而加大。这唯一的解释即是原来大殿为面阔三开间的周围廊式，如鼓楼街寺，而在民国时改建为面阔五间的凸字形平面，两者在建筑上是完全不同的作风。鼓楼街寺（详见前文）大殿是三重檐，带斗栱，周围廊全部彩画，与此大殿全无斗栱彩画等相比，相差甚远。

此寺，邦克楼又名经书楼，位置在二门之上，做三开间歇山式顶。利用此式楼房，使内外院庭更为方整、严谨，是一好办法，与他处用四方或六角形的邦克楼不同。内院庭甚广大，亦甚光洁、开敞。望月楼在大殿前左跨院（小天井）的西端。此跨院也是节日招待客人等的用地。此外房间则为水房、住房等（图18-6）。

在大殿的北侧尚有一小学院，今已与大殿分开，是一种新式建筑。

此寺，在小木作上予人以特殊的感

受，即是全部小木棂条，一律使用卍字纹，用大片的卍字纹，产生一些意想不到的艺术效果，这也是不容忽视的。不过，这与国内其他伊斯兰教建筑小木作或砖作的图案花纹，常喜用不同式样的作风完全不同。它那千篇一律、无多变化的纹样，也给人一种单调苟简的感觉（图18-7）。

图18-5　四川成都市皇城街清真寺院内插屏

图18-7　四川成都市皇城街清真寺院庭

图18-6　四川成都市皇城街清真寺经书楼

19. 湖南隆回县清真寺

湖南是穆斯林很多的地方，据抗日战争前的记载，如长沙、常德、邵阳、隆回、马家冲等城市及乡村，都有很多清真寺。抗日战争时，长沙遭大火，许多寺变成焦土，今只有一新建的小寺。常德有些寺，是清代建筑。邵阳有三四处，也都残缺不全。隆回等处尚有些寺，也是清代建筑。记载中湖南的明代清真寺是很不少的，但历经天灾人祸，以及气候潮湿木料不够耐久而遭腐烂，所以很难保存下来。

就现存诸寺看来，一般开间多窄小。大殿多三间，尚未见五间者。一般也无邦克楼，常喜用封火山墙。总之，此地天气热、雨水多、平地少、房屋密度大、易于燃烧等缘故，促成了一些建筑特色。

现举邵阳市隆回县一例，以为建筑工程技艺的说明。

寺在隆回县内大街路西，在面阔三大间的大殿左右山墙处砌筑了高大的封火墙直达大门。就在封火山墙之间布置了大门、外院、二门及内天井，用周回廊式建筑。左右廊只深约半间，然后接连大殿。大殿也相当高大，为前卷棚、中大殿及后窑殿制度。因为后窑殿只宽一间，所以左右空地与封火墙构成了两个极其安静的小天井。这段地处于山坡上，所以大殿比大门高起甚多（图19-1）。

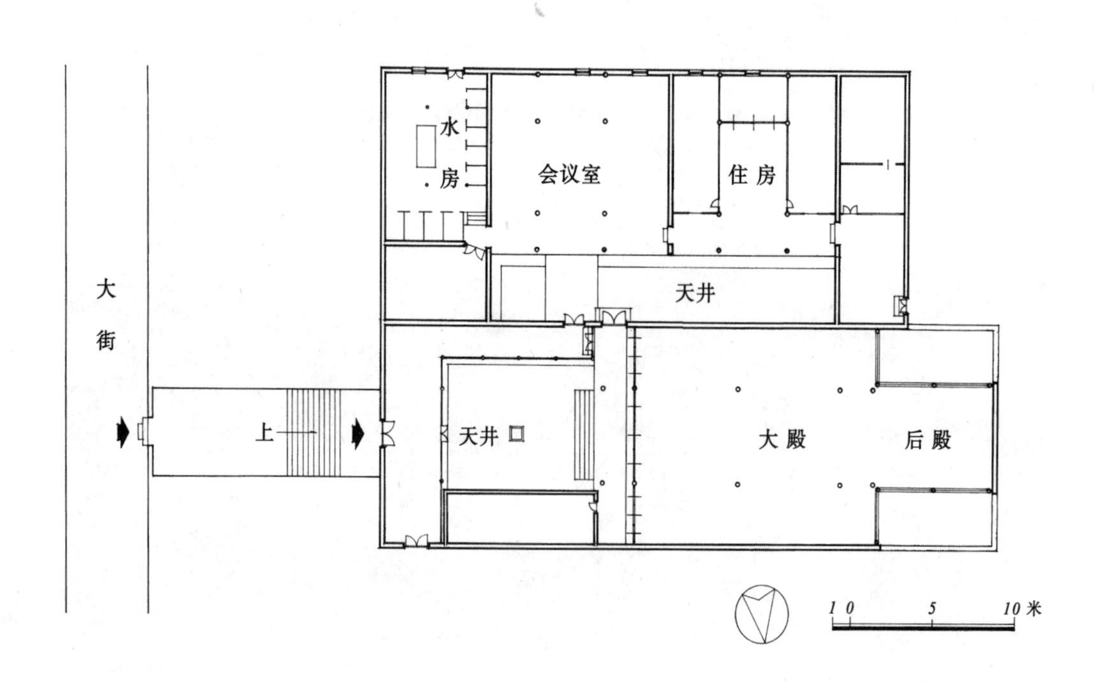

图19-1 湖南隆回县清真寺总平面图

在寺右山墙的右侧（南侧），则是沿山墙先辟一道窄长的通道，同时作为天井通风采光之用。因为山墙的反光强烈，所以室内光线也相当够用。与大殿的天井相对的地方，布置了客厅三大间，西为阿訇住处，东侧是水房或其他用房。

这种寺院布置与北方各省的大不相同。平面的布置可以千变万化，而自然对建筑的构造则有很大的制约作用。

此寺能以很小的地面积符合了当时的种种要求，在建筑上是成功的。当然在工料方面、在雕刻艺术方面，有的不够精细。

寺的建筑年代，有道光二十一年（1841年）续修后殿碑可资参考。碑文谓：

"……本寺建修清真寺，始辛巳（1821年），终壬午（1822年），每逢斋节，礼拜不下百余人。殿宇颇形狭隘，因集议续修……"

此外，尚有道光十四年义学碑（义学即在寺后不远处），及道光二十六年夏修学堂碑，以及民国十七年建修学校碑。民国碑谓：

"……同人等……学校逼近经堂，有碍清规。"

咸丰九年治修头门之碑则谓："本寺嘉庆年间，人足力齐，捐金置屋基铺店。倡建正殿横厅，延师开学，迁贸颇盛。道光末年寺渐周完。"

可见寺是嘉庆、道光年间完成的，不过到民国时，始将学校迁至寺后，另建校舍。

20. 湖北武昌市清真寺巷清真寺

武汉市向为我国要镇，商业发达，穆斯林很多。早年在"夏口厅大智坊"有明建清真寺一座，已毁。在汉口，有的清真寺在民国时已改建为三层楼房（望月楼即在楼顶平台上），并用钢骨水泥材料。汉口自开为商埠以后，在民国时市面更显拥挤，地皮不敷应用，所以不得不建造楼房。

至于武昌，在民国时的发展较汉口为差，所以尚存两座旧式的清真寺：一在清真寺巷；一在起义街。起义街清真寺较小，略同普通民房，是同治元年间所建。大殿内天花彩画以及窗棂等制作尚属可取（图20-1、图20-2）

至于清真寺巷清真寺则较大，为乾隆十六年（1751年）自他处迁移来此。据移建碑记谓：

"鄂城清净寺，乃是吾教礼拜之所也。报本追源，祝国裕民，俱在于此。其寺创自唐贞观初年（贞观说非是），坐落望山门内……当有明时，如我先大师长明龙马公桥梓，其尤较著者也……载在江邑省志，斑斑可考。后因制宪衙署移建相对……每欲度地营迁……即历任制宪，因寺宇高峙，多欲移建……皇上乾隆十六年孟陬月、制宪阿莅任之始，欣然动念，而志专移建。司、道、府、县各宪，俱亲诣寺内，面与计议，言人人不惜工费，愿动帑项，另置隙地，仍照原寺移建。由是齐声欢应……寺宽十七丈，长十五丈……是地虽异，而寺仍不异……"

由上记载，知此寺可能为明代建筑。原在望山门内，到乾隆十六年（1751年），因为与衙署相对，所以迁建今处，一切照旧不变。所以此寺的规模制度，可以说大体上仍是明代制度。

图20-1　湖北武昌市起义后街小清真寺内大殿

图20-2　湖北武昌市起义后街小清真寺大殿内顶棚

此寺存有顺治四年（1647年）五月二十日田契碑，载有“……卖与清真寺长教马铨名下，以作香火义回。”

寺在望山门内，在清初曾有马铨作长教，此寺与马铨家关系甚深。马家是元代世居安徽凤阳府泗洲盱眙县，明代初年随太祖征战守济宁，到宣德时，又迁武昌。

传谓在望山门清真寺大殿后檐下有一室，即为马铨长教平居读书之处。

武昌清真寺在全盛时期，也就是马铨长教的时期。但寺的迁移，则是马铨卒后的事了。

寺布置最为特殊之处，即是大殿为六方重檐周围廊式，而且体积甚大，这是全国少有的例子。仅在襄阳有一寺，原来大殿亦是六角形，为明代建筑，清曾予以重修。在湖北其他地方是否有六角形大殿，则因调查有限，尚不能断定。不过从笔者调查数百个伊斯兰教建筑的实例来看，只此两处大殿为六角形，其余全为方、长方、凸、凹等形。六角形是我国伊斯兰教建筑最喜用的形制，但是多用在邦克楼上。本不敢设想大殿能使用六角形建筑。今知此殿不但六角，而且应用甚妙。原来此寺地盘方向不正，而圣龛又必须背向正西，用六角形大殿，正好大殿正门向东北偏北，而圣龛在正西。此种灵活的处理，敢于突破成规、敢于创造的精神是值得钦佩的。

大殿左右讲堂及倒厅房全是前出廊，做成天井回廊制度，在广州清真寺内亦时有出现，是一种最为古老的制度。对于雨水多的地方很适用，而且建筑形制又更加富丽堂皇。

在大殿前，由穿廊一道连接二门。二门为砖砌墩台，中有门洞，台上原有邦克楼，已毁。此种门上置邦克楼，门后用穿廊通连大殿的平面制度，亦见于杭州凤凰寺，为明代喜用的制度。而兰州解放路清初修建的清真寺也用的此制度。一说兰州解放路寺原来为明代建筑，清代又经重建。不过无论如何，此种平面布置是伊斯兰教建筑中一种自成一例的创造，是无问题的。

此寺在二门外院的左右还有跨院。有的小四合院是当地民居常用的小天井制度，很是安静可居。

此寺建筑，从平面布置上看是明代建筑，但各部木结构多为后来改换，至少尚保持明代的长、高、宽尺寸，以及大致的轮廓。所以它的建筑年代，只能说是明建清修。它的规模制度，则是明代创建的（图20-3）。

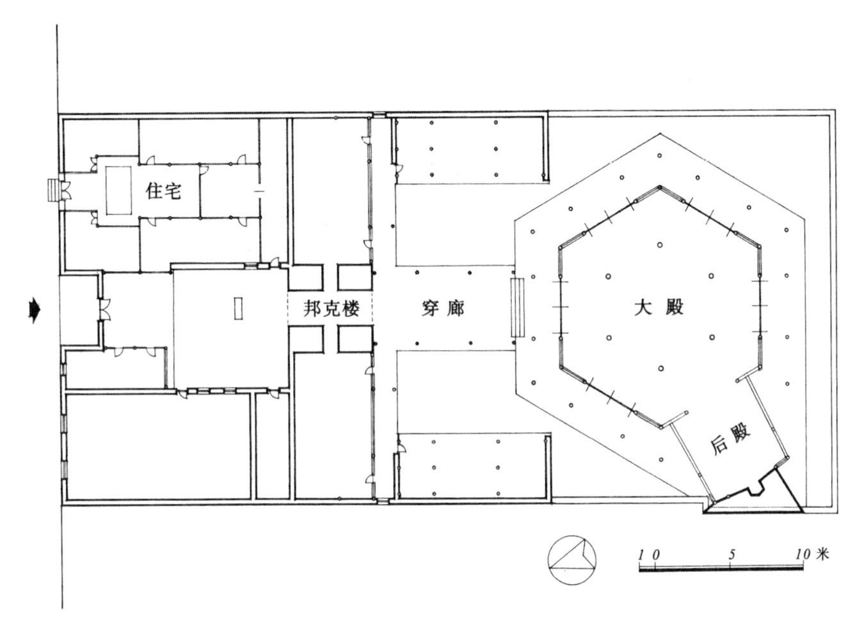

图20-3　湖北武昌市清真寺街清真寺总平面图

21. 河南沁阳县清真寺

沁阳一带是河南省内伊斯兰教徒较多的地方，从明代起就有寺的建立，清以后，寺的数目不断增多，有的是同乡的寺坊，如陕西寺，有的为某一家的寺如曹家寺、马家寺等。这些近代兴修的寺，一般规模较小，有的比大地主的住宅略大。这些寺共三四座，彼此距离很近。

沁阳最大、最古老的寺是北寺。它的大殿窄而深的平面布置以及后窑殿的制度，是明代奠定的，建筑则是清代改建的（图21-1、图21-2）。

明万历癸未（1583年）重修清真寺记（由沁阳县文化馆提供的资料摘录）谓：

"……我怀省清真寺……或云自国初载记莫考，今广东铺其夙蹟，诸教长咸谓其地近市而隘……非以崇清教……经始于嘉靖之四十年至今之十一祀……巍然而中立者大殿也。翼然而旁峙者左右二侧室也，扁其门曰清真，甃其阶以砖石……"

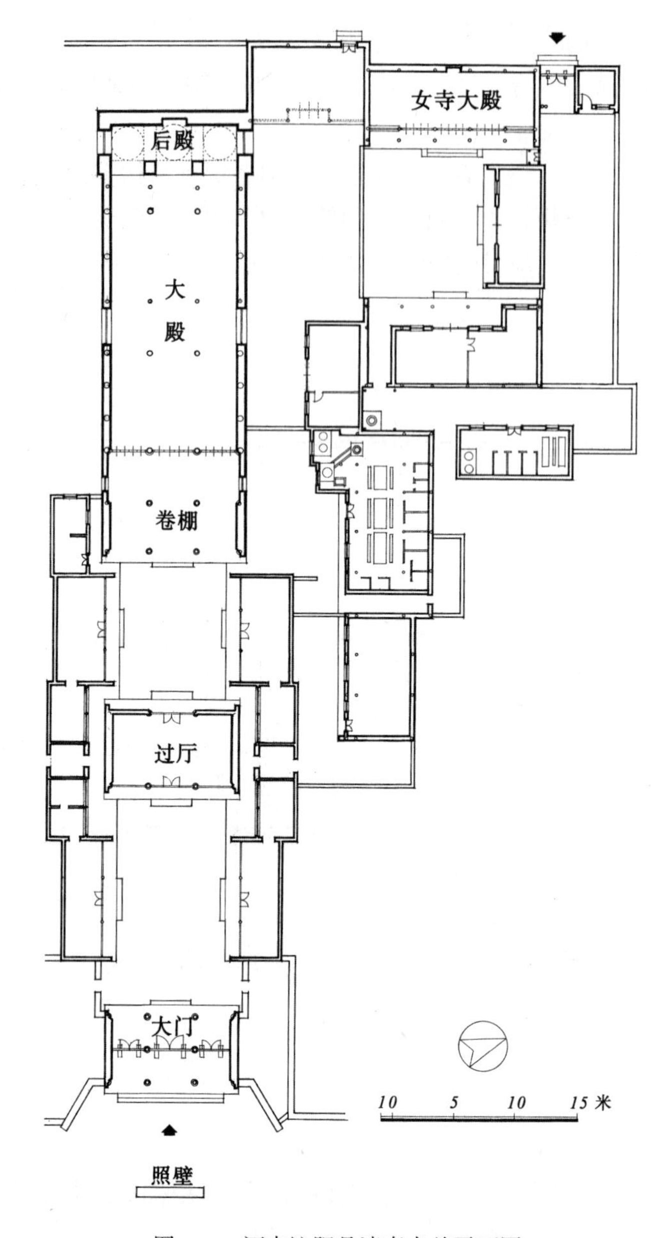

图21-1　河南沁阳县清真寺总平面图

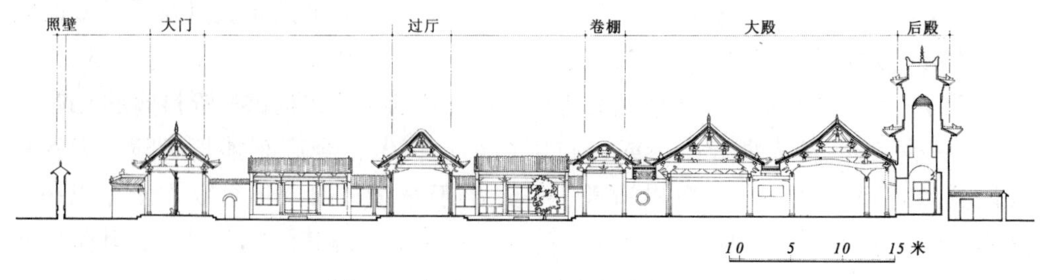

图21-2　河南沁阳县清真寺总剖面图

又明万历十八年（1590年）鼎建清真寺拜殿记：

“……万历十二年秋，于是乎清真寺观厥成矣……犹以拜殿不设，寺未完也，复率众捐金建拜殿四楹于大殿之前，雕榱刻桷，丹漆黝垩，其举不逾年而毕役……”。

但是后窑殿的建筑则是明崇祯辛未年（1631年）修建的。见崇祯辛未碑记。光绪十三年重修清真寺碑记谓：

“考寺之迁移于斯者，在明嘉靖间，旋以崇祯元年毁于火，四年重修门庭堂室……殿后有砖室三楹，复从而增广之……无何，道光间地震，而窑之特起霄汉际者壁猷立，而崖已崩矣……巡视故基，规划立法，增建沐浴所五间。”

至于大门，则是清嘉庆四年重修的，讲堂是宣统元年（1909年）创建的。

现存大殿仍是清初的建筑，但做法颇有明代作风，后窑殿则是清末光绪十三年（1887年）重建的。整个大殿内也是用“彻上露明造”，内部彩画甚是华丽，多用旋子彩画，是乃清末重绘。前面正厅用黄色木纹彩画，也甚为可观。斗栱多为一二跳或带重昂装饰，效果较强。但因殿面阔只有三间，而进深达十六七檩，同时光线又较暗弱，所以给人以神秘的感觉。但是后窑殿部分则光线充足，使人不易感到殿平面的窄深可厌，而是感到殿内变化多端。

为了增加殿内趣味，减少平面过分窄深的弊病，及增加对大梁的承托力，又在大殿后金柱的分位上加安了一道屏门式的建筑。这也是建筑匠师们的精心之处。大殿平面窄而深，与我国其他建筑大殿平面宽而浅者绝然不同。后窑殿整个砖砌特别高起，高过大殿屋脊甚多，形成整个寺院愈后愈高的形制，这是一种较少见的做法。而此种做法在沁阳一带则较为常见，是一地方性作风，它表达出伊斯兰教建筑的地方特色。

此后窑殿三间屋脊上用砖砌的十字脊，盖以黄绿琉璃瓦件，颇精致而辉煌壮观（图21-3~图21-6）。

图21-3　河南沁阳县清真寺大门

图21-4　河南沁阳县清真寺后窑殿远景

图21-5　河南沁阳县清真寺后窑殿

图21-6　河南沁阳县清真寺后窑殿顶部

此殿另一特点则是在前半部屋顶使用孔雀蓝的琉璃，后半部则多为黄绿琉璃。孔雀蓝琉璃色泽令人感到清艳凉爽，更显出建筑物的高雅。伊斯兰教建筑只有在最重要的建筑物上才使用绿琉璃，此寺使用孔雀蓝琉璃，确很少见。

总的看来，此寺的大殿平面窄深的处理，后窑殿的高起，不用邦克楼，整个寺宇愈后愈高大，大量使用孔雀蓝琉璃瓦以及丰富多彩的彩画，是其特殊的地方，这也是比其他一般宗教建筑质量较高的地方。

22. 河南郑州市清真寺

河南伊斯兰教寺院多集中在郑州、开封、朱仙镇、沁阳等处，而以郑州清真寺设备较全（有邦克楼等建筑），历史也很悠久。

郑州清真寺相传是明代建筑。现存大殿梁架，仍使用斗栱襻间。在清代重修时将檐柱斗栱安错，使斗栱昂嘴向殿内（一般带昂嘴的斗栱，昂嘴都向殿外，昂尾在殿内）。襻间斗栱，左右小斗一般都已脱落。很明显，大殿有许多木料及斗栱，仍是明代原物，清代予以重修（图22-1、图22-2）。

后殿则是清嘉庆七年（1802年）重修的。据碑记谓：

“……寺由大殿二，拜殿一，俱楹檐连趾，接中通门、前月楼、后窑殿、右讲堂、右客舍。又有两厢出其前，配殿、浴房次其侧，虽规模狭隘，而拜□有地，亦足乐也。不意壬戌暑月望日，瑶殿倾圮，既无以肃观瞻，又难以历功课……约计得金二百余千，不数月而工竣。”

现在大殿内部比较可取的，是彩画丰富。在“彻上露明造”的屋架、椽、枋、半栱上布满彩画。椽上也都绘有各式的云纹、花卉、卷草等。纹样各椽俱不相同，极富变化。

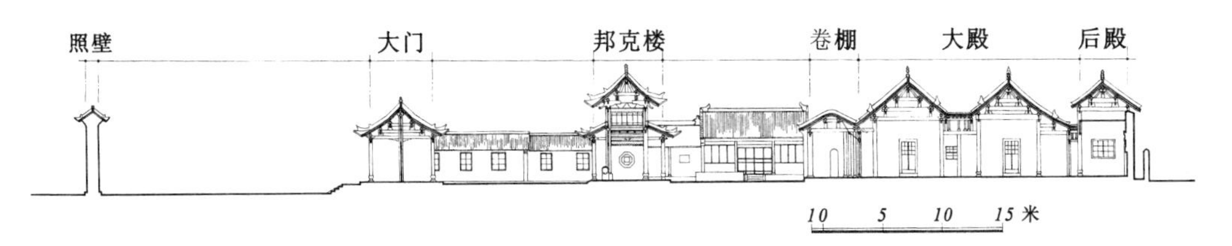

图22-1　河南郑州市清真寺总剖面图

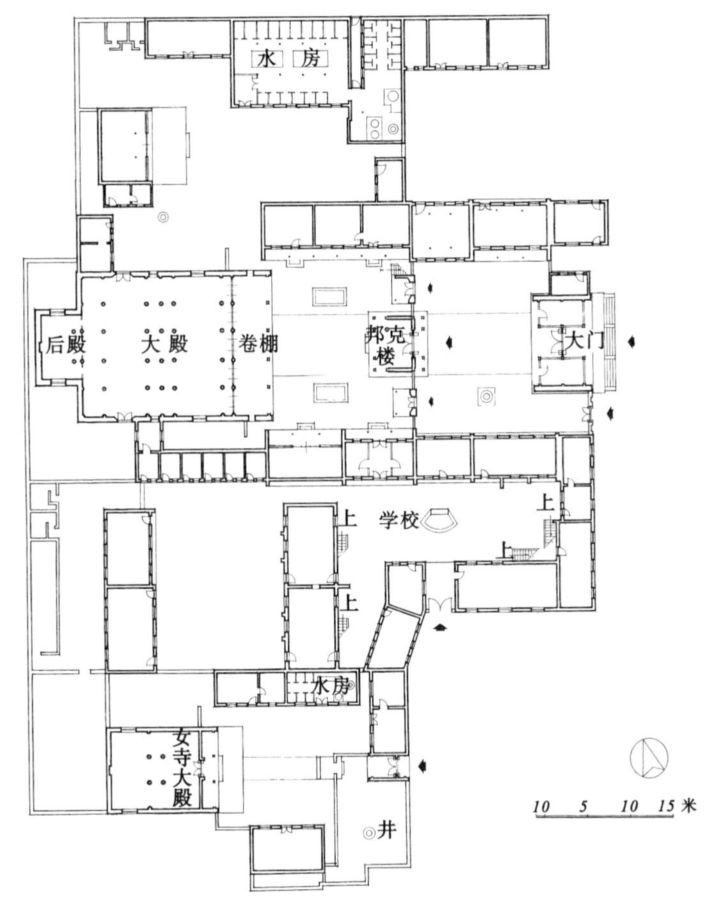

图22-2　河南郑州市清真寺总平面图

在梁枋上则多用回文、锦纹、花卉、水纹。梁下则用苏式彩画。许多彩画制度不见于北京官式。彩画多灰白花加黑线，简素可观。

此外，较为特殊之处，即是在后窑殿与大殿之间所用的花罩，罩上布满透空的花纹，花纹题材为植物花卉的几何纹样。此花罩在装饰上的成功之处不仅在于雕饰的本身，重要的则是后窑殿三间甚是明亮，而大殿光线较暗，由大殿向窑殿（神龛）望过去，花罩因黑亮分明，呈现出一种玲珑剔透、华丽异常的特殊艺术效果（图22-3）。

在墙面上及圣龛上，则多用阿拉伯文组成图案，作为装饰。用文字作装饰是我国

图22-3　河南郑州市清真寺大殿内龛上雕刻

图22-4　河南郑州市清真寺门楼

图22-5　河南郑州市清真寺邦克楼山墙

常用的作风。伊斯兰教寺院内用阿拉伯文作装饰更为普遍，它比花纹更为精美醒目。

总之，大殿的一切制作很能显示伊斯兰教建筑的一种富丽气氛。

在河南，一般清真寺多不用邦克楼，而郑州寺则在寺中轴线上置邦克楼一座，歇山顶，带斗栱。有此一楼，便使整个寺院内显得华美生动而不呆板。

此楼工程也相当精丽，上檐斗栱使用单下昂，平板枋较薄。下层左右山面砖墙砌得也很精美，如下用须弥座、中用照壁心、心正中用八角墙窗等（图22-4、图22-5）。

由建筑结构看来，此楼可能为明代建筑，不过清乾隆二十四年重修时，斗栱檐椽等恐已全部改换。

此处在布置上的特点，即是寺分为左右中三路。院中路为大殿邦克楼（兼作望月楼用）、左右讲堂、客舍、厢房、大门等；在左路又有水房及配殿；在右路则全为学校校舍。在大殿左右山墙及两侧，布置配殿与大殿并列的办法是比较少见的。

此寺建筑布置疏朗，也是北方建筑所常见的作风。

23. 安徽寿县清真寺

安徽北部，伊斯兰教在明清以来即甚兴盛。在寿县城南留犊坊的清真寺，清康熙年间建大殿，为两座重檐歇山斗栱勾连搭式。周围用石廊柱围绕，是国内较为少见的巨大华丽的伊斯兰教寺院建筑。相传寺原址在寿县西门外，为数间草房。清初，寿县人口日增、经济繁荣，因之将该寺迁至今处，将大殿建成重檐歇山斗栱周围廊的建筑，比较原来明代的小寺已扩展了若干倍。特别是它的广大开敞的院庭，在内地清真寺建筑中是很少见的。这是因为大礼拜日，徒众甚多，大殿内容纳不下，所以有的在院庭内礼拜。院庭内正中用石砖铺砌宽大的路面，古木阴森。正面大殿五间重檐，巍峨庄严，显出宗教的森肃气氛。这也是匠人在技艺上的成功之处（图23-1~图23-3）。因该寺院高大，大门、二门全用三门并列的制度。寺中间正门较大，左右小门较小，主次明显。大门已被火烧毁，但剩余砖墙墀头雕刻，皆用花草及几何形纹的题材，相当精美可观（图23-4）。左右两侧垂花门上之雕花楣子及连续的菱花，也别有风味（图23-5）。二门较大门低小，朴素庄严，因此也更显出大殿的雄伟华丽。柱用八角形，也很古拙可爱。

大殿院庭既大，所以左右两厢配房即不易处理。此寺在次要的厢房廊前使用砖花墙。它的好处是可以使厢房前面整齐划一，不致里外出入太甚，并可形成几处小小幽静的院庭，供私人户外活动之用，这确是一种好办法。

该寺左右客厅或学校各五大间，带前廊，显露在左右砖花墙之间。

大殿建筑前、后殿同为重檐歇山带斗栱制度，周围廊并用石廊柱，是他处尚未发现的（图23-6）。前后二殿系用勾连搭做成，同是五间十一檩，不过二殿细部做法不一致，并且看得出来后殿建筑年代较早，以后又加盖了前殿。

后殿斗栱上檐很像北方的做法，用栱出挑，上有麻叶头等物，平板枋薄。前殿斗栱则用南方常见的象鼻子式昂嘴出挑，作为装饰。

前殿前面出廊用八角形石柱上承大斗及挑枋挑檩，制度甚是古拙少见。八角柱侧安木檵子栏杆，增加了大殿整齐严肃的感觉。

屋顶瓦件使用筒板瓦，正脊微有升起，角脊上无走兽等物。正脊两端用大吻，重脊头上用坐兽，全似北方的清官式做法。

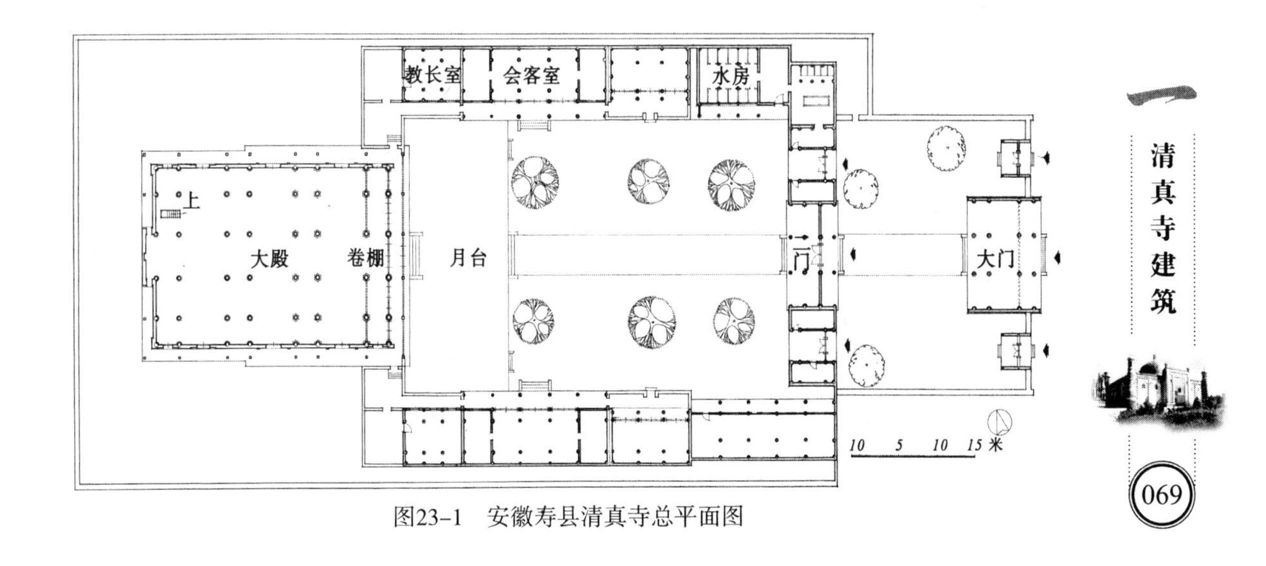

图23-1 安徽寿县清真寺总平面图

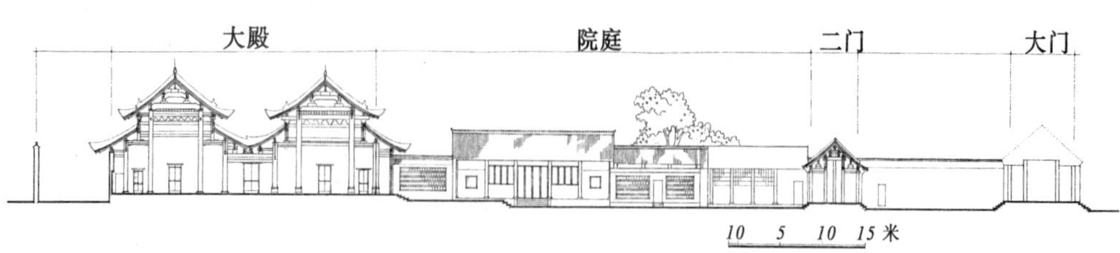

图23-2 安徽寿县清真寺总剖面图

图23-3 安徽寿县清真寺大殿

图23-4 安徽寿县清真寺大门墀头

图23-5 安徽寿县清真寺旁门顶部

图23-6 安徽寿县清真寺大殿山墙面

伊斯兰教清真寺内禁止使用动物纹作装饰，不过许多寺瓦件方面则常常例外，而使用兽头、兽吻，寿县清真寺也是如此。

图23-7　安徽寿县清真寺大殿圣龛

大殿内部用“彻上露明造”。梁、枋、柱、墩全暴露在外面，不用天花遮盖，使殿内高度直到脊檩，并利用斗栱等作装饰，所以殿内显得高敞、华丽。这种“彻上露明造”的做法，在清真寺建筑内是最常用的。

殿内西壁即是圣龛，用阿拉伯文作装饰，在龛左侧为虎图伯楼（即宣教台），楼顶上用三重檐式，制度精美（图23-7）。

殿前大月台宽大整洁，加以左右花砖墙屏护，令人感到舒畅悦目。

此寺制作方面，美中不足的即是因为院庭过大，使得大殿尺度显小。同时大殿卷棚前面的直棂子栏杆的使用，令人感到大殿过分严肃阴郁，不够开朗。不过这都是些小问题，并无损于建筑本身的结构精美。

此寺院庭过大，可能是院中留有邦克楼的建筑地位之故，但是始终未曾修建。

24. 安徽安庆市清真寺

现在安庆市存有两座清真寺，一在南关忠孝街，一在西门外。西门外的一处不过是一座三开间小四合院式的一般建筑。

在忠孝街的一座建筑，则较为巨丽。最显著的特点即是与寿县清真寺的布置完全不同。寿县在安徽北部，地多平坦，所以院庭广大而平阔，建筑多左右对称，疏朗之至。安庆则是长江北岸的一个水陆码头，商业繁盛，平地甚少，而又气候炎热，所以安庆忠孝街清真寺的布置“因地制宜”，并为防止炎热，而采用小天井做法。再加上当地特有的各作做法，所以表现出与寿县及北方寺全然不同的建筑风格（图24-1、图24-2）。

由大门到大殿门前共有三道门，即大门、石窟门及垂花门。将不大的空地分割为三区，曲折以入，很有趣味。通过几层小天井，突然迎面出现一座高大雄伟的大殿，重檐斗栱五间外带周围廊的大殿。虽然大殿不算很大，但是因为逼近视线的缘故，竟然令人一时莫测高深了。

寺的办公、水房、阿訇住宅等则全部布置在大殿左侧的山坡地上，另有旁门通到后面的巷道。

能够最大限度地利用地盘，合理地布置是此寺的突出特点，也是在建筑处理上

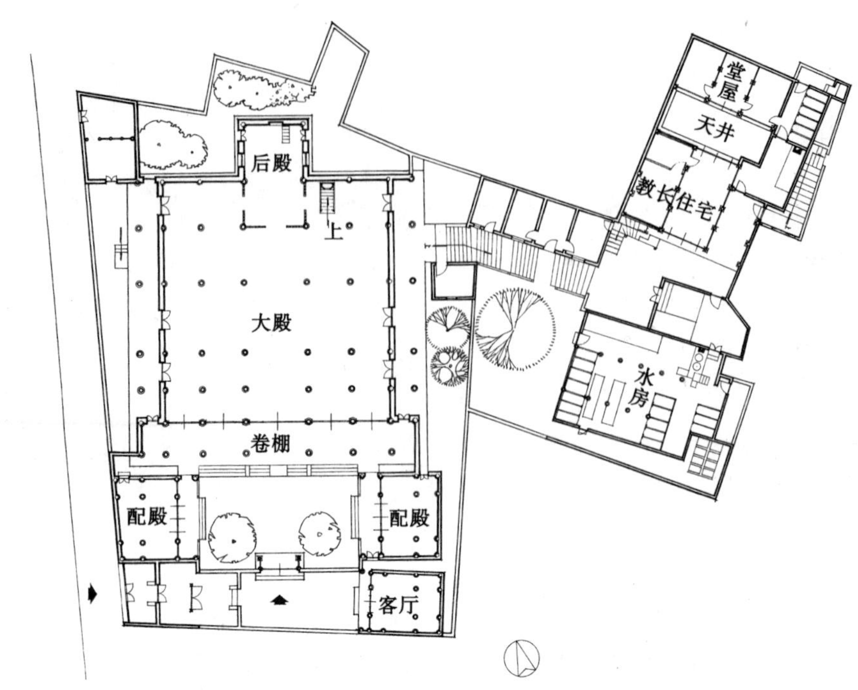

图24-1　安徽安庆市清真寺总平面图

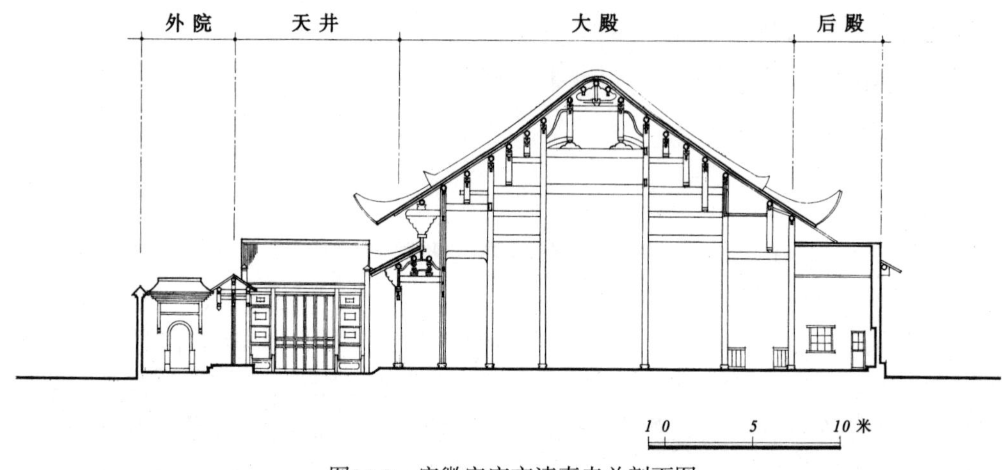

图24-2　安徽安庆市清真寺总剖面图

很成功的地方。

此外，大小木作的精丽是很难得的。此寺是特由江西请来的木匠建成的，可见江西的木工，在我国建筑史上占有值得重视的地位。

大殿前左右厢房及外院的客厅全系三小间，但由外部前面装饰则作为一大间处理，气概显得最为大方，而又细腻可观，是一很好的手法。

大殿重檐斗栱出四挑，极富于装饰性。歇山做法是在硬山山墙之外加一道短檐。在云南常有此种做法，与北方歇山做法不同，与寿县清真寺大殿也是不同的。硬山山墙直上，这显然是比较合理的办法（图24-3）。

大殿内的雕刻最为壮丽动人。在深沉阴郁的大殿内部许多金柱上，悬挂着一对对长大的金地对联（图24-4），金光闪烁，甚感殿内富丽堂皇，显示出尊严华贵的气氛。此殿内大量用对联作装饰，是他处少见的作风。

大殿内虽然是“彻上露明造”，但在椽下檩上，仍使用望板，使人感到殿内工程精致，质量甚高。

殿内周围墙上涂白灰，使得殿内光线较为明亮（图24-5）。

此寺原有邦克楼（或望月台），传说在殿后左侧，后毁，它的确实位置，现已调查不清楚。

图24-3　安徽安庆市清真寺大殿前面

图24-4　安徽安庆市清真寺大殿内景

图24-5　安徽安庆市清真寺大殿内梁架

25. 山东济宁市东、西清真寺

明代较大的清真寺院除了明初的南京净觉寺及西安华觉巷大寺外，还没有看到规模很大的。清初的回族大寺则甚多，如河北泊镇、沧州、广西桂林等地的寺。但是山东济宁的大寺以及甘肃兰州的桥门街大寺，其大殿建筑的伟大壮丽，确是以前所少有的，而尤以济宁大寺为最。它充分说明济宁在清初，商业之繁盛及回民之众多，宗教建筑发展如是之盛。此寺在布置结构以及雕刻彩画方面，也有很多值得学习钻研的地方。

济宁西大寺大殿，是全国起脊式的伊斯兰教清真寺大殿中最大的一个。它的规模仅次于北京清宫太和殿，是国内最大的大殿建筑之一。为了论述西大寺的建筑，不能不将东大寺一同论述，因为这两个寺的建筑全有独到之处。同时，这两个寺在历史上也有一定的联系，不便分开来叙述（图25-1~图25-4）。

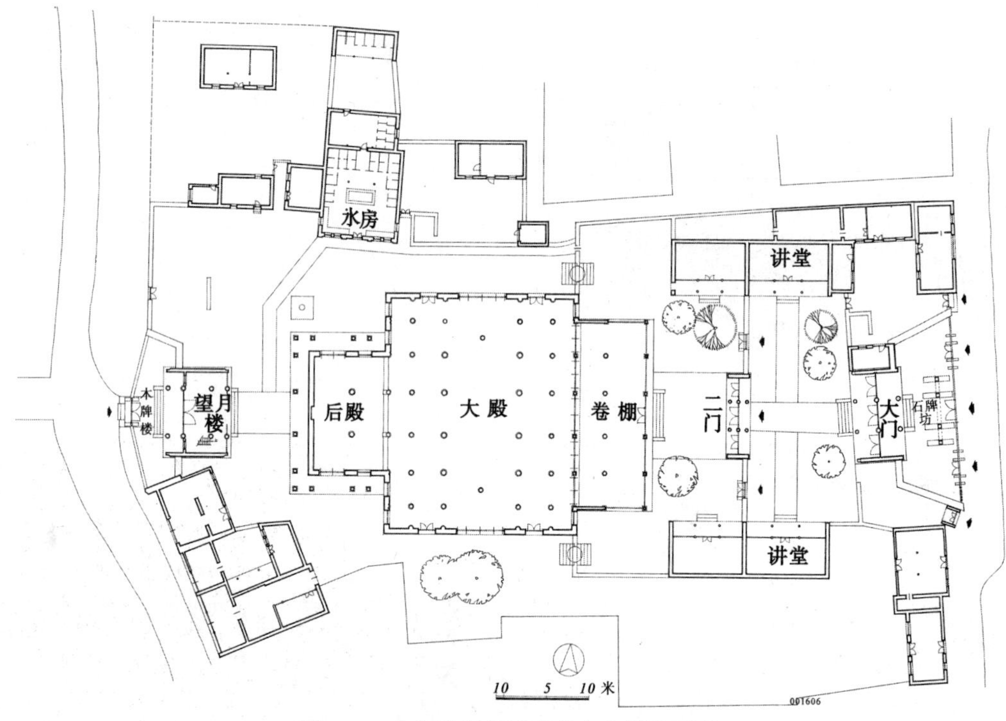

图25-1　山东济宁市清真东大寺总平面图

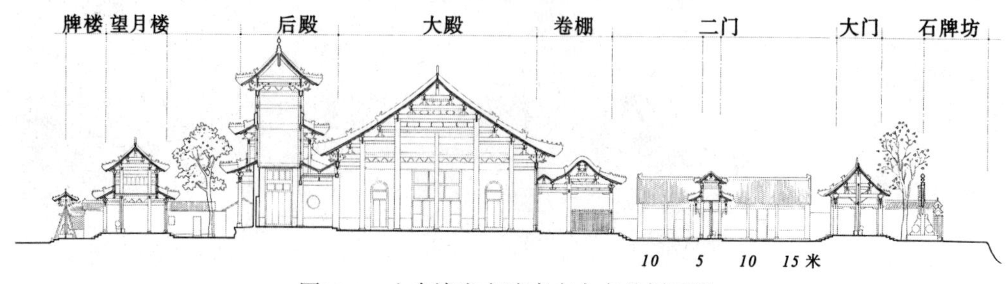

图25-2　山东济宁市清真东大寺总剖面图

济宁在大运河的交通线上，是南北交通的枢纽，水陆交通的要衢。“舟车辐辏，商贾云集，漕运通达。”在很早时此地就是南北方交通的重要据点之一，回民很多。为了他们的宗教信仰及集会等需要，曾建许多寺院。到新中国成立前夕尚有男寺七处、女寺两处。最古的寺院如顺河东大寺，创自明代成化年间，柳行西寺是明万历时创始的。此外，则在清初顺治、康熙间又增建了许多寺院。

我们先谈东大寺建筑。东大寺紧靠运河的西岸，是历史较久的一座寺院。据同治六年碑记谓，在明天顺即有一古寺，在济宁县东棉花街。后来在明成化时马化龙父子出资将寺迁至今地。又据民国29年（1940年）公建顺河东大寺碑上有记载谓：

“创建明朝成化年间也。迨至清康熙朝，时和年丰，四海承平。济宁为南北枢纽，水陆通衢，舟车辐辏，商贾云集，加之漕运通达，市廛繁盛。斯时我教之巨商富绅耆乡老诸先贤集议重建，大兴工程、设计策划，奉敕监修。其建筑之宏敞，规模之雄壮，庄严绚烂，豪华壮丽，巍巍峨峨，蔚然大观，洵属南北伊斯兰教寺院之冠……迄今，虽历二百余载……”

可见此寺在明代成化年间已经初具规模，现在大门可能仍是明代遗构。至于其他大殿等建筑，则因清初济宁更为富盛，回民更多，所以在康熙时大事重建。到了乾隆时又重建大殿。见同治元年碑记：

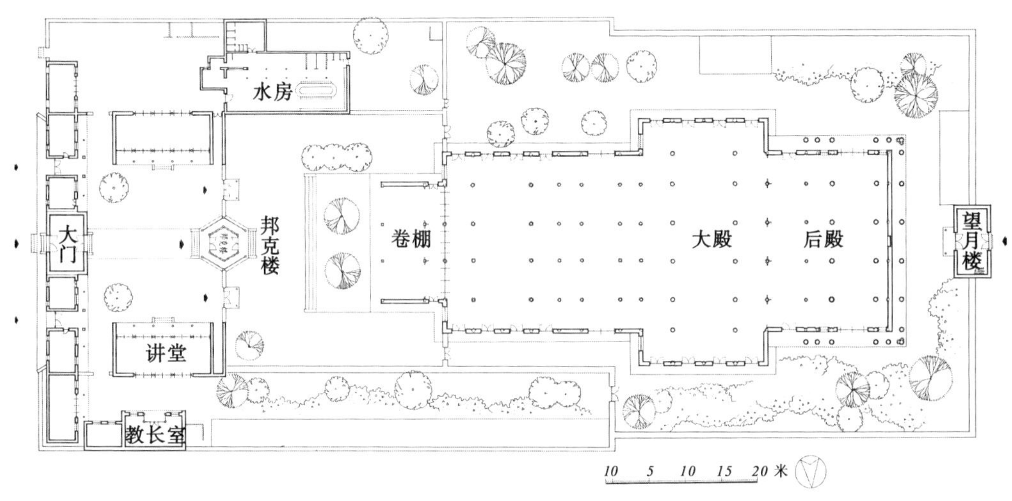

图25-3　山东济宁市清真西大寺总平面图

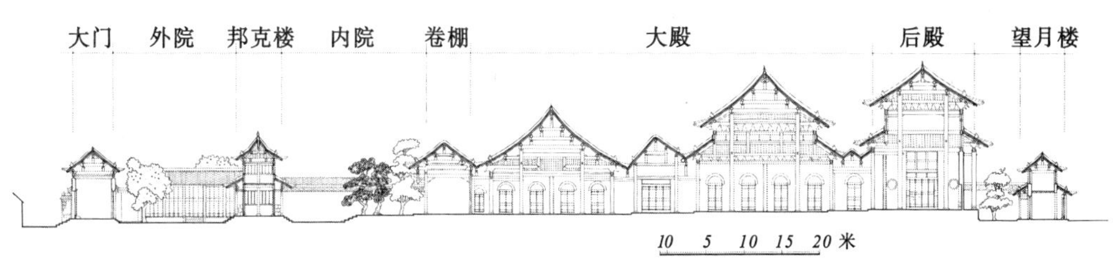

图25-4　山东济宁市清真西大寺总剖面图

"……吾济东大寺，于乾隆间建盖以来，虽工程浩大，而大殿两山只有覆梂，并无木格，兹有□马乡老，独捐囊金二百余千，改为木格扇，从此隆冬礼拜之日可以避风寒。"

再由大殿结构看来，如斗栱等做法，可以说基本上是符合清雍正年间修订的工部《工程做法则例》的。所以一般认为的这是明代的建筑，是错误的。总的看来，该寺是清康熙时奠定的规模，大殿等主要建筑全是乾隆时间重修的。因此它的一切建筑的造型艺术，是代表着乾隆时代的精神及气魄的。

该寺在艺术形象上，最为动人的则是全部建筑的高大巍峨，特别是由背面望过来，只见大殿（七间十五檩）与望月楼（三层，上层为六角形）、后门楼及后牌楼的重重叠落的高大雄伟姿态和巍峨气势，达到了相当高的艺术水平，是伊斯兰教木构建筑前所未有的。如此气魄在我国其他宗教建筑上也极少见，它充分显示出我国古代木结构建筑的特点（图25-5、图25-6）。

该寺的屋面覆盖琉璃瓦（绿色黄剪边，因绿釉多已脱落，所以变成黄红色的瓦件），使整个建筑呈现辉煌耀目的气氛，并使其他一切建筑（如当地其他宗教建筑、民居建筑等）为之减色。它的整个艺术形体，也是我国古代建筑中极为少见的。其成功之处除了对大殿、望月楼、门楼及木牌楼作密集处理之外，木牌楼门的比例正确、尺度不大，也起了很大的作用。

寺前面即是大运河，河岸用石镶砌。由河岸至大殿卷棚，共有四道门，以显示大殿的深邃尊严。每门之间距离很近，院落宽而浅。第一道门是木栅栏式，门是后加的，用来保护大门及石牌坊（又叫日月坊）。

此座石牌坊是少有的精品，雕刻甚是精细，刻有狮子、羊、麒麟、山、水、花卉等物（伊斯兰教建筑一般不用动物作装饰，大殿以外则限制不严）。大小额枋上全刻卷草，石坊比例适当，有很安稳的感觉（图25-7、图25-8）。

图25-5　山东济宁市清真东大寺后门

图25-6　山东济宁市清真东大寺木栅栏（一）

图25-7　山东济宁市清真东大寺大门石牌坊（一）

图25-8　山东济宁市清真东大寺大门石牌坊（二）

此坊上标“康熙三十九年（1700年）季春建”，说明这是第一次扩寺时所建的。

石坊后即是大门，三间五檩，左右八字墙，将石坊衬托在中央。八字墙上用绿琉璃作重点装饰，与白色石坊相配，甚是悦目（图25-9）。

大门屋顶歇山造，用绿琉璃、黄剪边，有跑龙脊，与曲阜孔庙作风相近似，使大门更为华丽堂皇。

此大门内悬有明匾，大木结构与大殿等处完全不同，此门可能为明代遗构，是全寺内最古老的建筑。

二门的形制较特殊，是三门重檐、下檐带垂柱的制度。重檐上檐从外观看为楼房，但内部是不易上去的阁楼，可能是代替邦克楼之用。

此寺的石工较佳，如大门的抱鼓石、盘龙柱、盘花柱、石柱础等雕饰，全是少见的精品。至于八字墙上的琉璃及六角形磨砖以及须弥座等也都是较好的作品（图25-10~图25-15）。

在清代初年，常蕴华“修建大寺于西隅……建义学及讲堂”，这就是今天的西大寺。据西大寺邦克楼上的光绪三十三年（1907年）“承先殿”后匾记载：

“常太先师讳济美，西域人也，万历年间来至吾济，创修西大寺，规模宏

图25-9　山东济宁市清真东大寺后门石柱

图25-10　山东济宁市清真东大寺大门抱鼓石

图25-11　山东济宁市清真东大寺后门石柱

图25-12　山东济宁市清真东大寺照壁（一）

图25-13　山东济宁市清真东大寺照壁雕刻

图25-14　山东济宁市清真东大寺照壁（二）

图25-15　山东济宁市清真东大寺木栅栏（二）

敞，屋宇华丽。在其中诵经传道，继往圣，开来学，其功大矣。三百年来岁修无缺，……”

又据常志美墓志：“师讳志美，号蕴华，享年陆拾叁岁，生于万历叁拾捌年庚戌四月十五日，卒于康熙玖年庚戌四月初七日。大清康熙三十九年五月十五日阖教米德同志。”

根据此墓碑文，承先殿后匾记载是不正确的，西大寺不可能是万历年间建的。而常志美在时，也只是修建了大殿前殿及其以前部分。其余如中殿、后殿等则是康熙二十年及乾隆以至道光初年陆续建成的。它在清代变成了济宁最重要的大寺。现在西大寺主要建筑都是清初所建，它的风格与东大寺完全不同。大殿之大不但在国内起脊式的大殿中是最大的一座，就是在佛、道、宫殿等古建筑大殿中，也是最大的建筑之一。它的大小可以说是仅次于清宫太和殿一级的建筑。而装饰亦极豪华。

清初济宁的穆斯林之众多、商业之富盛以及工匠技术水平之高，完全是因为大运河开掘的结果。

西大寺规模最为完备，有大门、邦克楼、左右讲堂、学生宿舍（今已拆除）、阿訇住宅、水房、望月楼等建筑。

大门气魄甚大，共面阔十三间，甚为突出，为国内其他建筑所无，它可以显示出寺院之宏伟。同时，如果没有具有这样伟大气魄的大门，便不能与大殿相配（图25-16）。

图25-16　山东济宁市清真西大寺前街景

邦克楼六角二层。寺院内即利用此楼将庭院分为内外二部，外院是四合院状，内院为一开敞而方正的院庭。大殿前卷棚三大间，矗立在前（图25-17）。殿内一片木柱，如入森林。柱上及斗栱、梁、枋上（原状）是全部彩饰、金碧辉煌的“旋子”彩画。木柱全用转枝莲彩画，是很高级的装饰，使殿内呈现出一片富丽豪华的气派（图25-18、图25-19）。

图25-17　山东济宁市清真西大寺邦克楼

图25-18　山东济宁市清真西大寺梁架

图25-19　山东济宁市清真西大寺柱饰

大殿本来很高，而内部又完全是“彻上露明造”，所以更显出大殿的高大。不过殿内梁、枋纵横太多，而柱身又失之稍细，故稍有繁杂纤弱的感觉。

此大殿建筑之所以形成为窄而又深的形制，也是随穆斯林日增，逐步扩建成的。据乾隆十年兖州府济宁南街新清真寺碑记：“本寺之前殿建于顺治十三年，后殿建于康熙二十年，门宇墙垣一次落成……”前殿是五间十一檩、斗栱单檐庑殿顶（庑殿顶是我国古建筑内最高等级的屋顶，其次才是歇山屋顶）。后来到康熙二十年（1681年），因殿内地位不敷应用，故又加建中殿为七间十一檩、斗栱重檐歇山顶。但是随着商业繁盛、人口激增，到乾隆时又不得不添建后殿五间、三面围廊重檐歇山顶，于是大殿达到了它发展的最高峰。此后鸦片战争、“五口通商”及光绪末年废弃漕运，济宁的经济地位日趋下降，西大寺的盛期也随之消失（图25-20、图25-21）。

大殿用窄而深的平面，用勾连搭的结构，这是伊斯兰教大殿建筑的特点，是国内其他古建筑所没有的。因清真寺殿内不用偶像，人们作祈祷时，只要面向麦加即可，故在平面布置上有了极大的灵活性，与佛、道教庙宇的大殿多为正方形或宽而

图25-20　山东济宁市清真西大寺侧面

浅的长方形完全不同。

此外值得一提的是，大殿中间作为七间重檐歇山顶，与前殿的五间单檐庑殿顶有显著的不同，说明重点是在后部。到了乾隆时又增建后殿，便明显地遇着一个问题，即是后殿既不宜与中殿重复，而又要显出后殿的重要性来，于是匠师们就采用了三种办法：①将后殿地面加高，显得比中殿更为重要。②将后殿改为五间周围廊式。③使后殿重檐的高度高过中殿。这样一来便很成功地使整个大殿既富于变化而又有主、次、轻、重之分，并使全殿成一整体。这是匠师们的用心之处，而不是随意建造的。

图25-21　山东济宁市清真西大寺大殿屋角

至于后殿（或后窑殿），面积小过中殿，用周围廊并高过中殿的办法，在清代的伊斯兰教大殿上是较常用的做法，而为其他佛道寺观宫殿等建筑所少见，它是一种很成功的处理方法。

殿内装饰除了利用梁架斗栱及彩画外，即是利用金地的大匾额。这些匾额使大殿内部更加重点分明，富有生气。这也是我国的建筑特点之一。此寺之华丽壮观，也是由于与当地的平民住宅比较而言的。当地的一般住宅，高不过十数尺，大不过数间，土坯或砖墙，屋顶时常无瓦件而只是用黄泥草等覆盖。以之与寺的大殿数十间、高约二十米，重檐、斗栱彩画满布的情状相比，则大小壮丽与简陋相差太甚（图25-22、图25-23）。

图25-22　山东济宁市清真西大寺背后

图25-23　山东济宁市清真西大寺住宅

26. 山东济南市清真寺

济南为省会所在，此地清真寺有记载可考的，可以追溯到元代。今天济南清真南大寺创始于元代，到明弘治，又创建清真北大寺，于是南北二寺便成了穆斯林重要的礼拜场所。不过现在看来，这两个寺的建筑，已是清代重修之物。北大寺规模略小，但建筑很整齐，风格统一。南大寺规模较大，但因建筑屡次重建增改，所以风格极不一致（图26-1）。

南大寺的建筑沿革，在伊斯兰教史及其建筑史上是较重要的。

据明弘治乙卯岁（1495年）济南府历城县礼拜寺重修碑记载：

“礼拜寺旧在历山西南百许步，厥始莫详。大元乙未（1295年或1355年）春，山东东路转运盐使司都运使，松八剌沙奉命撤寺，建运盐司，乃徙置于泺源门西锦经沟东，聊建殿楹，立满剌艾迪掌焚修事……至我朝宣德丙午，满剌缺人，以迄我圣天子正统改元，公议又举陈礼主掌教事。始至，进谒寺下，俯仰太息，颓然数楹，不蔽风雨，以故市民地十余丈，以拓其基，外缭□垣，内建礼殿五楹……迨弘治壬子秋谂于众日……规模狭隘不易容众。是以复市民地丈尺若干。门南向于礼为不称，易之而向东焉。置斋戒所在礼殿南，立讲堂于二门前，建庖厨于大门

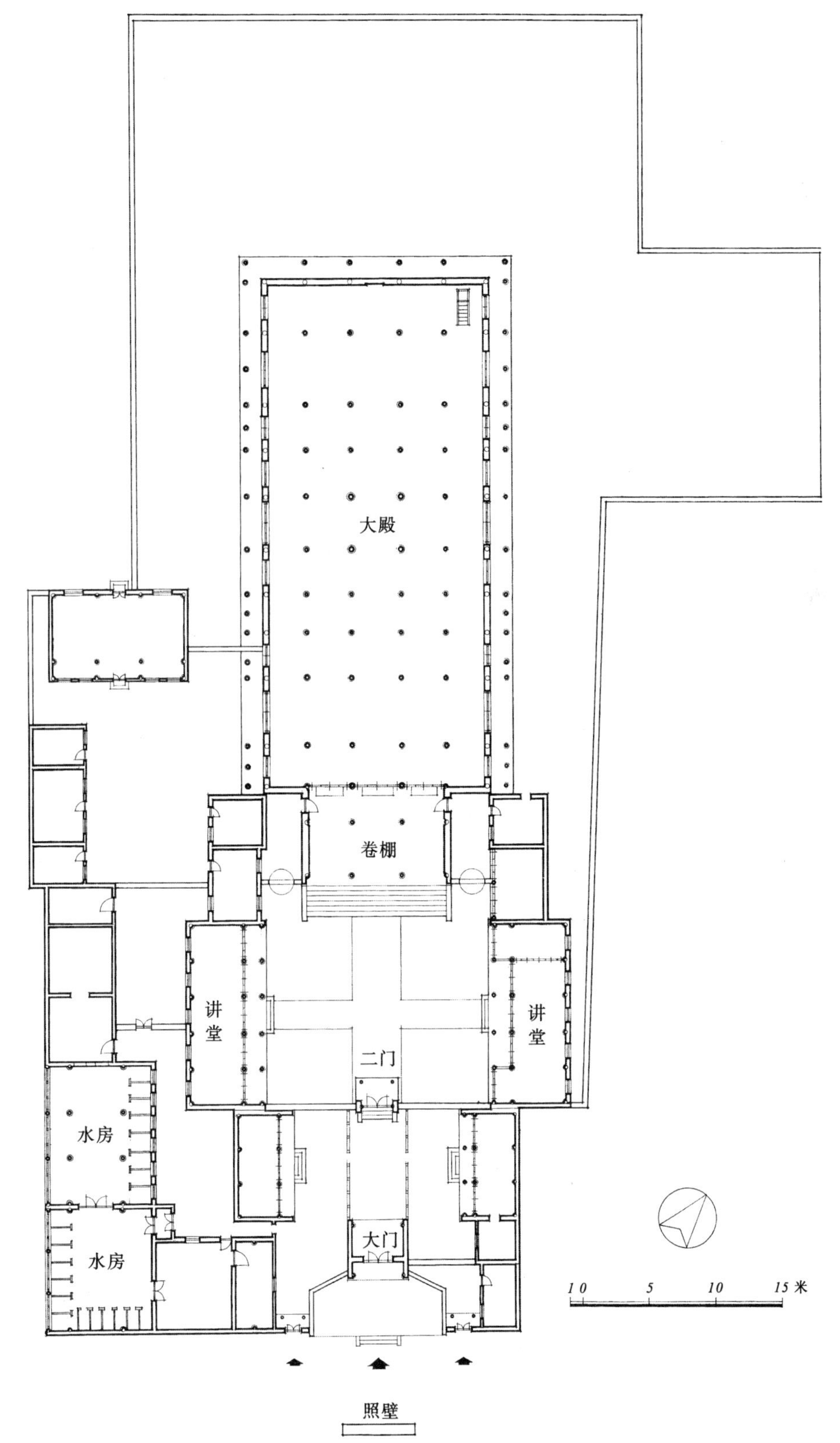

图26-1　山东济南市清真北大寺总平面图

内，与夫库以储藏慎终具。其费资皆教中趋义者资助焉。以是岁仲春始事，越明年季冬始落成，□□而广，易旧而新，门观显严，殿宇峥嵘，观者啧啧然叹赏，以为盛举。”

元乙未是元成宗元贞元年（1295年），或是元顺帝至正十五年（1355年）的事情。彼时建筑尚很简陋。到了明弘治乙卯（1495年），约二百年则规制大备，已成为四合院，而且有二门的设置了。

到明嘉靖甲寅（1554年），则又重修，据碑记谓：

“……其大殿并教化楼（即邦克楼），原立之日，近于南者，而廊居之，偏若此者地方之狭故也。自昔至今，续置各宅地宽大……且先将大门改正，以得年丰之时，家给人足，然后大举合作，重修殿楼，整饬两厢，使前后左右彼此方正，而教众无之心足矣！”

很明显，到嘉靖甲寅（1554年），整个寺内还不能使殿楼及两厢辉煌整饬，“使前后左右彼此方正”。

寺殿楼的大规模修整是清同治十三年（1874年）的事情。其重修清真寺碑记谓：

“……重新之……越五月而工告成，大殿之巍峨宏深，宝厦之明亮轩辖，望月楼之特立环耸，以及门楼之观，额匾之新，望之则金碧交辉……而望月楼前有小学焉，原为造就重蒙，使知尊经习礼……其新建南小学……其南讲堂后地基一小方，因地势狭隘，为邱君名□清施三尺许以广基址者。”

又同治十三年重修两讲堂碑文谓：

“……增其基地而卑者以高，廓其规模而狭者以广……讲堂共计二座，各三间，建于大殿前之左右，越三月而工告成。”

到民国3年（1914年），重修南大寺大殿后周围明柱，抱厦砖地（有碑记）。在民国10年（1921年），又重修大殿两讲堂，碑记谓：

“……兴修大殿并两讲堂百余柽，工程浩大，所费不赀……。”

但由建筑情况看来，此寺基本上是清同治十三年（1874年）建筑的。后来有的地方腐朽，又曾予以重新修补。至于望月楼则是民国25年（1936年）重建落成的。它的建筑风格颇多“新”意，也可以说是半殖民地时代文化的反映。

总之，此寺发展约有四个阶段：①元初或元末仅大殿数间；②一二百年后，到明弘治乙卯（1495年），发展为四合院带二门的制度；③到清同治十三年（1874年）约不到四百年，扩展成今状；④邦克楼及大门则为民国时（1936年）改建成不中不西的建筑式样。此寺最盛时期是清代中叶。

因为历年重修及各个时期不同发展的结果，造成了风格很不统一。特别是邦克楼三大间立在高台之上，予人以非常注目的感觉。大门三间起楼也是他处少见，为民国甲寅（1914年）重建之物，与邦克楼同时代，二者同一作风。大殿周围廊柱细密而高，并加以火焰形木券门的装饰（佛教上谓之欢门），显然是用木来模仿阿拉伯式的拱券制度。大殿有许多格扇窗棂，雕制也用阿拉伯文组成，是伊斯兰教建筑的特点（图26-2、图26-3）。

寺的整个布置，对于地势的利用颇佳。此寺地处斜坡，但倾斜度不大。由大门进去，一眼望到的即是高台阶上面立着三间二层邦克楼式建筑。邦克楼门进去，迎面又是高台阶上立大殿。整个寺院愈上愈高，利用高台阶使建筑更为雄伟壮丽，是一较成功的做法。

此寺与北大寺共同的特点，即是院庭较小，大殿较为窄深。

南大寺另有一特点，也是它的优点，即是它的外院使用了四道院墙，将外院分隔成四个不同功用的院庭，如水房院、小学校院、办事院、居住院等。各院内都相当清静，而由大门至二门（邦克楼）的主要院庭，更是清静严整。这种善于利用围墙分隔庭院的办法，也是我国古代的优秀传统手法之一，而此寺运用得当、颇到好处。

此外，寺内建有宽大整洁的水房，也标志出伊斯兰教建筑的特点。

图26-2　山东济南市清真北大寺大门

图26-3　山东济南市清真北大寺礼拜堂侧面外廊

27. 河北泊镇清真寺

泊镇地沿运河，居民较为富庶。泊镇清真寺在清初修建。从殿内匾额看，有的是康熙四十一年（1702年）题字，有可能该寺就是那年建成的。后窑殿还有光绪三十四年重修的字样。现在寺大殿前月台的周围砖栏杆是民国时修改的（图27-1）。

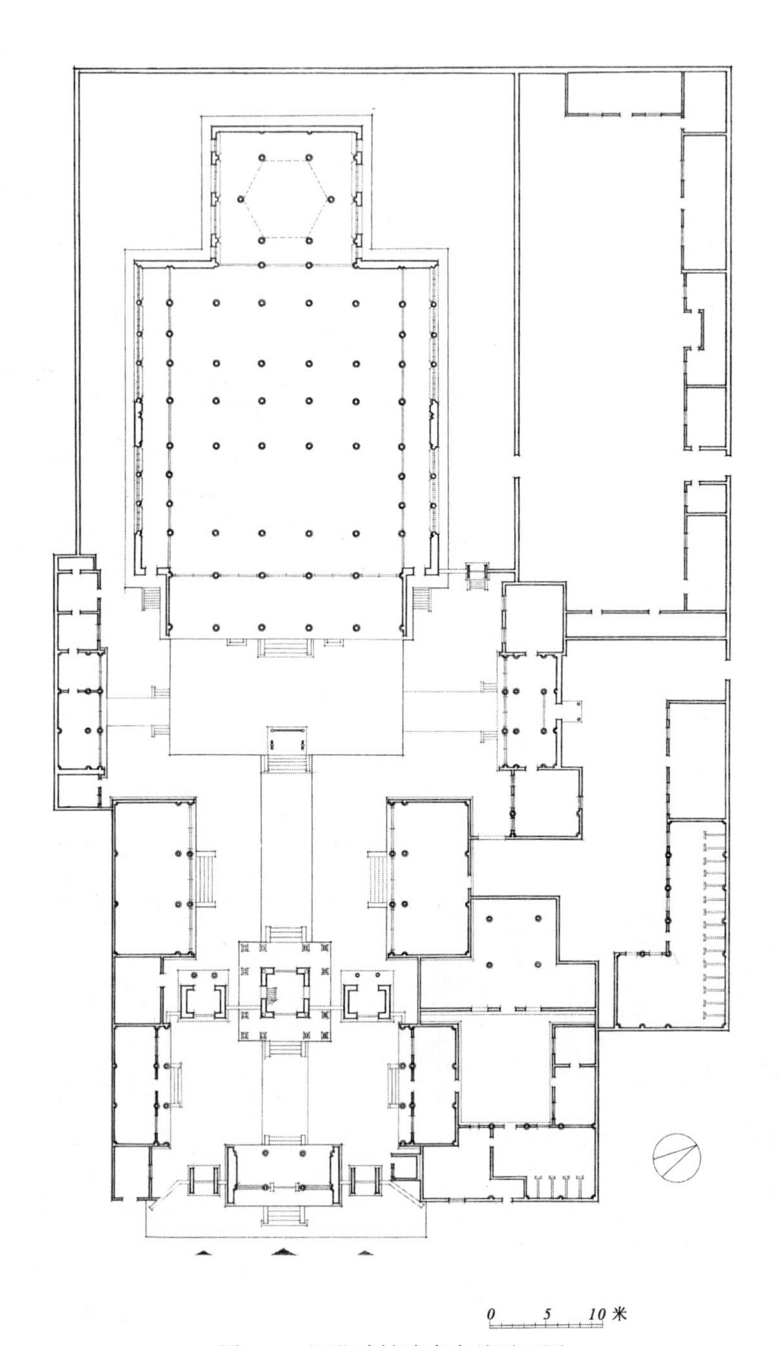

图27-1　河北泊镇清真寺总平面图

此寺值得注意的地方约有三点：

（1）规模大，较为完备，有大殿、左右讲堂、水房、阿訇住宅、女寺及水房、牛羊棚圈等。附有女寺的清真寺不多，只是最大的寺才有附设。而许多女寺也是清末或民国初年所建，此女寺也可能是清末添建的。

（2）此寺大殿，据张教长介绍为九九八十一间。我等数过，如以每间深三、二步架即算一间，则平面恰好为八十间，再加后窑殿的上层亭子，正好八十一间。虽然为八十一间，但是大殿的总面积并不算最大，比桂林及济宁等大寺的大殿面积要小得多。就是比邻近的沧州大寺大殿面积也略小些。

图27-2　河北泊镇清真寺大殿后部

这个大殿的修造也有它的特点。它的后窑殿不像沧州后窑殿，上起三座亭子，而是在一方形殿上起一座六角形亭子。这座亭子内部周围施用栏杆，在顶上则用枋木叠落成一藻井形式。此部的突然高起，并有许多的装饰，令人感到它比大殿更为庄严，更为重要（图27-2~图27-4）。

在大殿内部，左右两廊地面低落一些，并有门直通外面房院，是为了礼拜终了时人们由左右廊内散出之用。大殿屋顶，前部的较高，后部的较低，而后窑殿则突然更加高起。这种办法，显然突出了后窑殿的重要性，但大殿内部却显得不够严整划一。

图27-3　河北泊镇清真寺后窑殿上亭子内部栏杆

图27-4　河北泊镇清真寺后窑殿内部亭顶藻井

（3）大殿前有月台，在月台前部正中，建立屏门一座。屏门左右，沿着月台，有短矮的砖栏杆围护着，砖栏杆用一种类似古钱式的纹样，也颇富装饰意味（图27-5、图27-6）。

图27-5　河北泊镇清真寺大殿前砖栏杆

图27-6　河北泊镇清真寺屏门

屏门的利用，是此寺布置很成功的地方，主要是因为大殿前的左右厢房比左右讲堂及大殿向后撤了很多，因此空下来的地方不好处理。匠人们是在月台的前部正中建了一座屏门，分隔屏蔽了前后部分，同时也联系了前后左右各个部分。这种办法，在山东益都的清真寺内还可以见到。屏门上使用了出四挑的半栱，下昂弯曲，极富装饰趣味，这显然是清中叶以后的建筑。

此外，在邦克楼的处理上，使用重檐轿子顶，与左右旁门的重檐相配合，形成一种华丽堂皇的气势，也是可称道的（图27-7）。

图27-7　河北泊镇清真寺邦克楼

至于此寺木结构有些粗糙的地方，以及比例不佳的地方，都是次要的，总的看来，装饰较少，又无彩画，但以纯朴大方见长。

在砖作上，如花墙墀头等，全是北方常用的式样，稍感笨重。值得注意的是砖墙的防潮隔碱问题，它是在墙脚上使用一层芦苇，厚约七八厘米（约一砖厚），在芦苇上即砌砖，此种办法效果相当好，而又非常经济。河北一带使用此种芦苇隔碱的建筑方法，是很常见的

（图27-8、图27-9）。

寺内主要建筑全用起脊屋顶，如歇山卷棚等。但在少数次要的建筑上，则使用当地住宅常用的平顶。

该寺建筑举架的高大，使用起脊的屋顶以及邦克楼与后窑殿的攒尖顶凌空而起，这种高大巍峨的建筑，与乡村住宅常用的低矮平房相较，是远为雄壮多姿的，不过大屋顶与矮平房之间终嫌不甚调和。

图27-8　河北泊镇清真寺山墙墀头

图27-9　河北泊镇清真寺墙脚

28. 北京市牛街清真寺

北京市的清真寺约数十所。据《北京牛街冈上礼拜寺志》谓：

“故都伊斯兰教人民不下数十万人，礼拜寺散在市内外，数达四拾余处之多。回民聚族而居，区域较广而人数较多者莫如牛街。规模宏大，历史悠久，亦莫如牛街。在市礼拜寺中实居领导地位。”

在数十座寺中有四寺最著名，一般叫做四大名寺，它们在明代即已建立。此四寺即：①牛街清真寺；②东四清真寺；③西城区锦什坊普寿寺；④东城安定门内大二条法明寺。普寿寺（平则门内）及法明寺建于明万历年间。东四清真寺传说建于明初。至于牛街清真寺则现有元代教长坟墓及碑记存在寺内，可知此寺是元代建筑。

至于三里河永寿寺，则是明代宦官创建，不过规模不大，现在建筑全是清代重建。东直门外一寺记载谓为元代所建，今则为三间小四合院，中有大槐树一棵，此寺也是清代重建。崇文门外花市清真寺，传说“创始前明，无所稽考”。

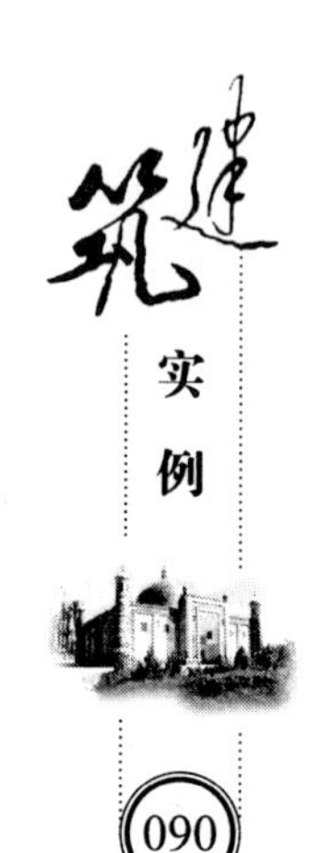

山墙上则刻有："明永乐十二年甲午春正月吉旦修建。崇祯元年岁次戊辰秋仲月吉旦重修。大清康熙四十一年岁次壬午春仲月吉旦重修"等字样。清代乾隆年间又予重建，寺规模也不甚大。至于昌平有一清真寺，原为修建明陵的回民工匠修建。明万历四年（1576年）重建，现存后窑殿仍是明代建筑（大殿也有明建的可能）。通县有明寺，也只是后窑殿建筑可以断为明代建筑，余如大殿等建筑，也有明建的可能。

总的看来，北京明代建寺为数不少，而以四大寺建筑确较可观。宏大开敞要算东四清真寺，而低矮质朴、古意盎然、历史悠久，则属之牛街清真寺。

牛街在北京外城，也就是内城外的东南面，是回民最集中的地方（图28-1）。

元代城向北移，此地有可能为回民营。寺内有二回民墓，可以证明此时已有寺，据寺碑记"东侧系筛海阿里之墓——该氏故于至圣迁都六百八十二年，为元世祖至元二十年（即1283年）"，西侧碑系筛海阿罕默德布尔塔尼之墓，该氏故于至圣迁都六百七十九年，为元世祖至元十七年（即1280年）。

现在此墓尚在寺内，墓下段砖须弥座显然尚是元代制度，现在风蚀太甚。座上置砖坟两座，显然是后加的。因：①伊斯兰教坟墓很少一座内置二墓的；②二人很少可能是同时死去的（图28-2）。

现存寺内建筑年代则是明、清的建筑。据《北京牛街冈上礼拜寺志》谓：

"正统七年，增修对厅，为讲经集会之需。明成化十年指挥詹昇（詹思丁之后人）请赐名号，奉敕赐名礼拜寺。清朝康熙年间重修一次。寺门望月楼周环作六角

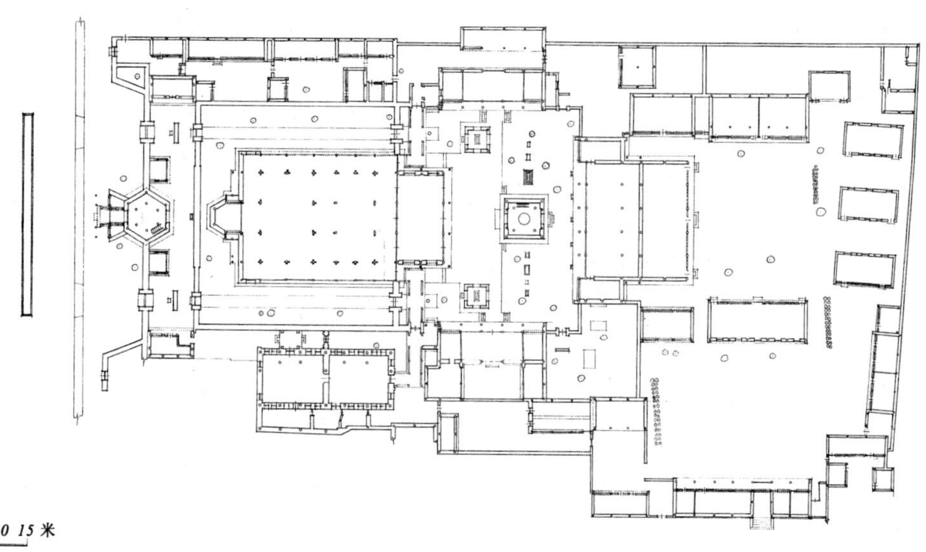

图28-1　北京市牛街清真寺实测图

形，下方甃砖辟二门洞，可供人出入，上方周辟门窗，缭以走廊，顶覆以黄色琉璃瓦。楣间悬敕赐礼拜寺额。此楼备登高望月之需，故称望月楼……

图28-2　元代伊斯兰教坟墓局部

大殿为教众礼拜之所，寺中主要之建筑，殿宇五楹，凡三进，深可十余丈，广稍小。殿后向西凸出处，为朝向殿，率拜人位也。该处高起穹隆，结顶若亭，据工程师鉴定云，确系宋代建筑物，名曰藻井。此建筑法，今已不传，认为古物也。

正壁木刻经文阿拉伯文，其画方为库法体，此系阿拉伯古体文字的一种。殿后两窗，均系雕空，阿文组成……门楣处均用阿拉伯文组成之。

殿右隅设宣教台，或云闵拜，为聚礼日教长宣谕之处。伊斯兰教礼拜以洁为重要条件之一，故全殿地板上敷以席毡，礼拜者必须脱却靴履于户外，始可登殿。

大殿前有碑亭二座……南北讲堂各五楹……吾国各省各地礼拜寺均附设经学，传习经典阿拉伯文，由阿訇主讲……大殿南筒子院外偏南有沐浴室……高大宏敞，为近年所重修，其设备较前益广也。

……宣礼楼俗呼邦克楼，按西域志曰哀扎尼楼，在大殿对过。建筑与望月楼略同，此楼系方形，而用则弄。

……对厅之建筑，前七楹，后五楹，左右有二室为库房，乃储存杂物之所。

后五楹于清朝光绪末年，有王浩然阿訇及知董事，创办清真小学，改充教室。现为市立牛街小学借用。经办学校添加建筑南北客厅及办公室十余间。对厅中南北两壁写阿拉伯文字组成圆轮形，极文字图案之美。

……筛海坟在寺东南角跨院，所瘗二人，一为筛海阿罕默德布尔塔尼之孙穆罕默德。二为筛海尔马顿的尼之子阿里，墓之基部砖刻花纹，字迹已剥落不能辨识。其阿文墓碑，尚完完整整，字迹可辨。”

以上是《冈上礼拜寺志》所记寺的大致建置情况。

从现存寺院规模看来，大致可以说是明代建成的，不过经过清代重修，仍然能保持明代原来的木结构的则只有后窑殿。至于临街的望月楼则似为明末清初的建筑。对厅五间，据《北京牛街冈上礼拜寺志》谓为明正统七年（1442年）增修。大殿前左右有“大明弘治九年岁次丙辰礼拜寺增修碑记”，不过碑面已风化太甚，无法阅读。二碑亭的建筑为清初增建，作重檐歇山顶，下檐用三踩单昂镏金斗科，上檐则用五踩双下昂斗科。正中邦克楼即尊经阁，平面作方形，斗栱做法与碑亭一致，全是清代建筑。斗栱全为清初建。此三建筑同为清康熙、乾隆时修建，不过邦

克楼可能是在明代旧址上重建的（图28-3、图28-4）。

据明“万历岁次癸丑仲春重修碑记”谓：

“……唯宣德二祀瓜瓞奠址，正统七载殿宇恢张，唯成化十年春，都指挥詹昇题请名号，奉圣旨曰礼拜寺。迨弘治九年，经制愈宏……年所多历，后楼告倾。斯楼非凡常楼也。协教赞礼，按候井中……倡众重修……。”

图28-3　北京市牛街清真寺邦克楼

图28-4　北京市牛街清真寺碑亭

这是很重要的碑记，它指出此寺是“宣德二年（1427年）奠址”、“正统七载，殿宇恢张”。

对于“后楼”（即邦克楼），显然是明万历时重修过的。它的位置则是一大问题。一般所谓后楼是在大殿的后面，那么在明代的后楼即是今日所见的望月楼了。今日所见一邦克楼则在大殿前面，宜谓前楼为是。如果谓由大门算起，则今日的邦克楼即是明代当时之后楼。不过今日所谓邦克楼已是清代重建。

此寺布置比较特殊的地方，是大门在大殿背后，因为地势的关系不得不这样做。大门即利用望月楼，由楼下出入。此楼系明末清初建筑（很可能即是明建的邦克楼），为六角形，斗栱用一斗三升。楼上部天花不是一般呈方格状，而是顺应六角形的建筑，分割成菱形、六角形天花。在我国古建筑中，此种天花是极为少见的（图28-5）。

楼前有牌楼三间，带八字墙。牌楼之前有石栏小桥流水，与望月楼组成一组壮丽的景色，充分发挥了木结构的特性。

大门后隔一道院墙，即进入大殿左右的小巷内。因为有院墙的间隔，所以此小巷显得甚是幽静、肃穆。

该寺大殿的平面布置是明代规模，后来曾历次重建。今天只有柱、斗栱、湾门、后窑殿仍是明代的，其他椽、檩、梁、枋、瓦件等多是清代重修之物。如大殿内有的雀替仍是明代的蝉肚形雀替，但是顶上的庑殿顶则有很显著的推山。大殿前为前殿五间，硬山卷棚。在前卷之前有三间是后来加的。但砖墙及装修等已是清末民国间重新修葺的东西（图28-6~图28-8）。

该殿整个内部低矮，中明间不特意加大，与次明间同宽，仍是早年的做法。

图28-5　北京市牛街清真寺望月楼

图28-6　北京市牛街清真寺大殿

图28-7　北京市牛街清真寺一角

图28-8　北京市牛街清真寺大殿侧面

殿内颇为黑暗，颇有神秘的感觉。为使殿内更明亮些，于是在后殿上开天窗，光线由上集中射下，于是感到殿边角处更显黑暗神秘。每间与每间之间用木做成欢门形状发券，显系受西方影响，使人感到殿内安静、稳定。与不用欢门显然有绝大的不同。牛街殿的欢门使用之多是他处所少见的，显然受阿拉伯建筑的影响较大（图

28-9~图28-11）。

此外，值得注意的是后窑殿的做法。此殿做六角形斗栱额枋等全是明代的作品，如斗长底弯、平板枋很薄而宽等。不过顶部的椽子很粗大，显然经过清代重修。

后窑殿的天花是六角攒尖式，用六根阳马带木支在一起，其间装板。板上绘着西番莲等（转枝莲），红地沥粉贴金，极为生动鲜艳。在窑殿与大殿接头处为三间欢门。内部靠西墙则是牌楼式的圣龛。圣龛屋顶用梁柱庑殿，下用须弥座，左右则略呈八字墙式，用横线条并在横线脚中填以阿拉伯文字作装饰。须弥座八达马莲瓣甚是饱满、简练，显系明代作风。圣龛色彩丰富，但多已剥落（图28-12）。

图28-9　北京市牛街清真寺大殿内部

图28-10　北京市牛街清真寺大殿宣谕台

图28-11　北京市牛街清真寺大殿圣龛

28-12　北京市牛街清真寺大殿内部彩画装饰

29. 北京市东四牌楼清真寺

东四牌楼清真寺，是北京最大最古和修建最好的清真寺之一。传说宋元时期有筛海尊哇默定的第三子筛海撒那定在北京东城建立的清真寺。据传牛街清真寺墙壁上有一碑记（此碑今已不存）上说，次子筛海那速鲁定在牛街创建清真寺。这座东城寺可能即是今日东四牌楼寺的前身。另有一种推测，说元代北京回民很多，也可能在回民多和最热闹的东四牌楼建一座寺。同时元大都与明、清北京的主要街道位置没有什么改变。因此推测，这座在明代最著名的大寺有可能是在元代寺院基址上予以重建的。至于寺内现在诸建筑的年代，最早似难超过明代。寺内大殿后部有砖无梁殿一座，也是很古老的制度。至迟是明代建筑（图29-1~图29-4）。

图29-1 北京市东四牌楼清真寺砖殿（后窑殿）

图29-2 北京市东四牌楼清真寺后窑殿内部

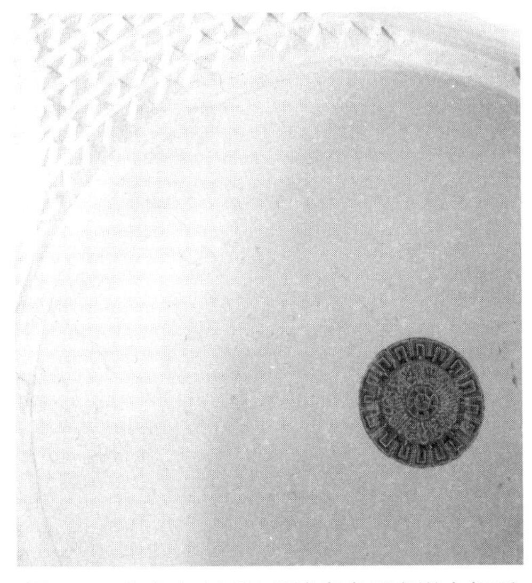

图29-3 北京市东四牌楼清真寺后窑殿内部顶

图29-4 北京市东四牌楼清真寺大殿内部

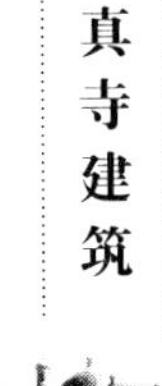

寺的规模比牛街清真寺为大，不过在民国时代拆建太甚。

寺原有大门是三间砖砌的封火墙式建筑，外面不露木材，与一般庙门制度相同。在大门左右有房门，以备平时出入。寺现在的大门制度略同于北京王府，是民国9年（1920年）改建的（图29-5）。

大门以内也添建了砖砌的西式厢房各一小间及六大间，房外面墙上全是砖砌柱墩等形成当时所谓的“洋式门面”。水房即在左（北）厢房，右厢房位置略向院中移动，所以五开间的二门只露出四门，同时院的中轴线也偏北。这院内砖墙耸立，显得很是封闭僵硬。

二门五间带前后廊。前廊部分亦用砖砌成西式门面，并带砖券门，强烈地流露出一种半殖民地时代建筑的典型风格。

在二门内还有一小院。院北端有房三间，通过这一小院即是原来的邦克楼分位。邦克楼是二层方形攒尖顶，它的铜宝顶直径约尺许，现存大殿前卷棚内。此楼也是明代建筑，不过楼早已拆毁。现在则改为横墙一道，上带漏明墙窗，中为垂花门，较原来有邦克楼的情调完全不同（图29-6）。

图29-5　北京市东四牌楼清真寺大门

图29-6　北京市东四牌楼清真寺二门

垂花门内的院庭，是礼拜殿的重要院庭，它的宽广、开敞是北京所有清真寺所不及的。

院左右各有厢房三小间及五大间，俱带前廊。北面五大间的做法值得注意的是，它的前廊雀替是蝉肚形，面上雕刻卷草也极为丰满、深厚有力，是相当好的明代雕刻，抱头梁相当窄小，与清式有显著不同。此五间厢房仍是明代建筑。其余建筑除礼拜殿外，均是清代或民国时的建筑。此院厢房是教长会议、讲堂等的用室。

院庭中二碑可能是明碑，字迹模糊，已无法阅读。

院庭中有些树木，略具园林之趣，不过稍感不够严肃、整饬。在二碑之间，原有一座六角形攒尖亭，中置明代香炉，为“香炉亭”，早已无存。

院庭正面即是寺的主要建筑礼拜殿。

在礼拜殿左右后三面有房甚多，主要是小学校用。小学校是统一回民儿童们思想的场所，在清代已是我国大清真寺内必备的设置。

在殿后面原是一大空场，是小学校的操场。西面有平房一排作教室。教室南侧又有厢房多间，是教员办公及休息的处所。室后隔一窄衖，又有教室多间，学校的规模相当大。

在殿南侧有一六间大小的洋式砖楼，很高大，也是近来新建的，作为图书资料室等用。它的形体与大殿极不相称，是两种绝然不同的建筑风格。

此外，还有许多房屋，或住人，或储藏。

在殿的后面西北隅，有一大礼堂式的新建筑，是少数民族的俱乐部及聚会的地方。

寺礼拜殿建筑，是我国很难得的明代伊斯兰教建筑。后窑殿是砖砌圆拱顶三，这是明代清真寺的特征（图29-7、图29-8）。

图29-7　北京市东四牌楼清真寺大殿局部

图29-8　北京市东四牌楼清真寺砖须弥座

30. 河北沧州清真寺

河北沧州是回民相当多的地方，有大小清真寺不下十数所。它们在布置上共同的特点是采用我国北方常用的四合院或三合院形式。礼拜殿平面的共同特点则是使用凸字形平面，仍然是前为卷棚、中为大殿、后为后窑殿三部合成，不过有大小之分。礼拜殿上部屋顶则是用勾连搭式。一般殿面阔为三五间数，至于大寺则不同。沧州有一名闻远近的大殿，相传为“九九八十一间”。1936年笔者前往调查看到的

情况是：大殿本身面阔七间、进深七间、前卷棚五间，后窑殿面阔为三间，进深三间，总共不过六七十间，由此可见所谓八十一间的说法，只不过是形容礼拜殿之大而已。

沧州大寺大殿较一般佛、道大殿雄伟之处，在于它那中部两个相当高大的勾连搭屋顶，及其后窑殿的三座并立的屋顶坡度非常陡峭的攒尖顶。它整个用青筒板瓦宂成，远看如山峰数座耸立。这组屋顶的庞大而多变的形体在沧州一带的古建筑中是压倒一切的。佛、道等教的五、七间的大殿，气魄根本无法与此殿相比。

大殿前庭不太开阔，只是左右讲堂各五间带前出廊而已，比起济南南北大寺的前庭较大些。它的水房置在二门以外，处理较好，寺未建邦克楼（图30-1）。

此殿建筑年代可能在清中叶。它的一切大小木作全很朴素，花纹很少，完全以大殿伟大的形体取胜。

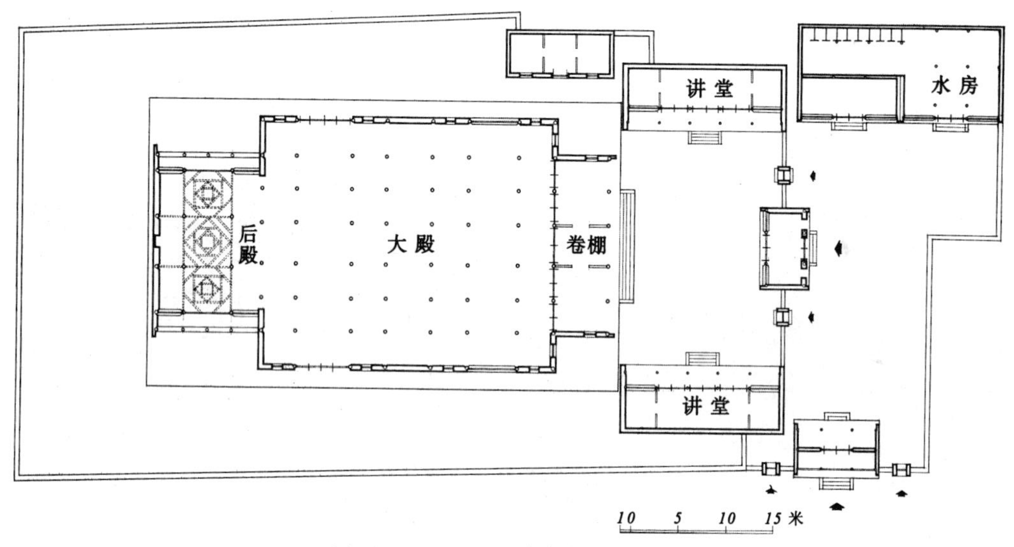

图30-1　河北沧州清真寺总平面图

31. 天津南大寺

自元、明以北京为首都发展海运以后，天津的地位日益重要，回民日多，明万历二年在金家窑运河岸曾修建一清真寺，以便教徒进行宗教活动。这是天津最早的寺，不过此寺很小，清代曾经重修。

从清代到民国，不断地添建新寺，扩大旧寺，最著名的有所谓五大寺，即大寺、南寺、北寺、西寺、杨村寺。此外，在穆家庄原有寺甚大，传为明代建筑，民国时曾予改建。

天津在清代鸦片战争后，因开商埠，日趋繁盛，人口迅速增多，穆斯林也随之增加，清真寺也在增多，而且新兴式样甚多。

此外，在清末民初，天津人口发展很快，建房用地不足，同时洋风甚炽，各地出现了一些带有商埠性的、洋化影响较重的建筑。宗教建筑也不例外，如渔场清真寺，是两层楼房，式样不中不西，人们在楼上做礼拜，楼下为水房、卧房、客厅等。这种新式寺院，在国内他处（如上海、南宁、宁夏等地）也有。它最大的好处是：节省地面，式样新奇，打破旧框框，楼上舒适干净，光线充足。

民国初年，天津还有一较大的寺院建筑，即天津东大寺。此寺也有大殿及三面回廊，围绕院庭。此大殿更多外国作风，主要也是因为使用了钢骨水泥结构材料，不过代表Dome的后窑殿顶，则是四角攒尖亭式顶，用水泥瓦，这也是一种新的建筑式样。

天津现存历史较早、工程精良、规模宏伟的寺，要算南北二大寺。北大寺（在小火巷）建筑较南大寺早百余年，为乾隆时建筑。用屋顶上起亭子代表Dome，是我国伊斯兰教建筑的特征。普通的小寺，则只在后窑殿上起一座亭子，较大的寺院则起三五座亭子，至于起八座亭子的极少见，有之则仅见于天津南大寺。屋顶上起了八座亭子，除了一望而知是伊斯兰教的主要建筑以外，并不如何美观，只是感到奇特而已（图31-1、图31-2）。

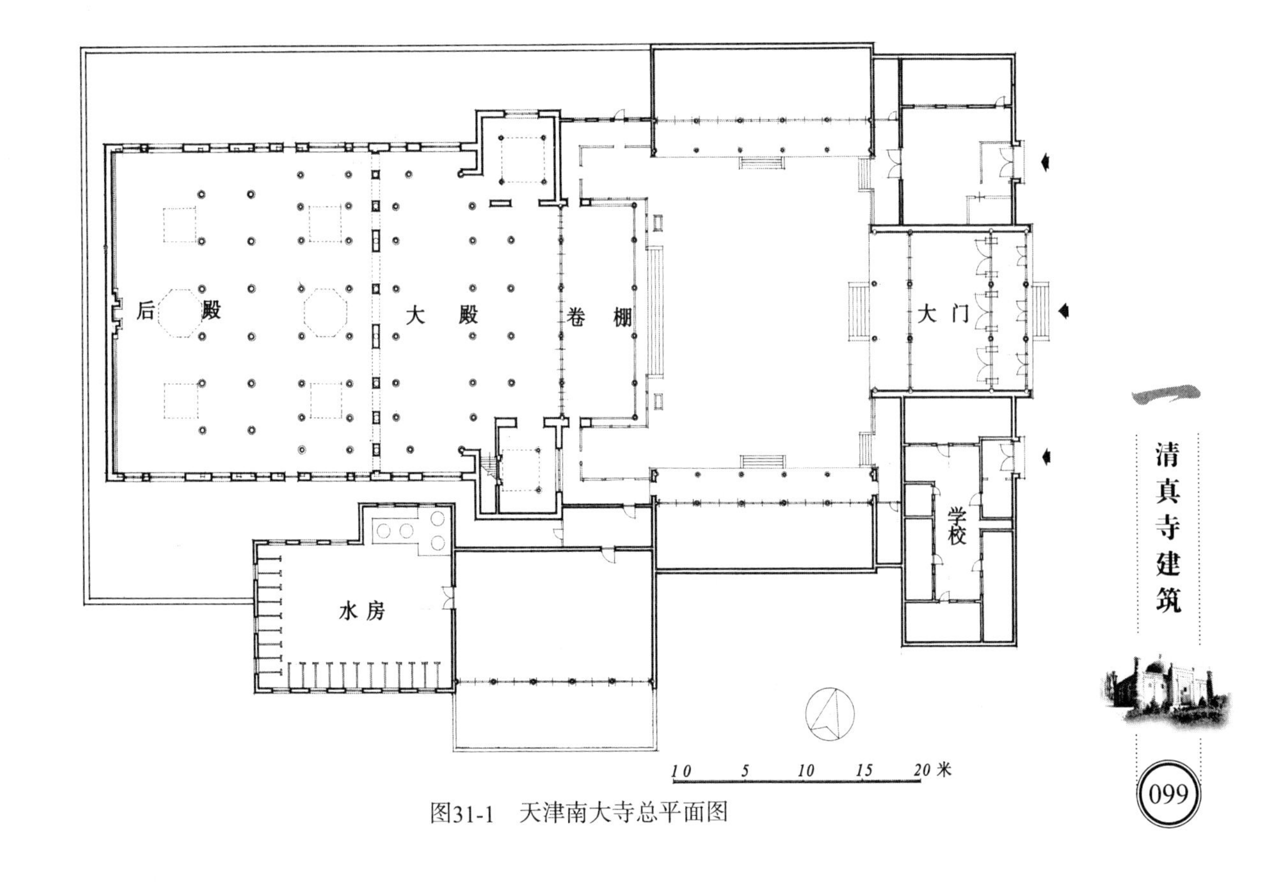

图31-1　天津南大寺总平面图

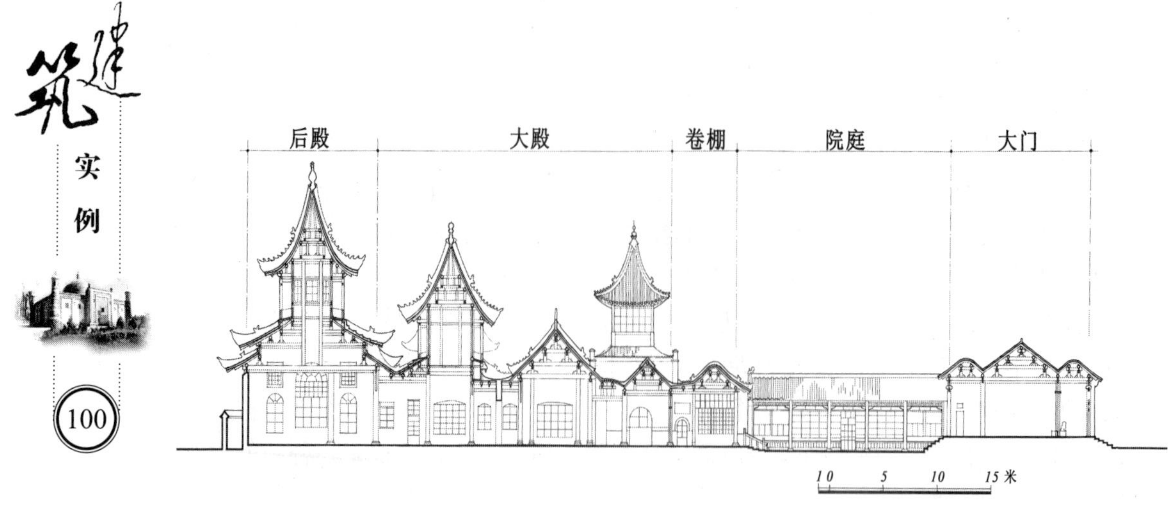

图31-2 天津南大寺总剖面图

该寺的建筑沿革，见道光二十五年（1845年）清真南大寺碑记：

"……又于邑之西门外，立为南大寺，道光二年，大殿初就；而十二年南讲堂成焉，二十三年北讲堂成焉。且于是年增修大殿前卷棚三间，两耳房五间；至二十四年，复修山门群墙，而功始竣。夫此寺创于道光壬午，成于道光甲辰，襄其事者，阖邑皆有力焉……夫北大寺立有教长，传教以来，百数十年之久。"

可见此寺是在道光二年至二十五年间建成的（另碑记，此寺是嘉庆三年创始的）。不过碑记有些与现状不符之处，即是卷棚三间及两耳房五间，可能记错，现在是卷棚五间，左右两厢讲堂各五间。

由以上记载可知，显然北大寺是总寺，而南大寺是在道光时新建的。就是说，在第一次鸦片战争及太平天国起义浪潮中，南方各省水深火热，作反清的殊死战斗，而天津则商业兴盛、经济繁荣，穆斯林有突出发展，并建成这样壮丽的大寺。

此寺在建筑艺术表现上突破以前的成规，建成了大殿顶带八座亭子的史无前例的式样，北大寺是乾隆时建的大殿，后部只有五个亭顶。到了道光年间建筑南大寺时，为了显出伊斯兰教建筑的伟大气势，南大寺在大殿上建了八座亭顶。最后正中的亭顶举折的陡峻，是我国建筑史上前所未见的。而八座亭式顶聚于一殿之上，也是国内所独具的。它与周围民宅，一座座平顶小四合院（图31-3、图31-4）相比较，可显出它的崇峻而神秘的宗教气氛。在当时大小木作砖瓦灰石结构的技术条件下，为伊斯兰教服务的建筑能做到这样成功，颇难能可贵。大殿上屋顶既多，所以大殿两山墙即用砖墙直上，更不用周围廊，因此感到大殿建筑更为崇峻。在大殿的后部及侧面，有的地方利用砖墙及山墙一二步架的压低，做成三重檐式，也是一种很巧妙的做法，手法甚为灵活（图31-5）。

总之，此寺大殿，因为殿身广而深，以及尖亭顶之多，突然予人以森严可畏、新奇怪异的感觉。倒不如北寺之廊厦曲折，大殿亭顶较少（仅五座）而又集中可爱（图31-6~图31-9）。

此寺大门两侧之旁门，门头上有雕砖，雕着天津著名的五座大寺。门过梁上刻着

图31-3　天津南大寺屋顶（一）

图31-4　天津南大寺屋顶（二）

图31-5　天津南大寺大殿屋顶

图31-6　天津北大寺大殿一角

图31-7　天津北大寺院门

图31-8　天津北大寺大殿屋顶

图31-9　天津北大寺大殿内亭顶结构

花卉，刻工甚精，不愧天津雕砖技术之远近驰名（图31-10、图31-11）。

大殿内在圣龛两侧，使用格扇（如屏风）作装饰，此种办法不见于其他宗教建筑，但时常见之于伊斯兰教建筑。它也是室内一种较好的装饰，费用少而效果好。在格扇的裙板、绦环板等处，如小木雕刻，使用一种介于夔龙、汉文之间的纹样，也是非常精丽罕见的作品。不过格扇与西式玻璃窗户排在一起，显得窗户过于粗糙，不甚谐和（图31-12~图31-15）。

图31-10　天津南大寺大门一角

图31-11　天津南大寺侧门

图31-12　天津南大寺大殿内景

图31-13　天津南大寺大殿内讲经台

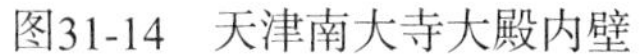

图31-14　天津南大寺大殿内壁

图31-15　天津南大寺大殿内仰视

32. 河北定县清真寺

定县从很早以来，就是我国的重要城市之一，古建筑遗存很多，如北宋料敌塔，是国内最高的砖塔，其他古代建筑也不少。在城西有一座古老的清真寺，是元代重建的，到现在，它的后窑殿内，仍然保留一部分元代砖结构，也可以说是我国现存最早的砖无梁殿或半圆拱顶结构之一例（图32-1）。

在大殿前，有元碑及明碑各一，记载着寺的建置经过，相当详细。不过元碑显然是与明碑同时刻的。这可能是明代在重修清真寺时旧元碑已剥蚀，予以重刻。碑阴上有许多元代的职官姓名，也是较重要的史料。

元至正八年（1348年），重建礼拜寺碑记载：

“大元至正三年（1343年），普公奉……统领中山兵马，甫一禩……时天下晏然……左右对以回族之人遍天下，而此地尤多，朝夕亦不废礼，但府第之兑隅，有古刹寺一座，□□□三间，名为礼拜寺，乃教众朝夕拜天祝延圣寿之所，其创建不知昉于何时，而今规模狭隘，势难多容众，欲有以广之，而力弗逮者数十年，……于是，鸠工庀材，大其规制，作之二年，大殿始成。但见画栋、雕梁、朱扉、华彩，有不可以语言形容者……”。

由碑上可以断定元至正时，定县的回民是很多的。他们聚居在定县城西门外，此地原来有一座古寺，已不敷应用，所以加以扩充，共用了两年时间，才将大殿建成。大殿有画栋、雕梁、朱扉、华彩，显然是我国的木结构制度了。

到了明正德十六年（1521年），又一次较大规模地重修，据正德十六年碑记谓：

“定城之西有礼拜寺在焉，盖元至正戊子普公之所重建也，迄今殆百五十年于兹矣……弘治间，有武平伯陈公勳者……道经定州，诣寺拜谒，始见其制之巍峨而

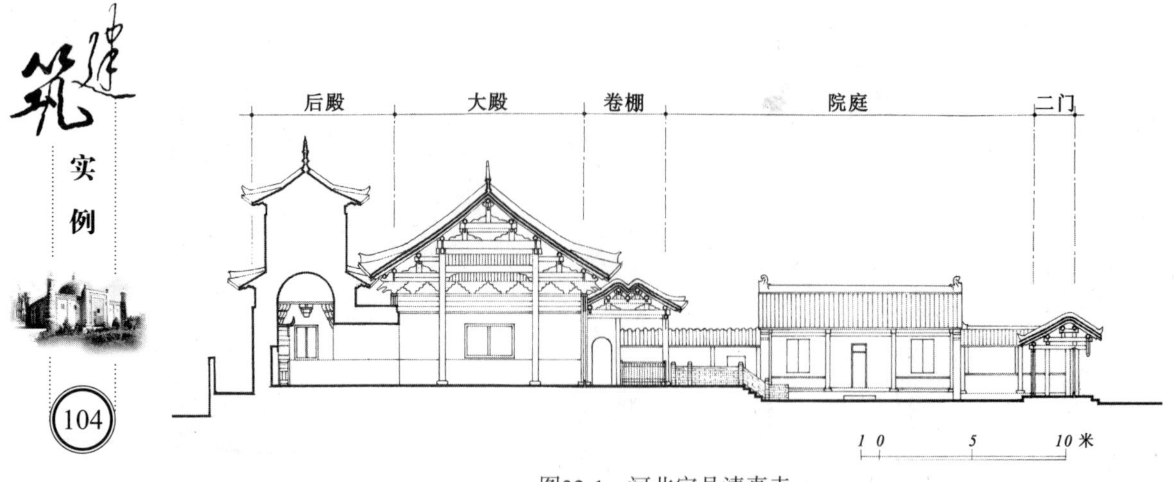

图32-1 河北定县清真寺

喜其足以有容也。继见其殿之孤立而悲其无以为副也……明年正宇既新，而前厦、后室、堂陛、两庑、仪门、门道，以次而毕，复植柏于院之内外，以广其荫，凿井于殿之巽隅……正德间……且额之，乃题其匾曰清真礼拜寺……”。

这次重修，仅是在原来建筑上予以见新，至于“前厦后室，堂阶两庑（按即左右讲堂）仪门”等是否为添建，语义含糊，可能有新添的，也可能有修葺重新的。

清代及民国也不断地翻改添建。民国时期创小学校于寺北部。民国24年（1935年），清真寺办回民初级小学校碑记：

“……借寺北隙地，施筑教室，北房五间，前后皆窗户畅……又继筑职教宿舍，北房三间计费洋千余元之谱。”

整个寺的布置，仍是中国传统的四合院制度。这种制度至迟是明正德时建成的，因为，明碑有“继见其殿之孤立而悲其无以为副也……”所以，元代此寺尚无四合院的布置。

大殿之间，庑殿顶斗栱五踩重昂，大多是经过清代重修的。大殿的后窑殿内部，则是元代的半圆拱顶的元梁殿砖结构，是国内砖无梁殿已知最早的实例之一，是研究我国技术发展史的绝好材料。广州宛嘎素墓的砖半圆拱顶可能是唐代建筑，不过未有斗栱。今此圆顶结构，则是已经使用砖斗栱。斗栱出三挑，偷心。材大小与料敌塔同，不过出挑短些，栱头已无卷杀，而是琢磨圆滑（料敌塔栱头卷杀很清楚）。在补间处使用斗栱一朵，两材未出挑，只是在斗栱以上即是砖砌半圆拱顶。此外，由内部砖墙的尺寸及砌法上，也可以看出，至少是元代建筑，如①使用大砖（寺内他处无此砖），②砖缝是黄土灰浆，而不用石灰浆，是一很老的做法。所以这后窑殿砖壁，整个是元代的原物，是没大问题的。不过，后来经明清重修时，将外墙及上部的屋顶予以重砌。所以此后窑殿外面是明、清时的建筑，而内部则是元代的建筑（图32-2~图32-4）。

后窑殿的面墙上，用木做成圣龛。这圣龛的图案，非常精美富丽。它的主要色调是红地金花、金字，下为栏杆，上为垂柱及斗栱门罩。圣龛最中心部分是“圆光”形，另加九个小圆光状物，拱卫周绕。特别是在龛侧面的板壁上的图案，更为

图32-2　河北定县清真寺大殿后部外观

图32-3　河北定县清真寺大殿斗栱

图32-4　河北定县清真寺后窑殿内砖斗栱

少见。阿拉伯文与花朵，互相交织，使整个圣龛更为灿烂可观。这种圣龛艺术装饰，是地道的民族化了的伊斯兰教建筑艺术，为国内其他建筑艺术中所无。它属于阿拉伯部分的是：位置在西墙上；圣龛周围用⿵纹；以及用阿拉伯文作装饰等。而属于我国传统的则是：栏杆及下部装饰；上部的垂柱及斗栱门罩（亦即宋《营造法式》所谓“佛道帐”）；传统色彩红地金花；中国的施工技术及材料（小木作）。简单地说，技术是中国的，艺术是中外合璧的，而原则是伊斯兰教的，此种圣龛形制是明代形成的（图32-5~图32-8）。

图32-5　河北定县清真寺大殿圣龛（一）

图32-6　河北定县清真寺大殿圣龛（二）

图32-7　河北定县清真寺内圣龛局部

图32-8　河北定县清真寺大殿内景

33. 河北宣化县清真寺

宣化有寺四座（北面三座、关内一座），其中以北寺大殿建筑最为特殊。

宣化最早建寺是在明永乐初年，上寺现已无存。不过有许多碑已移至南寺内，由现存明碑，知明寺的布局，已是大殿、左右讲堂、邦克楼等的四合院布置。如嘉靖二年（1523年）重修礼拜寺记谓：

"……永乐间，教人丁刚、丁贵、田闪宗、丁源……建西殿三，左右庑各三，山门一、楼一、碑井亭二……迨及正德己卯，寺九百余年，岁月侵久，寺貌倾颓，风雨不蔽。其教人田实闪文旻钞金……彻其旧而新之。金碧交辉，黝垩丹漆，恢弘于昔……”

又如万历二十六年（1598年）清真寺重修记：

“……即其故址，增其式廓，建中殿五间，左右翼以回廊各三间，省心有楼以居东，碑井有亭居南北。其外则缭以周垣，树以重门，制度精工，金碧辉煌，宏藻静丽，高明轩豁，视旧制有加大焉……”

以上两条材料对于明代清真寺建筑常用的规模制度，有较清晰的描绘。也看出了宣化明代清真寺已达到了完全成熟的伊斯兰教自己的形制。它既不是外国的，也不是中国一般的建筑。

寺较大的发展则在万历年间，此明寺在清道光年间迁至庙底街（即今之南寺），旧址无存。现存北寺建筑最为特殊，为他处少见。

它的建筑年代是康熙六十一年（1722年）。据南寺藏咸丰四年移建清真寺碑记谓：

“……于皇清康熙之六十一载复建北清真寺于坎地……”

此后寺在咸丰、同治年间也时加作葺。据同治五年重修清真寺碑记：

“郡城清远楼北，建有清真寺，多历年所。正殿房舍四围墙垣日形颓靡……岁在庚申（1860年）修葺大殿前南厢舍三楹，南配舍二楹，东游廊四楹，工费不继，遂而中止……乙丑（1865年）修建本寺北厢舍三楹，北配房二楹，户墉糟朽，庀材新之，埇道敝坏，取石甃之，阶平茅次，悉薙除之，周墉剥落，实涂塈之。丙寅移庖厨于殿角之北。下则续檐二间，改旧厨为住屋……”

总的看来，大殿部分仍是清初的建筑，不过殿前屋舍多是同治以后修建的（图33-1）。

此寺最显著的特点，是院庭较小，但大殿特大。人立院中，无法看到大殿的建筑全貌，只是到大殿内才有豁然开朗的感觉。这也是艺术上很成功的地方。

礼拜殿不但大，并且它与一般建筑的布置很不相同。它在平面上也是由三部分合成，即前为卷棚、中为大殿、后为后殿，这三部分构成了十字形平面，而大殿特别浅宽。这种大殿呈浅而宽的比例，在新疆等处是比较常见的。但是此殿则是结合了我国很古以来就有的三殿并列的制度建成的，仅是大殿内部打成一片，成一整体而已。这种平面成功的原因是因为伊斯兰教不拜偶像，只要做礼拜的人面向西方即可。因此有的信仰伊斯兰教的群众，根本不建寺院，也照常礼拜（当然在多雨的地方，是不能露天礼拜的）。既然没有建筑物都可以做礼拜，那么更不必论建筑的是否三殿并列或长、狭、圆、方了。

此礼拜殿的后殿比较特别。它是在卷棚顶上又加建了方形重楼式的建筑，这也说明伊斯兰教建筑的变化多端。

此外，水房、阿訇住宅等布置在另外一个跨院内与寺中部隔绝，也是一种好办法（图33-2、图33-3）。

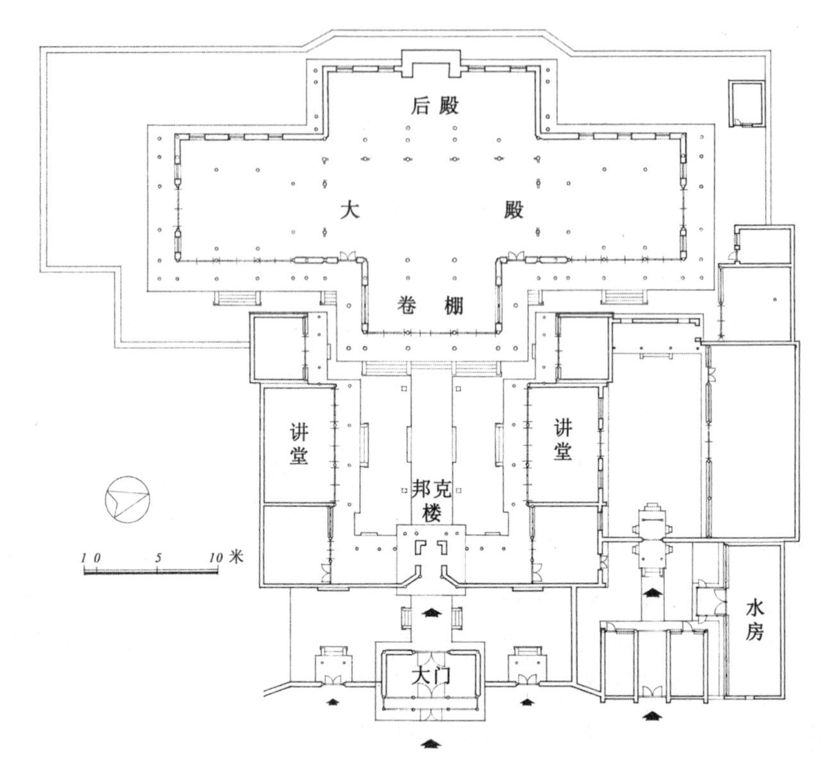

图33-1　河北宣化县清真北寺总平面图

图33-2　河北宣化县清真北寺全景

图33-3　河北宣化县清真北寺大殿后窑殿右侧景

34. 内蒙古呼和浩特市清真寺

呼和浩特市的清真寺共有七处，其中以旧城北门外的建筑规模最大，起源也最早。

清初，新疆和内蒙古互市的地点，清延指定在呼和浩特及张家口，当时新疆来内蒙古的商队有许多是伊斯兰教徒。

康熙三十二年（1693年）因为用兵平息噶尔丹所制造的分裂战乱，曾下令遣送伊斯兰教徒还乡，有些愿意留下来的即集中居留在呼和浩特。此后不久，即有清真寺的建筑。而雍正年间又行重修。这座清真寺即是今天清真寺的前身。到乾隆二十年（1755年），新疆伊斯兰教徒数千人随清军来呼和浩特，住城南八拜村。在乾隆五十四年（1789年）他们又开始迁入呼和浩特旧城一带散居，时人口更多，遂又扩大重修了清真大寺。到太平天国革命时期，陕甘地区的回民因为逃避当地封建统治者们的镇压迫害，迁移到呼和浩特一带的不少，于是清真寺的建筑也有所增加。现在此寺的建筑则是民国12年（1923年）又行重建的（参考呼和浩特市文物古迹展览）（图34-1）。

据民国14年（1925年）重修绥远清真大寺碑记记载：

“……溯我绥远之有清真寺也，创自前清乾隆五十四年，维时穆斯林只数百家，亦非土著，多来自区东区西之外省。寺内大殿以及南北讲堂，规模湫隘，人数与地势为正比例，亦觉敷用。近则交通便利，生齿日繁，每逢年会，人满为患。小寺扩充，现有六所。以我教民户计已达两千之多，较昔增十倍矣……民国十二年后，鸠工庀材，大兴土木，迄十四年秋乃告成。计重修大殿，起高五尺，加大七间，南北讲堂展后二丈七尺，起高二尺，寺院展大数丈。一切设施，木石雕琢、丹雘彩绩、备极灿烂，洋洋乎洵九边之大观……”

此后，又添建了对厅、水房、望月楼等建筑。

望月楼是民国30年（1941年）建的，位置不正对大殿，而是移在殿前南侧，与广州怀圣寺的光塔、吐鲁番苏公塔等位置相近。而高度（高30.3米）比例也很相似，不过平面不是圆形而是六角形。材料只是下四层用砖，最上第五层用木构亭式顶。显然在用料及分层次的做法上是与光塔及苏公塔大不相同的。它的孤高峭拔也很具民族特征，与青海西宁大寺的邦克楼作风一致（图34-2）。

此楼不叫邦克楼而叫望月楼，在功能使用上，显然“邦克”似居于次要地位了。

大殿是面阔五间的窄深形，共分为四个勾连搭的屋顶，最前的卷棚上有两座六角攒尖式的亭子顶。第二卷棚上则是起了一座八角形亭子顶。第三大殿顶是一较为高大的八角形亭子顶（图34-3、图34-4）。在屋顶上起亭子表示Dome，但又有亭台楼阁、层楼叠起的感觉。所以大殿上使用亭子顶遂成了伊斯兰教建筑的特征之一。许多礼拜殿屋顶上都有亭子顶，而呼和浩特市的清真寺大殿是亭子顶较多的一个。它也给寺的外观增加了堂皇气氛。显示出宗教建筑比民宅建筑远为高大华丽。

大殿另一可注意之处即是它的正立面用砖墙砌了三个圆洞门，以及条形柱状的山花，显然，这是民国时崇洋风气的影响，使建筑也带上了半殖民地的色彩。但在当时这种建筑都表示了“新颖”、“进步”，打破了陈腐旧俗。

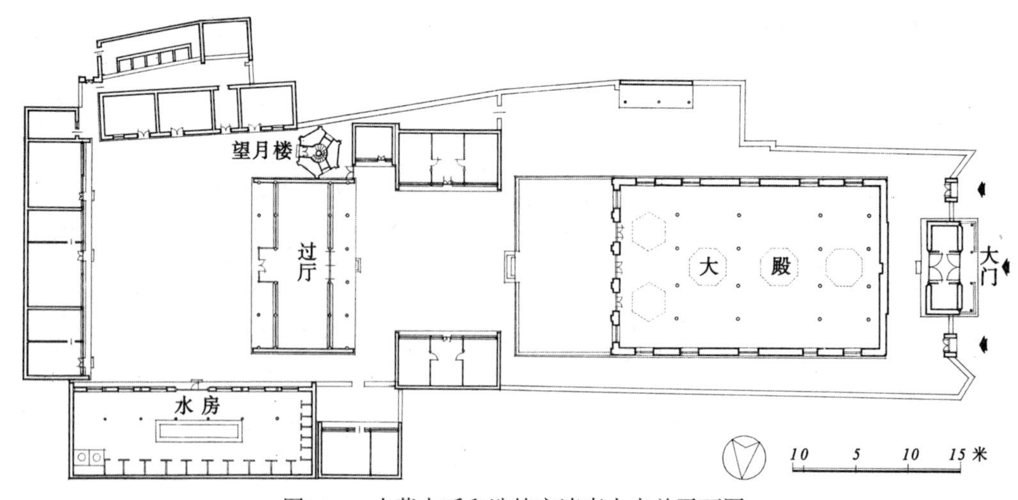

图34-1　内蒙古呼和浩特市清真大寺总平面图

图34-2　内蒙古呼和浩特市清真大寺鸟瞰

图34-4　内蒙古呼和浩特市清真大寺大殿后部屋顶亭子

图34-3　内蒙古呼和浩特市清真大寺望月楼

新中国成立后，人民政府曾拨款将该寺补修彩画，作为穆斯林的礼拜场所，并作为国家文物古迹而予以保护。

35. 辽宁沈阳市南清真寺

沈阳清真寺建筑年代最早的是南清真寺，康熙时创建并经历代重修。到乾隆、嘉庆时，因回民日多，所以又建北寺及东寺。在日本侵占东北时，又曾添建一座“文化清真寺”。

南清真寺规模甚大，它也是我国东北现存历史最久远的一座建筑。此寺布置很是整齐，有内外院及内外左右厢房作为讲堂、客厅等用。大殿五间勾连搭带卷棚及六角形（宽为二开间）三层楼的后窑殿一所，水房则建在大殿后院左侧。

大殿不作凸字形，而是前部卷棚较小（为三间）。后窑殿作六角形，是伊斯兰教建筑的特点之一（东北诸寺大殿平面亦为长方形、凸凹字形、十字形以及带六角形后窑殿等形式）。

此后窑殿圣龛形制甚为少见，是一纯地方色彩的民族形式的大神牌制度，此种形制表现了人们敢于打破旧框框的大胆创造精神。就是神圣的宗教圣龛，也可以不拘泥于陈旧成法，这种精神是很可取的。

附注：这部分材料，笔者参考村田治郎的《满洲回教寺建筑史研究》。

36. 山西太原市清真寺

太原市大南门街清真寺，是太原最重要、最久远的清真寺。寺虽然不大，但是大殿的彩画、圣龛以及殿前小院庭的处理，二门外大院庭内的邦克楼及左右碑亭的密集……都显示了伊斯兰教建筑的特点。

更觉此寺特殊的是它的位置在大南门街的街东，而大殿又须向东背西地布置。在大殿后墙后与大街之间又要留出一些临街铺房，而大门又须在寺背后的临街处。大门既在寺后，所以到大殿也正好做成了“曲折通幽”、门巷众多的形制，并使人感到寺的深奥幽邃。如进大门，门前有大牌楼临街，大门后又有二门，二门后又有一转折，经过一道大殿前的旁门，进入小院庭，然后再折入大殿。这很说明一种趋势，即如何在市廛之中争取幽静的环境。也是与佛、道等教的不同之处。佛、道教寺院如在此寺所处位置，一定仍用由大门直通大殿前庭的办法，不需如此曲曲折折的处理，也即是说佛、道教建筑，在城市里注意开放，令人注目，而伊斯兰教寺院，则不甚注意此点（图36-1）。

大殿由三部分组成，即前为卷棚、中为大殿、后为窑殿。三种屋顶做成勾连搭式，但在平面上看过去仍为一殿。殿整个用木结构，但是却表现了阿拉伯式的砖拱作风，特别是在大殿与后窑殿接缝处用木制小券。宣教台及圣龛的制度，也是阿拉伯作风，不过又加以中国化了。如圣龛上作木牌楼式罩，圣龛下加须弥座，柱上用转枝莲加阿拉伯文的圆光纹样等。总之，这种民族化的过程主要是因为材料及技术不同所引起的，当然与民族的欣赏习惯也很有关系。如果寺的建筑也同外国一样地使用砖石结构，以及石膏石灰等装饰花纹，则民族化的形式就不会有这样强烈。但是，使用牌楼式的门罩，须弥座栏杆以及转枝莲、卷草等纹都显然是我国长期以来在花饰上所喜见乐闻的制度，是不会被轻易放弃使用的（图36-2~图36-4）。

礼拜殿结构未用斗栱，形制古朴，木料也很粗壮齐整，不用镶拼。梁上彩画也不用“披麻捉灰”，而是将彩画直接画在木面上。彩画枋心特长，在枋心上，用许多花朵排成一列很富于装饰趣味的图案，与一般清官式彩画不同。

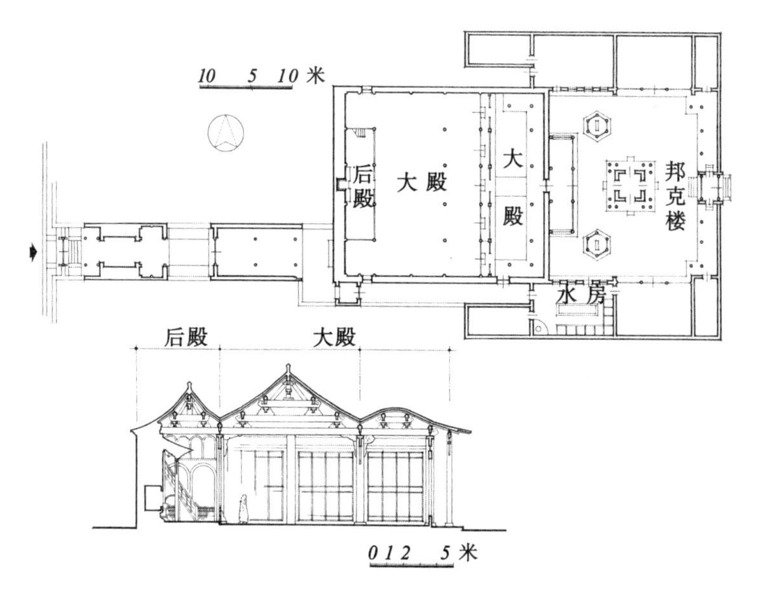

图36-1 山西太原市清真寺总平面图

图36-2 山西太原市大南门街清真寺礼拜堂

图36-3 山西太原市大南门街清真寺礼拜堂内部

在大殿前小院，走廊砖墙的外院有水房、讲堂、阿訇住宅、走廊等。在院正中不大的地方，却布置了一座方形两层的邦克楼及左右六角形的碑亭各一座，它充分显示了“勾心斗角”的中国木结构的特点，不过，毕竟因为院庭不大，显得有些拥挤。

图36-4 山西太原市大南门街清真寺礼拜堂正面

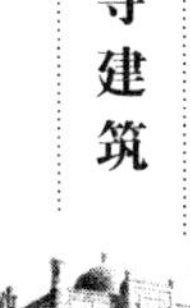

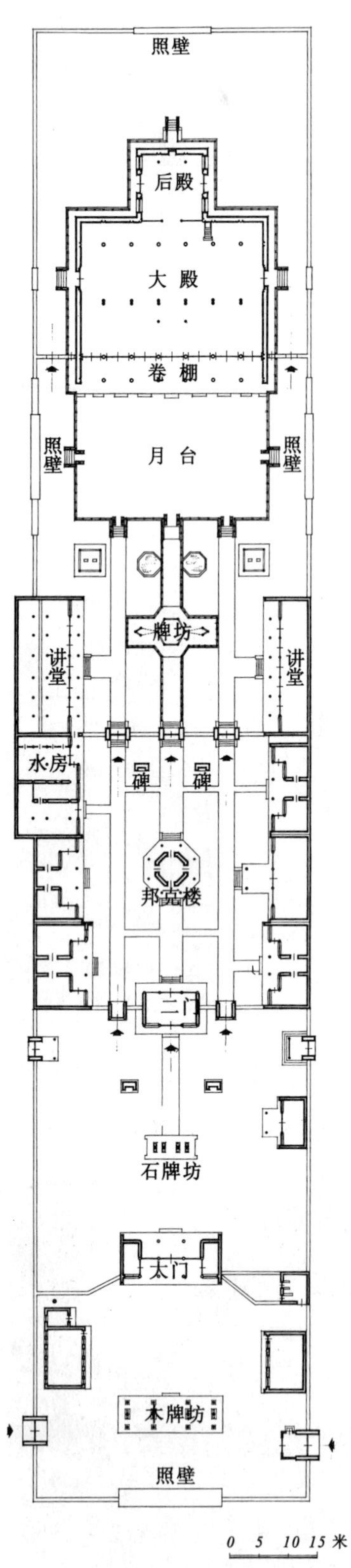

图37-1 陕西西安市华觉巷清真寺总平面图

37. 陕西西安市华觉巷清真寺

明初洪武年间，全国修建了两座著名的大清真寺：一在南京三山街铜作坊；一在西安华觉巷（即长安县子午巷，因此巷正对终南山子午谷，所以叫子午巷）。明初，南京与西安是全国最重要的城市，也是回民集中的城市，所以建筑了宏伟壮丽的清真寺。南京三山街净觉寺建筑见另述。现在将西安华觉巷清真寺略予介绍。这座建筑比起南京三山街清真寺保留明代的规模要更为完整，它的平面布置大体上仍保存明代的制度，虽然有些建筑已为清代重建（图37-1）。

华觉巷清真寺也叫东大寺，它的平面规模及长度是全国最大最长的。寺的沿革可以追溯到唐代。据陈垣同志考证，此寺现存唐王铁修建清真寺碑，是明代伪造的。但该处在唐时原有寺，后来将寺改建为清真寺是可能的。《西安府志》载：

“清真寺（贾志）在县东北，明洪武十七年，尚书铁铉修，永乐十一年太监郑和重修。”

而寺内现存明碑则有不同的记载：

“洪武二十五年三月十四日，咸阳王赛典赤七代孙赛哈智赴内府宣谕，当日于奉天门，奉圣旨，每户赏钞五十锭，棉布二百疋，与回民每分作二处盖造礼拜寺二座，南京三山街铜作坊一座，陕西承宣布政司西安府长安县子午巷一座，如有寺院倒塌，许重修，不许阻滞与他住座，凭往来府州县布政司买卖，如遇关津渡口，不许阻滞，钦此钦遵。永乐三年二月初四日立石。”

按照这段记载，此寺是在洪武二十五年（1392年）三月以后修建的，此碑无永乐三年（1405年）重修字样，则府志所谓永乐十一年（1413年）太监郑和又加以重修，是有可能的，现在的大门内，明代石坊则是明中叶成化（1465~1487年）或嘉靖（1522~1566年）时的建筑。二门也是明代建筑，至于省心楼（即邦克楼或望月楼），也可能是明代建筑。大殿是经过清代重修的。但是斗栱等物不似北京清官式做法。斗栱甚大，而且每间只用两攒，所以很有可能也是明代旧物，而清初（康熙1662~1722年）予以大规模重修。大殿梁架结构与二门的很不相同。但是，后窑殿不是用砖砌的无梁殿，而是仍然使用木结构，是一可注意的地方，可能后窑殿也是经过清代改建的。

此寺，大体上尚仍保存明代规模，大门有门前木牌楼等是清代建的，其他的教长室、浴室等也都是后来重修之物。

它在建筑上的特点很多，平面是在一极为窄长的地形上布置的。最主要的建筑只是一座大殿，所以要使其丰富多彩、不单调、不呆板，是一件很不容易的事情。它是利用了大门、二门、三门、木石牌坊、水池以及省心楼等，使整个建筑形成许多起伏变化。平面主要分为前、中、后三部分，而以省心楼后的三道砖门及砖照壁式的砖墙为隔断。

三座门以后是大殿，为全寺最主要的部分。它在最主要的祈祷日，须能容纳全西安的伊斯兰教徒众，在此集中礼拜。如果大殿容纳不下，即须在月台上礼拜。

它的前部是外院，是办公、待客、水房及省心楼等处理社会关系的地方。而省心楼居全院正中，为八方两层三重檐带斗栱的亭状结构，很是庄严华丽，使人感到寺的气氛不凡（图37-2）。

在这部分之前又有两部分，即：①最外院有左右侧门大砖照壁、左右房及院正中的木牌坊（或称牌楼）。此木牌楼是清初的建筑，可能在明代此院处是一片空地。②外院即是在大门和二门之间方正的院庭。它中间的一座三间四柱石牌坊是明代的制作，简朴大方。

前面三段院落以省心楼为重点。省心楼只高二层，是否有邦克楼的作用，尚未可知，左右厢房为办公、水房、阿訇住宅等。

在大殿月台之前，加建了一座极其华美玲珑的木牌楼，在牌楼之后，又有左右小水池及左右碑亭（图37-3）。

图37-2　陕西西安市华觉巷清真寺省心楼

图37-3　陕西西安市华觉巷清真寺牌楼

这座牌楼及左右碑亭，使大殿前增加了很多点缀。在大殿的左右山墙的前段，又有两堵墙使山墙及大殿后部隔成一个后院。如此大门、二门、三门及大殿山墙前的左右墙，便将这段窄长的地面分隔成了五个院子，而以后院最为隐蔽。

从全国的礼拜殿看，此大殿并不是若何巨大，它仅仅是一座七开间歇山单檐，前后勾连搭，并带后窑殿，以及檐下带出两挑重昂斗栱。它平面作凸字形，是一般伊斯兰教大殿最常用的。一般大殿前也多带有月台，是为了一时礼拜的人多，可以在月台上做礼拜。此大殿月台比一般常见的都大，可能因为礼拜的人太多，所以做特大月台。在月台周围绕以雕石栏杆，并立棂星门五道（正面三道，左右各一道），使月台更与其他部分区分开来。在月台左右两侧墙上，做大照壁墙，互相照应，因此显得月台特别威严有势（图37-4、图37-5）。

图37-4　陕西西安市华觉巷清真寺礼拜殿

图37-5　陕西西安市华觉巷清真寺礼拜殿前月台

大殿值得注意的是：①内部使用天花板而不是像一般伊斯兰教大殿用“彻上露明造”。它予人以极为舒适而安静的感觉。②天花板及梁枋斗栱彩画，使用各种不同花纹做成团窠，大梁下的包袱内也使用团花点成一排。此种图案较为少见，很富于装饰性（图37-6、图37-7）。③因为上部使用天花板，并有很精美的彩画，地面用木板铺得很整齐，斗栱制作又很精细，而天花的净高度又甚合适，同时殿内光线又微弱柔和，这几点使人感到殿内非常宁静舒适，这是大殿建筑的成功之处。笔者看到了很多的清真寺，以此最为舒适精洁，而又宏伟庄严。殿内高度及宽度、深度的比例关系，是很值得注意的。④大殿后窑殿制作得最为精丽。墙壁整个用木板镶成，并利用金柱做成门罩、垂柱等物，使圣龛部分更为壮丽。在所有的木面上，全有瑰伟有力的浅雕。因为伊斯兰教礼拜殿内部，不许用动物纹作装饰，所以整个壁上布满了瑰丽茁壮的植物花朵。在其他寺的雕砖上也常有此种图案。它那壮丽气氛，为我国图案花饰开拓了一个方向。不用动物作装饰使寺内图案雕刻有了局限性，但同时也发展了植物及几何纹样和文字作装饰的局面，因而促成了伊斯兰教建筑图案的特色（图37-8、图37-9）。柱上用沥粉贴金，柱脚下用花栏围护。整个墙面的色调是蓝色。⑤殿内悬挂了许多简素的方形玻璃挂灯，很是落落大方。⑥中明间与梢次间尺寸相同，这种现象也见于他处的清真寺大殿，而不见于其他各种建筑，这也是其特点之一。但不是好的特点。

总之，这座大殿的建筑在当时的条件及技术水平之下，能做到如此成功，是值得深入研究的。此外，寺内大量使用了砖照壁墙，如在大门、三门、月台两侧以及大殿后部墙上等处，全发挥了照壁在装饰上的优越性。喜欢使用砖照壁，这又是回族伊斯兰教建筑的特点之一。

通过此寺的建筑，我们看出当时的匠人们是用了很大的心血的。

不过有些地方也令人感到不甚满意，如最外院牌楼，太铺张华丽。同时，整个寺

图37-6　陕西西安市华觉巷清真寺内部

图37-7　陕西西安市华觉巷清真寺大殿顶棚

图37-8　陕西西安市华觉巷清真寺大殿内景（一）

图37-9　陕西西安市华觉巷清真寺大殿内景（二）

内有木枋两道、石枋一道、棂星门（也是一种牌坊）五道，令人感到牌坊太多，太重复。不过，门枋的增多，在我国古代确是对建筑物尊贵的一种表示。此寺共经九道门坊，才达到大殿，也就是这个道理。同时，门庭多则可以有院落重重、深远无尽的感觉，这是地道的我国建筑传统。院落重重确能增加建筑物的宏伟丰富感觉。也是为了有意避免重复，各坊式样又各不相同，各有各的特殊作风。特别是三座门以内的牌坊中用六角形，两侧用三柱支承屋顶，后为水池，这种牌坊（稍带有园林趣味）是我国古建筑的牌坊中所少见的孤例。此寺的牌坊，再加上南京净觉寺的明代砖牌坊，可谓集牌坊之大成，也可以看出伊斯兰教建筑之喜欢使用牌坊（图37-10~图37-12）。

图37-10　陕西西安市华觉巷清真寺第三进院入口

图37-11　陕西西安市华觉巷清真寺牌坊

图37-12　陕西西安市华觉巷清真寺礼拜殿月台侧墙

38. 宁夏石嘴山市清真寺

宁夏回族人口很多，清真寺更是不少。如隆德县即有清真寺八十多座，不过因为在封建社会，清代回民屡次起义，寺被清代统治者们破坏的也很多。同时，宁夏地震频繁，在民国年间，宁夏大地震，许多寺被震坏，许多用砖砌的厚墙邦克楼、圆拱顶等，常有破损及开裂之处，反而木结构的邦克楼、塔楼等，倒比较容易延长寿命。

现存诸寺，以韦州清真寺较大较古，其他的以清末及民国年间建筑的较多。民国年间许多寺已趋于洋化，多用砖砌左右邦克楼，砖承重墙、砖圆拱顶等。如同心乡间即有一寺，为四方形正中起圆拱顶，但同部仍用木构架。

在木结构的建筑中，石嘴山寺礼拜殿可以说是发展到了顶峰。这寺是清末民初所建，有礼拜殿、讲堂、水房、阿訇住房等，它的平面布置仍然是四合院制度。大殿做成狭深的长方形。它的屋檐是愈后愈多。最前是单檐卷棚。第一重大殿则是单檐歇山顶。第二重大殿则是重檐歇山顶。到了后窑殿则是三重檐的十字脊及攒尖顶，而且是三座窑殿并列着。这些殿是连成一体建成的，并用斗栱及周围廊的制度。这样一来，礼拜殿的外貌就更是玲珑华丽，达到了木结构的发展顶峰了。笔者看了许多我国木结构建筑，要算此寺大殿为最玲珑，但过分的玲珑也会令人反感，

这也说明了我国木结构建筑到近代发展的状态（图38-1~图38-3）。

后窑殿建筑成功之处，是它不过是三大间的建筑，但是看过来却是相当华丽伟大。如果用他种建筑材料时，就不易有此效果了（图38-4、图38-5）。此后窑殿可能兼望月楼的功用。

后窑殿为民国13年（1924年）建。大殿为1888年建。

大殿内部极为简素，用“彻上露明造”，不施彩画，与外部华丽的外观正相反。整个礼拜殿是经过多次扩建的。殿内有民国元年及20年匾额，系英商洋行等赠送的。匾上刻有英商洋行驻石嘴山仁记、瑞记、新泰兴、天长红、平和兴等“洋行同拜”字样。由此可以看出在民国时代石嘴山的商业已很发达，英商不少，而彼等与清真寺关系这样密切，也足见当时回族人民多与商业有关。石嘴山一向是内蒙古与宁夏的交通要道，民众多经商及畜牧，本地又出产石材、砖、瓦、煤等，相当富庶，所以到了清末民初，遂出现了这座大寺。

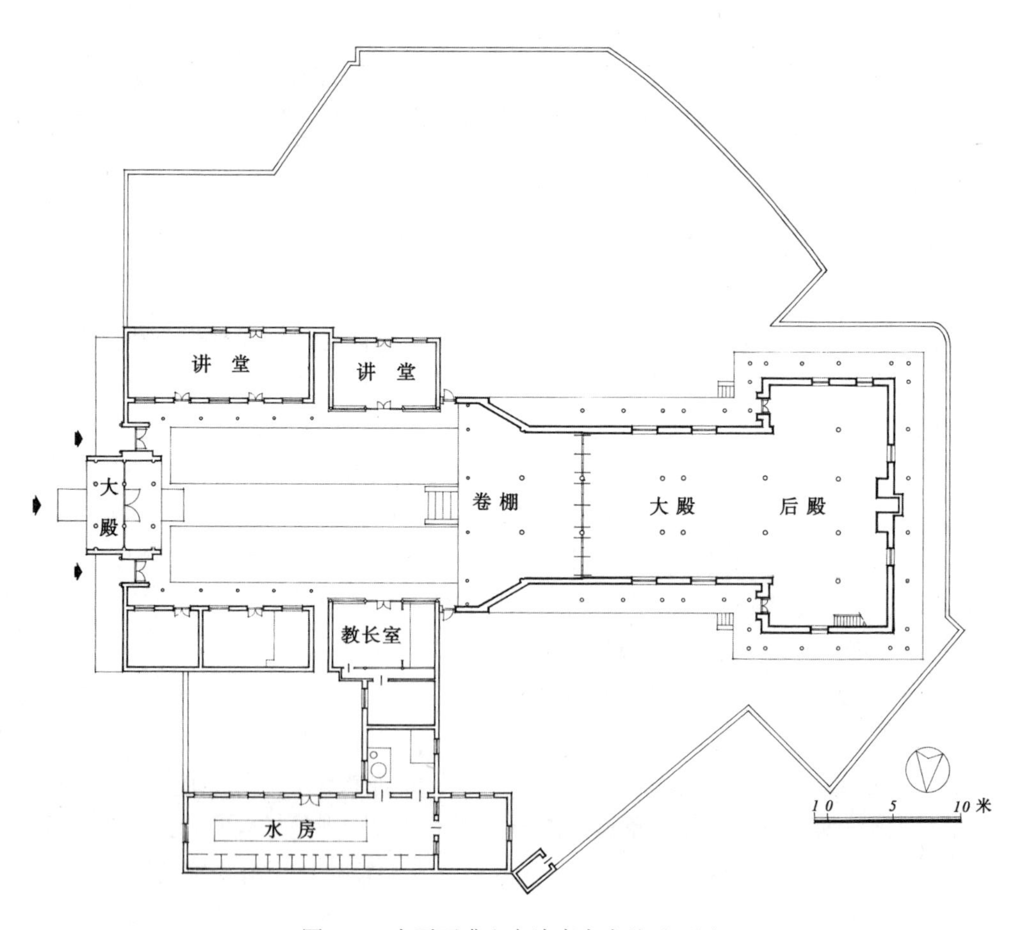

图38-1　宁夏石嘴山市清真大寺总平面图

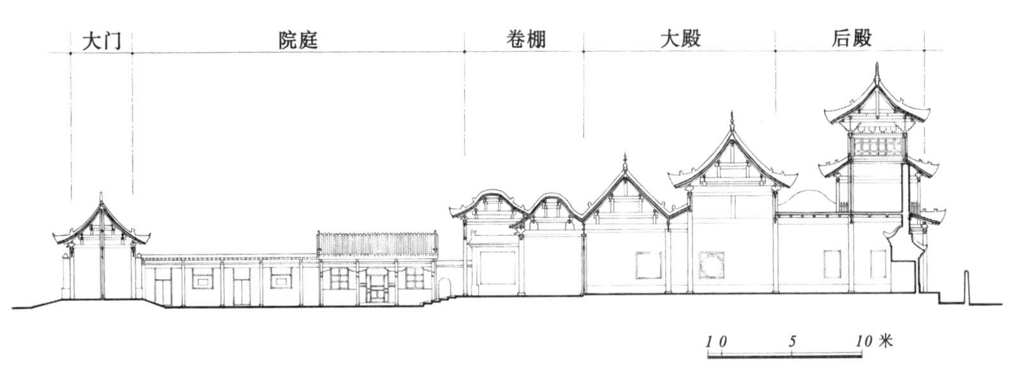

图38-2　宁夏石嘴山市清真大寺剖面图

图38-3　宁夏石嘴山市清真大寺大殿侧面

图38-4　宁夏石嘴山市清真大寺后窑殿外观

图38-5　宁夏石嘴山市清真大寺后窑殿上部

39. 宁夏韦州清真寺

韦州在同心县东，此地区在明代尚是“风俗重巫释，尚耕牧”的地方。到清代回民日多，现存韦州南街西侧一清真寺，是宁夏最大最古老的寺院（图39-1~图39-3）。

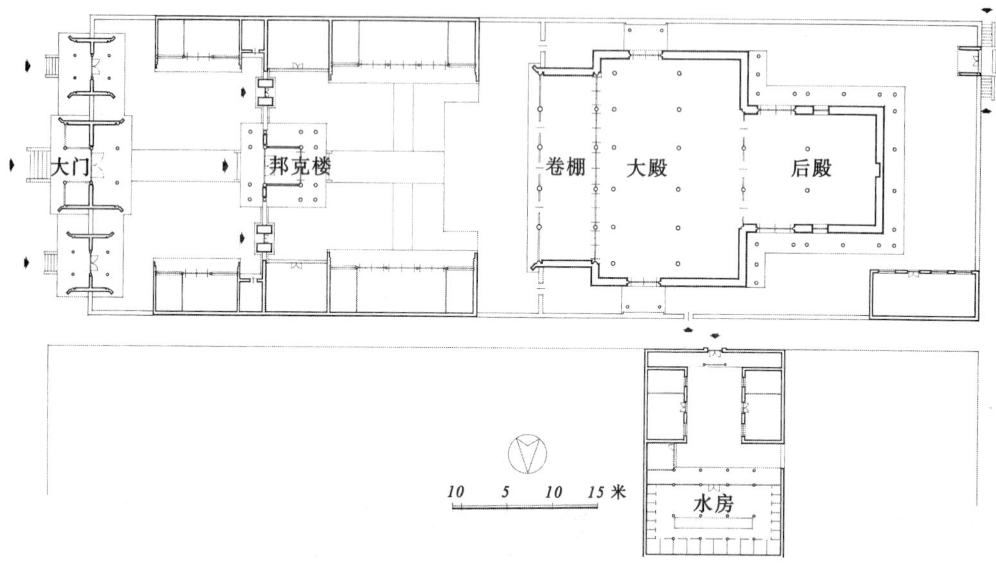

图39-1　宁夏韦州清真大寺总平面图

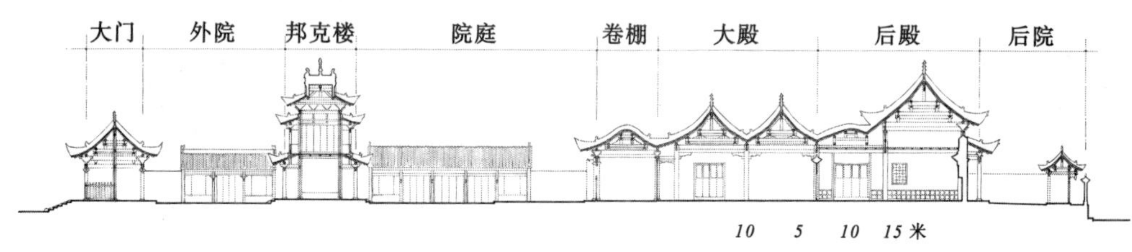

图39-2　宁夏韦州清真大寺总剖面图

图39-3　宁夏韦州清真大寺

相传韦州寺可能在元末开始有清真寺，后来在明初建有九间三门、三脊二卷（即五个勾连搭）礼拜殿及南北配殿各五间。另一说法则是在明初由回民海文远为首筹款修建。礼拜殿是“二脊一卷”，又后约一百年，回民海真筹款扩建。将礼拜殿增建“一脊一卷”，为“三脊二卷”，并建邦克楼一座。第三次是清末光绪二十年至二十三年（1894~1897年）扩建为现在的规模。

以上传说无记载可考，而海文远死后拱北在寺附近，则是清康熙四十三年（1704年）建立的。

又据建筑制度看来，则寺至多是清初至清朝中叶的建筑。其中以大门及大殿前半部（即二脊一卷）建筑较古老。邦克楼及后殿年代较晚，可能为清中叶之物。

寺制度与内地的一般大式大木制度无大差异。平面布置左右对称，为两进院式。邦克楼在两院交界处，三层耸立，为斗栱十字脊。在邦克楼左右，尚有清水砖砌的旁门二，雕砖精致。门与邦克楼并排而立，增加了邦克楼的壮丽气氛。礼拜殿为三脊二卷，后窑殿较大，式样较为特殊，殿内可容千人礼拜。

后殿与大殿处理完全不同。大殿为“彻上露明造”，殿宽而浅，显得简朴。后殿较接近正方形，上有彩画天花覆盖着。在大殿与后殿相接处，立有木牌楼一座，这样前后殿风格及形制完全不同，而是后殿显得较前殿远为华贵，使圣龛部分更显突出。

礼拜殿斗栱很纤弱，昂嘴上卷（宁夏称为鹅脖），附带有花卉雕刻很多。在梁柱接头处使用大雀替，雕饰丰富。格门格心菱花也很精细，但是失之呆板。彩画的彩色及花饰很是丰富，有的做一整二破的旋子彩画，有的则用盒子枋心。

后殿天花上则用阿拉伯文字作装饰。

40. 甘肃兰州市桥门街清真寺

兰州自明、清以来即是省会所在，回民甚多，所以清真寺数量也不少。据《续修皋兰县志》谓：“礼拜寺六，一在城内西南隅；一在新关教场；一在东关；一在西关；一在拱兰门内；一在通济门内。”（另外，卢稿谓兰州共有寺二十六座，恐误）通济门可能是通远门之误。桥门是明宣德时增筑外部的西北门，外临黄河渡口，回民较多。西关则是今解放路，其中最大的、修建最精的要算桥门街及解放路（西关寺）两座清真寺。

桥门街寺最值得珍视的是它的建筑年代正确。我们可以根据此寺的建筑年代来推测其他寺院的建筑年代。

在大殿的正脊檩下有题字，是康熙六十一年（1722年）创建的。而解放路清真寺则是康熙二十六年（1687年）所建，后来到雍正十余年又予以重修。但桥门寺卷棚则有谓雍正时加建的说法（图40-1、图40-2）。

此二寺年代相近，而大殿及后窑殿的大小及平面形状又都相同。但是匠人们却能够巧妙地用同样的木、土、砖、瓦、石等材料，将二寺做出完全不同的风格来，这不能不说是艺术上成功的地方。如果将二寺处处作一比较，对于我们将有不少的启发。

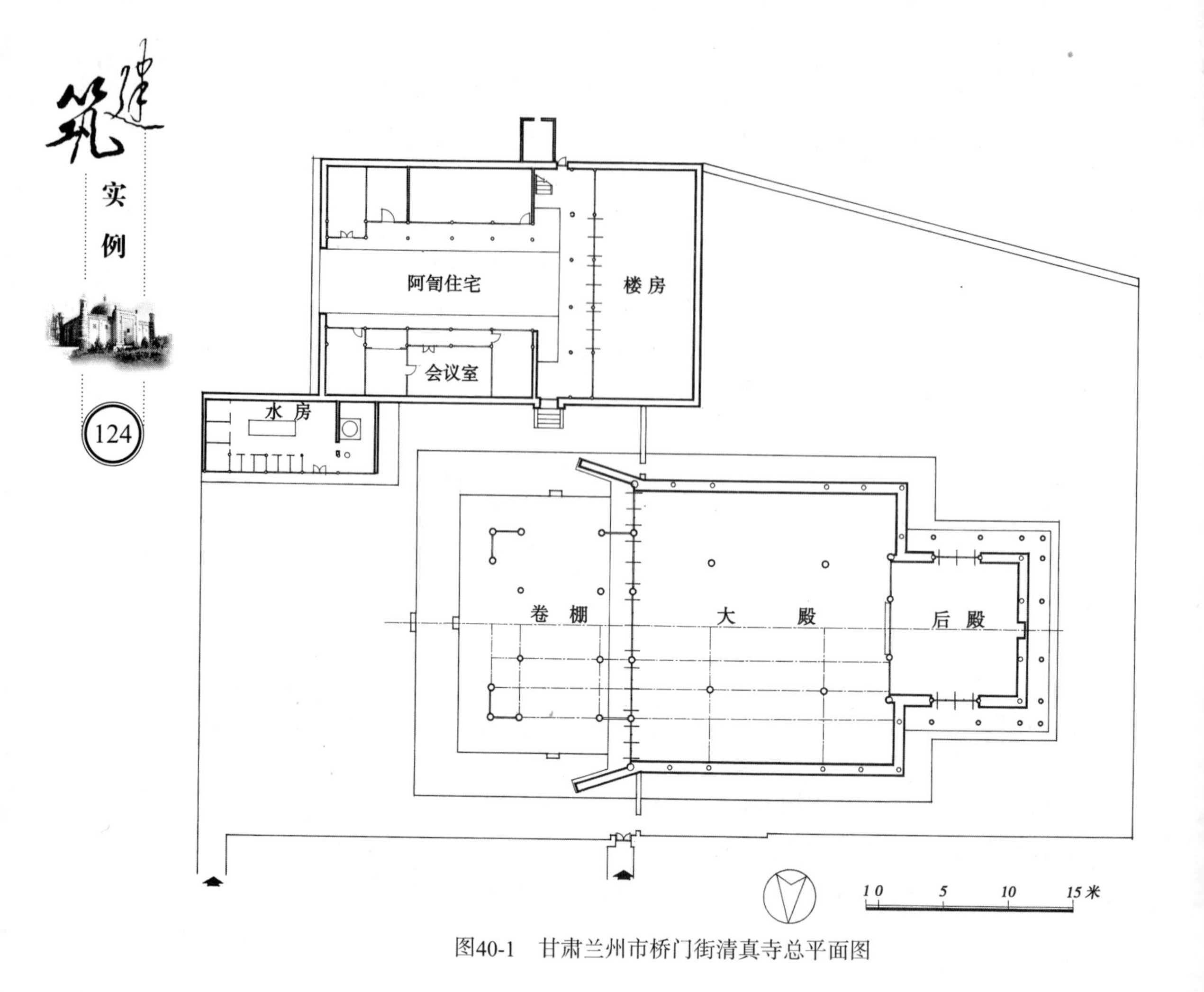

图40-1　甘肃兰州市桥门街清真寺总平面图

图40-2　甘肃兰州市桥门街清真寺总剖面图

桥门寺最大的特点，是将卷棚大殿及后窑殿并做在一起，而且全使用重檐歇山带斗栱的屋顶，同时间架及举折又很高大，所以予人以非常雄伟敦厚而又华丽的感觉。一般清真寺大殿都用单檐，只有少数的几座大寺如成都、济宁、寿县等则用重檐。但是因为它们殿前的卷棚多使用单檐，所以正面气魄不够雄大。只是成都清真寺大殿正面前部使用三重檐显得最为雄伟。不过它的卷棚则是做在三重檐大殿内前面作为前廊使用，虽雄伟但不够华丽，也可以说显现不出卷棚来。而此桥门寺不但大殿及后窑殿为重檐，就是前卷棚也使用重檐，并且非常高大，为国内古建筑中罕见之高大华丽的大卷棚。至于卷棚与大殿相连之气魄则更为少见（图40-3~图40-5）。这不能不说是我国古建筑中难得的珍贵遗产。

图40-3　甘肃兰州市桥门街清真寺大殿顶部

图40-4　甘肃兰州市桥门街清真寺左侧

图40-5　甘肃兰州市桥门街清真寺檐部

卷棚的斗栱是兰州一带特有的制度，即“四面出挑”。斗栱四面的立面完全相等（图40-6~图40-8），下檐斗栱实际上算是出五挑，因为在斗栱的第四跳上还出一跳，挑着檐檩。在斗栱下横施一道大阑额，不用平板枋。此阑额在正面长达三间之广。而且在阑额面上雕磨得非常细腻。正中柱头处也集中地使用一些装饰花纹来点

缀。卷棚外檐柱向左右移，使中明间特大，形成极开敞宏阔的入口。上部则多使用悬梁吊柱，更增加了卷棚内部的华丽之感，显得气势之盛，非其他建筑所可比。此卷棚也可以说是我国最为雄伟华丽的卷棚。

悬梁吊柱的做法，在我国伊斯兰教建筑中最喜欢被使用。吊柱也叫垂柱。它的垂下的柱头处时常刻着种种花样。它最喜用莲瓣，所以也叫垂莲柱。我国常用的绮丽美观的垂花门就是因为使用垂莲柱的缘故。此卷棚内大量地使用垂莲柱作装饰，是有它的民间建筑艺术渊源的。

大殿进深五间十四檩。在内部本应该使用八根金柱，但是为了内部宽敞；不妨碍视线，所以减掉了四根，只用四根金柱承担上部重量。为了使中明间更加宽敞起见，所以又将金柱向左右推移，因此在大木结构上也是使用了“减柱移柱”的手法。这种做法的好处很多，只是横在中间明间上的两根又长又粗大额枋的木料不易寻找而已（图40-9）。

为了更增加趣味，使大殿不致过于呆板单调，同时也更增加圣龛的重要性，所以往往在大殿后加建一座后窑殿，形体多为正方形，但比大殿为小，它的内部装潢较大殿远为精致华丽。此礼拜殿也不例外地将后窑殿内墙壁及天花、地板全部装板。并加斗栱及雕刻花湾罩。因此后窑殿质量比起“彻上露明造”以及垩灰砖壁大殿要高贵得多，这样处理可以使圣龛的性质更显重要。

此礼拜殿的后窑殿外部也使用周围廊的做法。这种制度也是较大的清真寺所常用的，它显示出对后窑殿建筑的“收尾”是很不苟简的，而且使后窑殿有“余意不尽”的感觉。另一方面，也反映出伊斯兰教清真寺礼拜殿后的建筑，无佛、道建筑内容丰富（如佛教大殿后有后殿、藏经楼等），所以将后窑殿做成开朗不露的形式（图40-10、图40-11）。

图40-6　甘肃兰州市桥门街清真寺大殿

图40-7　甘肃兰州市桥门街清真寺前卷棚下檐

图40-8　甘肃兰州市桥门街清真寺卷棚内景

图40-9　甘肃兰州市桥门街清真寺大殿梁架

图40-10　甘肃兰州市桥门街清真寺礼拜殿内部

图40-11　甘肃兰州市桥门街清真寺圣龛

在小木作上，如大殿的隔门，阿訇院的楼房栏杆、大殿卷棚以及后窑殿内的栏杆，全是我国小木作中难得的精品。特别它的隔门棂条的做法，面阔甚窄，而进深甚厚，因此在透视上起了许多的变化。当立足点每一移动，则棂条的图案便呈现与前不同的形态。一般在伊斯兰教建筑中，小木作棂条图案原是比其他建筑远为精致华丽的。

此寺因地势关系，在总平面布置上则是在中间空旷的院庭上，布置了一座礼拜殿。此外，在殿的后跨院（南跨院）则是阿訇等的住宅及楼房五间。大门建在一个屈曲的小巷，与大街相交的地方，形式为方形重檐。至于水房在大殿的前右隅，是新建的，已非原物。

41. 甘肃兰州市解放路清真寺

解放路清真寺在原处城西关内，是清康熙二十六年（1687年）建的，从砖门上匾额题字看，有雍正七年（1729年）重修的字样，所以这寺已不是纯康熙时的建筑。

此寺布置与桥门街寺相较最大的不同外，是将礼拜殿的卷棚变成了穿廊及邦克楼。它没有桥门街寺大殿那样雄伟壮丽，但寺内院庭非常玲珑。而邦克楼崛起四层，无论对寺内及寺外街景来说，都起到了很好的装饰及点缀作用。登上此楼，可以远眺兰州全貌。

寺平面布置可以分为三部分，即外院及水房、内院大殿、左（北）跨院等院。砖照壁及砖砌的三座门，使外院显得甚是坚实雄壮。在民国时期，曾建了一座五大间的水房，立面全是西洋式的门面，显得很生硬（图41-1、图41-2）。

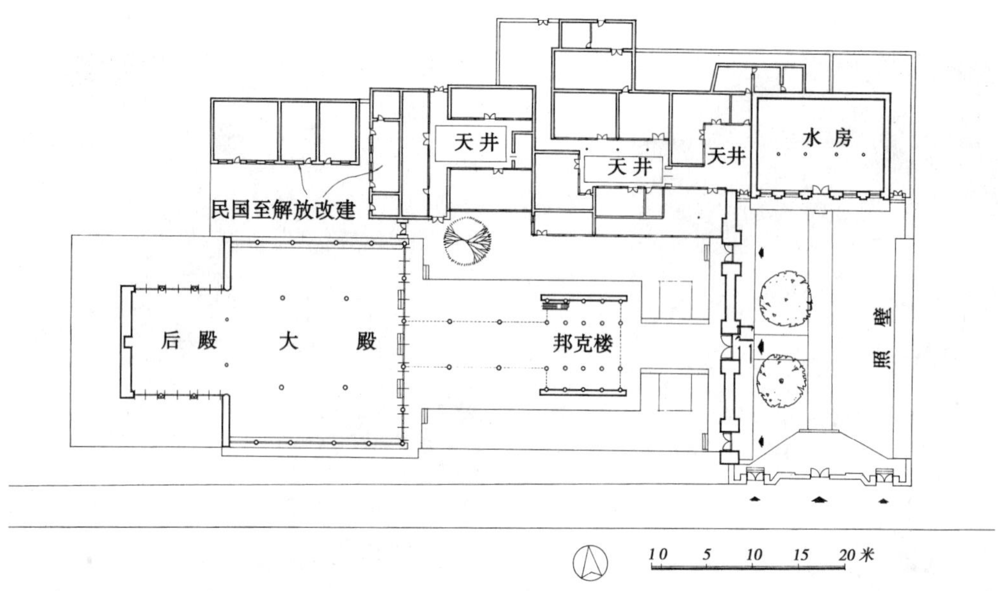

图41-1 甘肃兰州市解放路（西关）清真寺总平面图

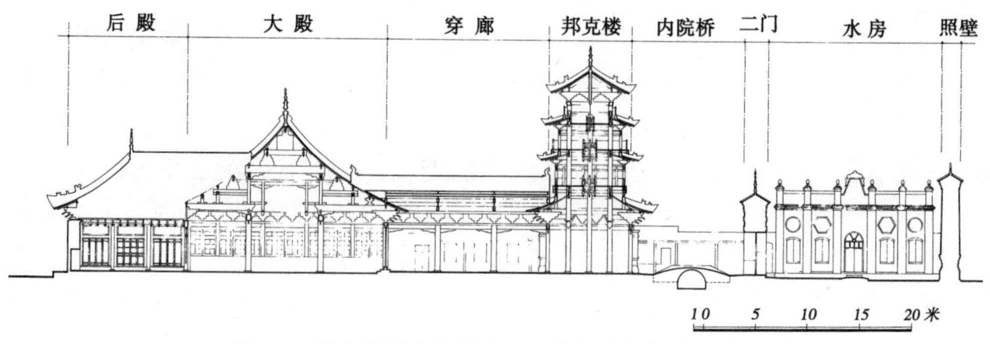

图41-2 甘肃兰州市解放路（西关）清真寺总剖面图

砖砌大照壁是伊斯兰教建筑中的难得之品。它不但是伊斯兰教建筑中最大的照壁之一，而且它使用蓝色的琉璃瓦做枋框。同时在花枋上及须弥座上以及斗栱屋檐上，都用砖雕成很精美的花纹。一般佛、道或宫殿建筑多使用黄绿色琉璃瓦。此照壁使用蓝色琉璃瓦也正是回族建筑艺术的特点之一。蓝色琉璃瓦予人的印象确是更为冷静一些。

由二门进入伟壮内院，迎面耸立着四层高的邦克楼。人们要仰头才能看见楼上层，感到楼的精致华丽、雄伟壮大。它是立在大殿及大门之间的一个装饰性的大雕刻品，它完全有殿庭前巨大雕像的功用。在邦克楼前又使用了水池及桥。楼式门前有水有桥的做法，在伊斯兰教建筑中也是比较常见的（如无河水即用池水），这显然是受孔庙泮池的影响，以及宫廷建筑的金水河等影响；同时“小桥流水”也富于园林风味。但是，它主要是告诉人们过桥后即到了一座重要的去处。这种细腻的手法，也是中国建筑擅长之处。

清真寺使用穿廊连接邦克楼门及大殿，已知的有三例，即：①杭州凤凰寺，②武昌清真寺，③此解放路寺，而以杭州凤凰寺制度为最早。此种制度的好处即是有穿廊可以不怕日晒雨淋，人多时也可以在穿廊内做礼拜，而且在建筑形体上又更为玲珑华丽。不过武昌的邦克楼已不存在，而杭州凤凰寺只余后殿，所以现在已知的最完整的工字式平面布置，只此一处（图41-3、图41-4）。

现存的寺，邦克楼做四层的也是很少见的（一般都做三或二层），楼下层平面方形兼作大门之用，上层则改为六角形。它的结构主要是使用六根柱通达上下，但有四根是垂柱（吊柱），可见当时匠人创造上的大胆。更巧妙的是最上层不用柱，只用厚木枋垒起并中开一门，枋上则安出三跳的当地特殊的斗栱，同时在四壁周围围以栏杆。

图41-3　甘肃兰州市解放路（西关）清真寺邦克楼

图41-4　甘肃兰州市解放路（西关）清真寺穿廊

在第三层栏杆前后具有一小段如飞桥跳出屋面上，如辽独乐寺、观音阁及宋《营造法式》所规定的制度，可见传统手法流传是很广的。比较特别的则是在每层楼板正中央开一六角形洞口（用栏杆围起），是使每层楼上下都可以由内部互相看见。这种做法在邦克楼中是比较常见的。在楼井周围则安装木栏杆，与楼外围木栏杆互相呼应，华丽之至。

总之，此楼无论从内外来看，全很玲珑可观。将大小木作做到这样完善的程度，也是很难得的（图41-5~图41-8）。

大殿及后窑殿大小尺寸及结构与桥门街大殿同，也是用减柱移柱、“彻上露明造”的做法。不过大殿使用单檐、斗栱则带重昂，仍是较古老的做法，与桥门街的不同。大殿内部砖墙面上用石灰海墁，在重要地方用阿拉伯文字作装饰，墙脚下有雕砖等，则是二寺一致的（图41-9、图41-10）。

图41-5　甘肃兰州市解放路（西关）清真寺邦克楼内景

图41-6　甘肃兰州市解放路（西关）清真寺邦克楼木栏杆

图41-7　甘肃兰州市解放路（西关）清真寺邦克楼栏杆

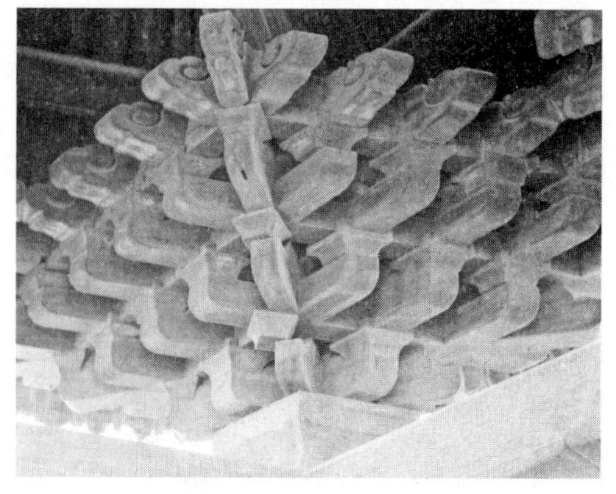

图41-8　甘肃兰州市解放路（西关）清真寺邦克楼斗栱

图41-9　甘肃兰州市解放路（西关）清真寺礼拜殿梁架

图41-10　甘肃兰州市解放路（西关）清真寺礼拜殿内部

后窑殿外面周围不用廊柱，后窑殿的做法与桥门寺的做法不同，做得较好。内部装板上全有彩画，尤其是圣龛的板壁的分割及装饰甚是大方可取，而桥门寺后殿部分则是纯用本色木面装板及雕饰，不用彩画。

后窑殿的两侧使用隔门及落地槛窗，落地槛窗的装修在我国古代建筑中是比较少见的，它是一种很大方可取的做法。

在大殿北侧跨院内有小院三个，院内很是清静。它的高低大小及一切做法与一般民宅相同，是阿訇等人居住的地方。在此跨院西端，后来改为其他用途。

42. 甘肃临夏市大华清真寺

临夏（河州）一向被视作中国的麦加，市有八坊十二寺以及青、甘、宁著名大拱北。老王寺、南关大寺都是规模很大的大寺。八坊住宅一般都是平顶或一面坡的四合院平房，而这些寺则是用起脊大屋顶，筒板瓦，并有邦克楼的建筑。大屋顶高高举起，远在一般民宅之上，充分表达出宗教势力之大（图42-1）。这十二寺有许多门宦，如：祁寺、王寺、华寺、铁家寺等。其中大华寺门宦是西北伊斯兰教的重要门宦之一。它是属于大华寺创始人马来迟教派的，它的建筑比较早，为清初建筑。在民国赵席尧“火烧八坊”时，它与其他的寺院及住宅等同毁。后来八坊又重新建起，这寺也是彼时修建的。

我们在临夏及临潭看了不少的门宦寺院，建筑都各不相同。它们在建筑工程及艺术上，互相争奇斗异、互相夸耀（图42-2~图42-6）。

临潭一带的寺院，多不用邦克楼，而临夏的寺院则多用邦克楼。大何家的邦克楼高达六层，最为少见。其他设置如大殿、讲经堂、水房（另院安排）则都齐备。

图42-1　甘肃临夏市八坊大寺与住宅

图42-2　甘肃夏河县清真寺

图42-3　甘肃临潭县大北庄寺大门

图42-5　甘肃临潭县北庄清真寺后窑殿外观

图42-4　甘肃临夏市老王寺邦克楼

图42-6　甘肃临夏市多木清真寺邦克楼

大华清真寺一般简称为大华寺。它的建筑比起其他寺院有些特点，也有些共同处。首先表现在平面布置上，大华寺一进大门就是一整齐的广场，宽大平坦，正南面靠墙，是一座大照壁。它处理得与众不同而又得体的，是在广场的右部东侧建有三个较小院落，安置水房、住房等次要建筑。邦克楼不大、方形、位于大门的东侧不远处。在大门广场的左侧（西部），则是一大院庭，为大殿及左右讲堂等主要建筑（图42-7）。它的这种布置，主次区划分明、不乱而又甚是合用。在广场与大殿院庭之间有隔墙，并建立二门一道，将内外隔开。二门的做法亦属少见，它是三间垂花门式，加左右砖照壁的做法，制度壮丽华美可观。此种作风，略近西宁大寺的二门（图42-8、图42-9）。

大殿内部四周墙上，安装格门式的装修，雕饰很精，是上等工匠的手艺。殿内部则与其他寺院相同，也几乎是甘肃礼拜殿内常用的做法，即梁架使用“彻上露明造”，并移柱与减柱造。这样一来，殿内空间即感到很大。在减柱的柱上使用一道大横梁，梁上则安间立柱，在此短柱与上部大梁枋间则又用垂柱。如此，可使上部大梁的跨度缩小些，又可使殿内更为华丽（图42-10）。

图42-7　甘肃临夏市大华寺厢房

图42–8　甘肃临夏市大华寺二门（一）

图42–9　甘肃临夏市大华寺二门（二）

图42-10　甘肃临夏市大华寺大殿梁架

在临夏、临潭一带，一般寺院无论内外，多不用彩画，而此寺则在主要建筑外部大量使用“大蓝贴金”彩画（临夏附近韩家集清真寺也使用“大蓝贴金”彩画，此种彩画，也见之于青海西宁的大寺）。“大蓝贴金”是西北一带回族建筑最喜用的彩画制度，它与西南以及新疆的五彩遍装，以及华北一带的旋子彩画，风格色调都极不相同。总之，大华寺布置的疏落大方、区划分明，以及大小木作的精细、彩画的华美等，确有可取之处。它在临夏诸寺建筑工艺中最能以布局及彩画取胜。

43. 青海西宁市东大寺

西宁有清真寺六七所，最大、最完整的是东门外的清真大寺。据韩教长说，大殿建筑约五十年，左右楼建筑及大门、二门、邦克楼等建筑约十七八年（1963年提供的材料）。

清末民初时的建筑，除大殿七间以外，还有左右讲堂（平房），在院正中是一座四方的邦克楼，整个院庭很是紧凑，显得大殿雄伟可观。

到了民国38年（1949年），马步芳在西宁任青海省主席的时候，将大殿前面的左右讲堂、邦克楼等拆除，将前洼地垫起，将院庭扩大并建左右厢楼、大门、二门、左右双邦克楼，以及左右厢楼后面的许多教长办公室、学生教室、水房等建筑。大门原在大殿的左（北）巷道，通达左侧街巷。今则殿在寺前，直接通往大街（图43-1）。这样一来，院庭是扩大了，左右讲堂也变成了楼房。二门也极为高大，做五个券洞门式。在门左右端即是四层砖邦克楼各一座，外国作风甚是浓厚。在寺左侧院内有小学校，规模也很大，于是西宁大寺便成为我国少见的大清真寺了（图43-2~图43-4）。

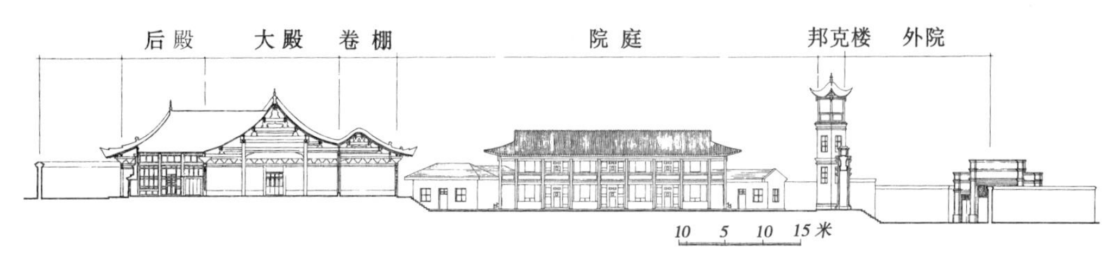

图43-1 青海西宁市东大寺总剖面图

图43-2 青海西宁市东大寺前景

图43-3　青海西宁市东大寺大殿

图43-4　青海西宁市东大寺配楼

这次扩建的结果，虽然规模很大，但是却使大殿本身确显渺小了。特别是一进二门。由砖券洞看进去，那座大殿矮矮地站立在大高台上，与左右的厢楼（带前廊）大小及气势全不相称——厢楼比大殿更为高大豪华。

因为地形的限制，所以在厢楼后面的空地上，顺地形建筑了许多房间。这些房间方向与大殿是不一致的，因而形成了许多斜三角形的平面布置，因为厢楼高大，遮挡住这些平房，所以在院庭中无法见到。因此这部分的布置在利用地形上可以算是比较成功的。

大门及二门的形制，显然受国外影响较重，但与当地住宅相比还是协调的。邦克楼的做法是下三层用砖砌，上为我国旧有的攒尖亭式顶。它整个形体是一中外混成的新的民族化的邦克楼形式，而攒尖顶则是纯为我国旧式建筑。

礼拜寺建筑作为一个民国初年的伊斯兰教礼拜的场所，它本身的技术、艺术等方面是无可厚非的。它仍是由三部分合成，即：前为卷棚、中为大殿、后为后窑殿。这种平面制度呈凸字形，是一般清真寺中最常见的，但它也有许多特点，为其他伊斯兰教建筑所少见。

（1）最值得注意的即是斗栱是一种斜栱（如意斗栱）的变体。斗栱用斜栱出三挑，但斜栱后尾不斜出而是收缩在挑内。此制度盛行于青海，他处尚少见用（图43-5、图43-6）。

图43-5　青海西宁市东大寺斗栱

图43-6　青海西宁市东大寺屋檐角

（2）斗栱及额枋彩画使用“大蓝点金”，而非青绿点金。大蓝点金即是主要的色调为蓝色，在主要的地方贴金。这种彩画在甘肃也可以见到。

（3）在卷棚及大殿内，梁架使用一种深杏黄的颜色，这种颜色的效果是很好的。它比一般使用深红色大木构架来得轻快明亮，在后窑殿的墙壁天花等木板上使用深褐带红色的油漆，也很稳重妥当。

（4）在卷棚的内部左右山墙的整个墙面上使用雕砖图案，用砖雕成屏风状，内雕植物等题材。回族匠人的砖雕是最著名的，这山墙的砖雕是其中的精品（图43-7、图43-8）。

（5）宣教台的制度是成功的。它主要使用横线，然后划分方块。而栏杆则是如椅子扶手一样的阶梯状物，是一种较为少见而又大方的做法（图43-9）。

（6）后窑殿只宽一大间及二小间之数，内呈正方形壁面。天花地板及全部装板，油以红褐色调，并在重要地方贴络金花。最精致的雕刻则集中在装板的下部约当地脚枋处，看过去也很别致。因为教民祈祷时都是跪或坐在地上，所以殿内雕饰都注意建筑的下部（图43-10、图43-11）。

图43-7　青海西宁市东大寺卷棚内景

图43-9　青海西宁市东大寺大殿内宣教台

图43-8　青海西宁市东大寺墙面砖雕

图43-10　青海西宁市东大寺后窑殿内景

图43-11　青海西宁市东大寺殿内圣龛

此殿内最好的装饰品是地板上横铺长条地毡，排列很是整齐。在大殿及卷棚的地板上铺的是白地褐色团花的地毯。在后窑殿内侧铺以褐色地白色团花的地毯，人们即在这地毯上做礼拜。

后窑殿的外围使用周围廊的做法，这是伊斯兰教清真寺大殿上常用的制度。它给人的感觉是后窑殿不是更封闭、更神秘，而是更开敞、更富有变化，这也是与佛、道教建筑不同的地方。

大殿的屋面上使用灰布筒板瓦，在脊上面则用植物纹装饰。

此寺前半部为半洋半中的建筑形式，而后部大殿则是古老的形式，令人感到格调不甚一致，在建筑上是一大缺点。

44. 青海湟中县洪水泉清真寺

青海的西宁、化隆、撒拉、民和、大通等地，一般古老的寺院均作四合院式。前为邦克楼数层，中为左右讲堂，后为大殿，有的则附近建有“拱北”。它们多为清代建筑，质量不高。

笔者打听了许多阿訇，请他们介绍青海清真寺中年代最古老、技艺最精的一座建筑，则只知有青海湟中县洪水泉清真寺比较精确，约为清初至中叶的建筑。

这座建筑在深山中，往返非常不便。它也是有邦克楼、大殿的四合院式建筑。不过因为地势的关系，它的布置比较特殊（图44-1、图44-2）。

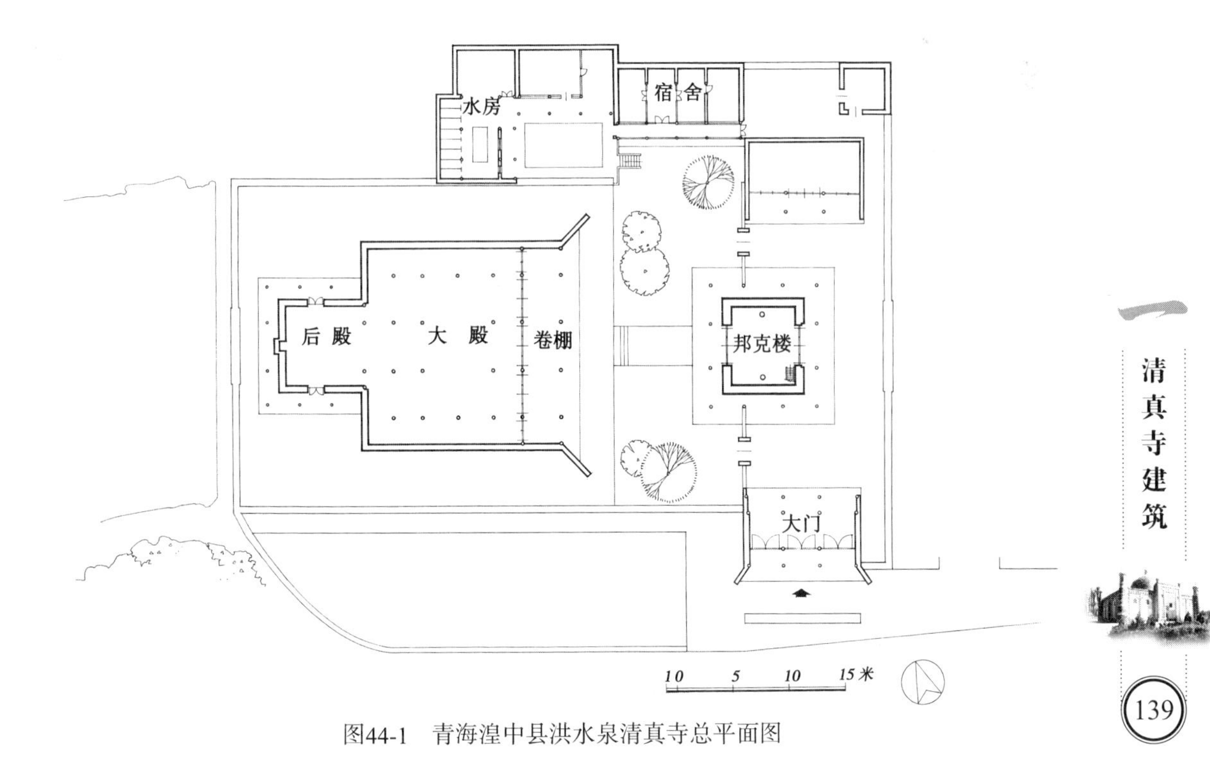

图44-1 青海湟中县洪水泉清真寺总平面图

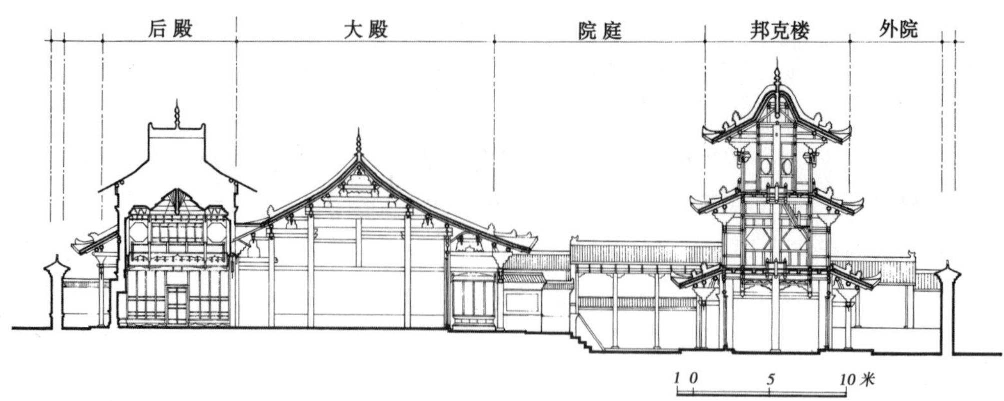

图44-2　青海湟中县洪水泉清真寺总剖面图

它大门开在寺的南侧，进大门即是外院，邦克楼的下层作为二门，同时将中轴线转向大殿。在楼左右又各有一座旁门，所以共有门三道（图44-3）。

内院正面即是大殿五间，也包括前卷棚、中大殿、后窑殿三部分。大殿有斗栱八字墙等。

大殿的左侧为阿訇室，后为水房。因地势关系水房位于高台地上，并通至阿訇房的上层，因此阿訇房也正好做成楼房。此部分为民国28年建筑。

在大殿的右侧低地上，原有房舍多间，为阿訇及学生住处，早已塌毁。

在大门外院的东端为小学校，所以此寺共由三座院落拼成。如此布置则纯系为了地形的窄长以及北高南低的缘故。

邦克楼建筑比较古老，斗栱的做法还保持清代鼎盛时期的做法，与后来过

图44-3　青海湟中县洪水泉清真寺大门

图44-4　青海湟中县洪水泉清真寺邦克楼

图44-5　青海湟中县洪水泉清真寺后窑殿圣龛

分装饰化、刻板化不同，而是非常灵活，富于变化。它上、中、下三层各不相同，而是愈上愈灵活、愈华丽（图44-4）。

礼拜殿仍是分为前卷棚、中大殿、后窑殿三部分，但是前卷棚即是大殿的前出廊，不另作屋顶，与大殿用同一个歇山单檐的殿座，使整个大殿很有起伏变化，同时也充分显露出后窑殿的重要性。大殿用单檐歇山，后窑殿用重檐十字脊，而前面邦克楼则用三重檐六角盔顶，使整个寺院建筑感到不平凡、不呆板，大殿外周围墙及其基座也是有轻有重，砌筑不苟。后墙中部使用照壁的做法也是很好的寺院建筑的收尾处理。

寺院的小木作装饰等也极精美可观，如邦克楼的六角形网状窗棂、大殿的格门雕刻等，全是难得之物。最为精致的则是后窑殿的内部壁面及天花全是用木镶成的，壁面上分作两部分处理。上部作天宫楼阁式，有平坐栏杆、格门、斗栱，上承天花藻井。下部全用格门式的屏风。格心雕刻各种山水花卉，裙板雕刻寿字，最下的须弥座也雕满各种博古等纹样。圣龛部分则使用极为光平的木板，衬托出花纹的丰富美丽。圣龛边缘使用卷草等花纹（图44-5）。

所有小木枋框以及花纹雕刻全部都做得非常精细，但是绝不使用一点的油漆彩画，而是露着淡黄褐色的木面。这样一来，在精丽之外又显得朴素大方，这确是难得的艺术成就。我国的这种大

图44-6　青海湟中县洪水泉清真寺水房屋檐

小木作，时常在十分尊贵的建筑上，反而不施油漆彩画，即露着本色的木面，只靠精美的雕刻来显示其艺术效果。

该寺不只是大小木作有很精致之处，砖作之精妙更不是一般建筑上所能得见的。它充分表示出我国青砖磨雕后，所呈现的优美的质感及线、面所组成的美丽纹样，这都是我国各民族劳动人民无数世纪以来所积累的艺术及技术成果（图44-6~图44-8）。

迎门的砖照壁在迎门的一面（非背面），整个用六角形绣球式的花瓣雕成，华丽大方的气氛，令人如入花丛。而大门左右八字墙上也是布满了雕刻（图44-9、图44-10），那些花卉瓣纹当阳光照射时，所形成的柔和韵律，使人感到非常可爱。

图44-7　青海湟中县洪水泉清真寺照壁须弥座

图44-8　青海湟中县洪水泉清真寺砖雕

图44-9　青海湟中县洪水泉清真寺大门

图44-10　青海湟中县洪水泉清真寺大门山墙雕砖

至于大殿前卷棚左右桶子墙上、八字墙上以及照壁等处的砖雕，全是国内少见的精品。

总的看来，该清真寺建筑在技术及艺术上的成就是很突出的。很值得保存和借鉴。

45. 青海循化县撒拉族街子大寺

撒拉族从明初在循化定居以后，到解放初期已有三万多人，每个村庄都有一个寺院。它们的寺院一般都包括礼拜殿、邦克楼、满拉学房（即讲堂）、水房以及宗教人员生活、起居、办公等室，与内地其他寺院相同，不过寺内有的带拱北，这与内地不同，而在新疆则较为常见。

循化撒拉族清真寺，以街子大寺最大、也最著名。

寺在街子村之西，面向村子，背靠街子河。寺东、西、北三面有很多坟墓。寺前（东）共有拱北五座，与寺合成一组建筑群。

寺的建筑年代，传说建自明代，后来屡经修建、扩建成为今状。据记载，在光绪二十一年（1895年）撒拉族人民反清起义失败以后，循化境内剩下了五座清真寺，即街子、清水、张尕、科哇、城关等寺。所以现在街子寺的建筑至迟也在光绪二十一年以前所建，以后又经修葺改建。

寺内最高的建筑是邦克楼，最大的建筑则是礼拜殿。

邦克楼高三层六角带斗栱屋顶攒尖作轿子顶式，在屋脊处用绿色琉璃瓦。它是召叫徒众礼拜用的，但在观感上，它是寺的最美丽的标志，也是点缀风景的最好的建筑物。此楼与大殿同在一中轴线上，但周围与寺隔断，显然这种做法是一般清真寺所没有的（图45-1、图45-2）。

寺大门楼为九间楼房带前后廊，以为出入口及宗教人员用室，也是不经常见的

图45-1　青海循化县撒拉族街子大寺外景

图45-2　青海循化县撒拉族街子大寺大殿

制度，它可能是民国时的建筑，同时也是很好的办法，一则便于工作人员出入；二则使大门入口更为壮丽雄伟。

礼拜殿有前卷棚、大殿及后殿三部分，此三部面阔七间，不过前卷棚面阔较大，并用庑殿顶，甚为少见。大殿与后殿为歇山顶；内部为“彻上露明造”。梁架斗栱施以土红、棕、青、绿、白等色的彩画。前卷棚柱用红色，大殿柱用深红色。大殿及后殿之间的柱用黑色，柱为八角形，是一较古老的制度。

殿内墙壁绘青绿彩画和阿拉伯文字的图案，装饰较为富丽。

总的看来，此寺特点不少，如邦克楼自成一院，大门为楼房九间，大殿前卷棚甚大，寺周围有拱北及坟墓等。在寺南有一水池，传为骆驼泉，即是撒拉族人初由撒马尔干向东迁移时，至此泉水，骆驼即不向前走的地方。因为他们迷信骆驼不愿再走，同时这块土地又很肥美，气候风景也都很好，所以撒拉人就定居了下来。并在附近建立寺院及拱北坟墓等，这种传说使此寺增加了许多神话趣味。所以“水泉”也是该寺的特点之一。

46. 新疆喀什市艾提卡尔礼拜寺

喀什是南疆最繁荣的城市，土地肥美，人口众多，文化丰富多彩。气候夏季较为炎热，冬季则不甚寒冷，所以建筑有其独特之处。喀什很早以来就是历史上著名的城市，就整个中亚地区来说，也是国际上较有影响的城市。

很早这里有很多外国人士居住，如土耳其、阿富汗、印度、巴基斯坦、前苏联的乌兹别克等人，或传教，或经商，带来了许多外国文化。同时，喀什大地主、大商贾也多，他们也常往麦加朝拜，路过各地观光，或到世界各地经商，因此也带回了国外文化的影响。又加当地汉族、回族人也多，又将许多内地的文化带入南疆。这样一来，喀什一带的建筑便成了中西文化的交结点之一。这些外来的影响与自己地方特点的优良传统相结合，便产生了祖国一套独具风格的丰富多彩的建筑体系。

喀什艾提卡尔礼拜寺，院庭广大，大殿面阔达38间，可以说是世界上面阔相当大的一个礼拜寺。

相传艾提卡尔礼拜寺在500多年前，还是喀什城外的一座小寺，到了1524年米尔扎阿巴伯克尔扩建为大寺。1788年又加扩建，由老礼拜寺向西伸张，是一个名叫祖力皮呀阿那木的妇女出资扩建的。1804年，在喀什伊斯坎代尔王的支持下又修建房屋，挖掘水池，栽种了树木。1835年，由喀什首长罕日丁特别大修。1874年阿古柏命令其亲信阿力塔西达德华监督进一步扩建，形成了艾提卡尔清真寺较大的规模。解放后，又经人民政府进行了较大规模的修葺（图46-1、图46-2）。

最初的寺大门面向窄长的广场，以后扩建因阻于广场右侧（即南侧）的道路，只有向北向西（后）发展，因而大门位置遂偏在今寺的前右隅。但因规划较为精心，所以进入大门后并不感觉大门太偏。这是因为入门厅后即分左右两路进入后院，有此一转折，即忘了大门的偏右。一般又多由左侧出入口出入，在心理上对大

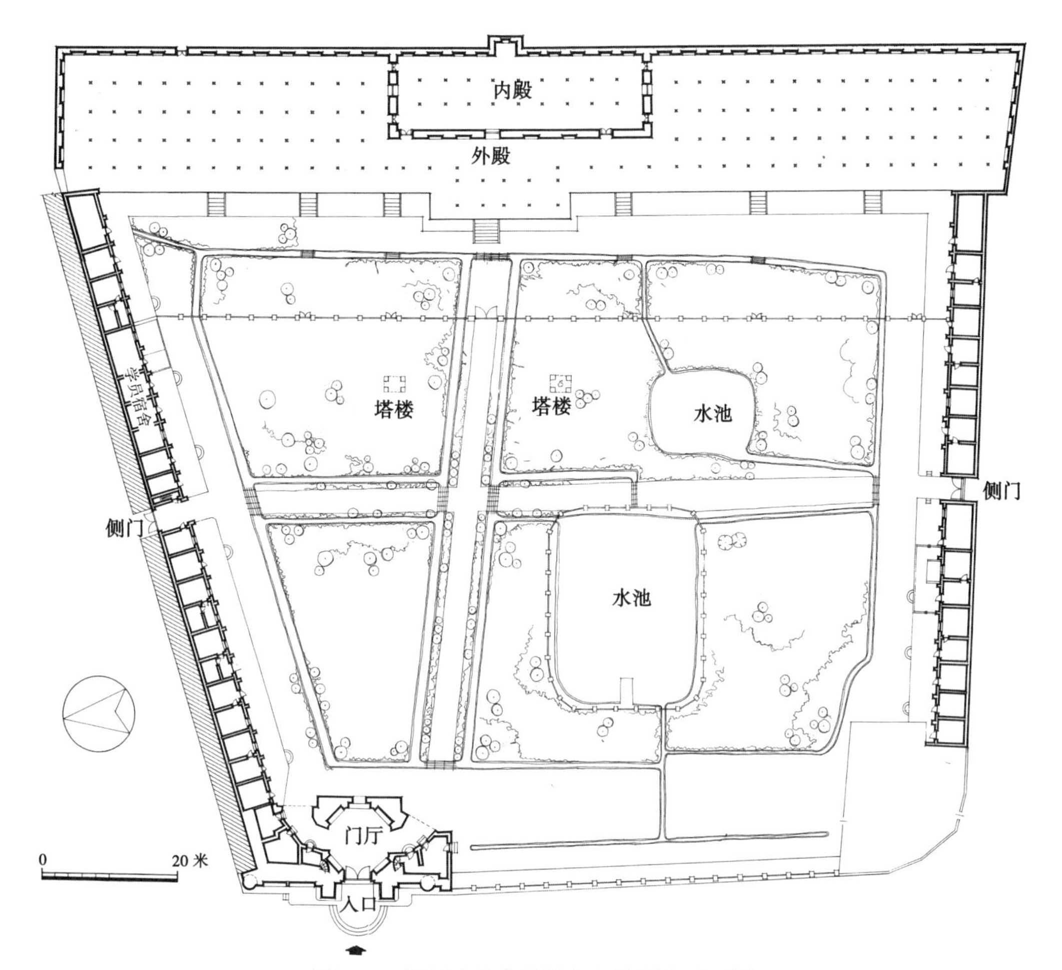

图46-1　新疆喀什市艾提卡尔礼拜寺平面图

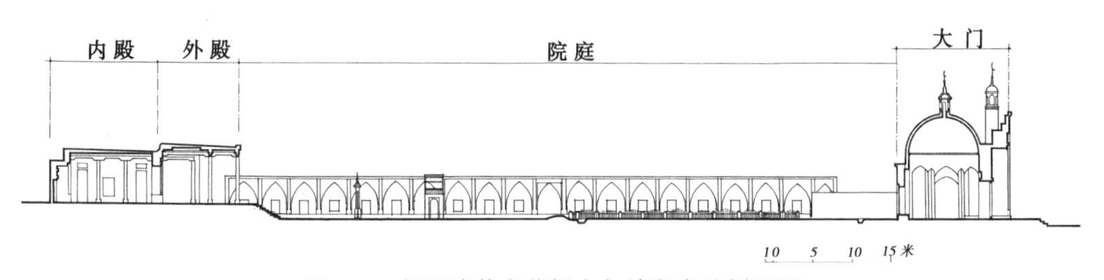

图46-2　新疆喀什市艾提卡尔礼拜寺总剖面图

门偏右并不太理会，并且左侧入口，由一砖砌的路面直导至正殿，两侧又有许多树木遮蔽，所以大门的位置正与否，就不是一个主要问题了。

在由大门至正殿的道路两侧有左右二亭状砖龛，它们使院庭给人以整齐对称的感觉。此二亭状建筑在礼拜寺人多时，院中做礼拜的人则可以此代替圣龛（图46-3）。院庭左侧有涝坝（即蓄水池）二，一大一小。大涝坝用朱栏围绕，周以杨树，绿荫碧波，颇具园林风趣。

图46-3　新疆喀什市艾提卡尔礼拜寺院景

此寺院甚是广大，所以院中布置涝坝、树木，并不感到杂乱，而是相当宏伟可观。

大殿不远处有栅栏一道，将院庭分为内外两部分。外部院庭人众来往甚多，而内部院庭不做礼拜时则是清静无尘，致使大殿甚为幽静严肃。同时人们在栅栏内也不能看到大殿的全貌，所以愈觉大殿的伟大惊人。

大殿面阔达38间之多，不但国内所无，即在国际上也极为少见，主要原因当然是当时喀什已人口众多，另一方面则是殿愈大也愈显得宗教势力之大。

大殿全部用廊柱式的做法（敞口厅做法），油饰用绿柱及白色顶棚，顶棚上利用棱木做成花样及重点彩画。这一片大殿的严肃而伟大的建筑，是喀什劳动人民的辛苦创造，为我国古建筑放出异彩。此种大殿廊柱高与开间的比例，约为宽1高1.5，不同于内地常用的较方正的比例，因此廊柱结构多为平顶，所以柱不高即不够尊显（图46-4、图46-5）。

在大殿的处理方法上，为了避免呆板和重点突出起见，在大殿中部前做抱厦四间深三间，使中部更为明显。双数开间是内地寺院建筑所没有的，这也可能有教派原因在内。在抱厦中部为减柱造，在天花上就留出了一大块地方做五彩藻井，使抱厦地位更为突出（图46-6、图46-7）。

图46-4　新疆喀什市艾提卡尔礼拜寺殿廊

图46-5　新疆喀什市艾提卡尔礼拜寺大殿内顶棚

图46-6　新疆喀什市艾提卡尔礼拜寺院内殿外廊

图46-7　新疆喀什市艾提卡尔礼拜寺外殿藻井

在抱厦内为砖砌的内殿，面阔10间，以备冬天冷时在内殿礼拜之用。此内殿左为廊柱式外殿15间，右为13间。此种随意增减间数不故作对称，抱厦用双数开间，不用单数开间的做法，全是匠人大胆灵活创造之处，这也是避免大殿面阔过分呆板的一种办法。

殿柱多为八角形柱身，上部甚简单，下部则为一般常见的柱脚。殿左右两侧多用绿柱，抱厦则用蓝柱，使主次分明。因当地少雨，所以普遍用平顶，即在密肋式枋木上铺小木条，木条上铺席，席上铺草泥土，如是有雨即可不漏，做法甚是简单经济。

总之，大殿的制作既伟大庄严，又毫不呆板，主次分明而又灵活多变，因为平顶的关系，所以感到大殿的外观很是轻快动人。当然它与回族寺院大屋顶那种尊崇、肃穆之感，又有所不同。

在大殿左右厢各有房二十余间，为阿訇及学生、教师等人居住之所。每间分为内外二间，有的外间开窗，有的顶上开天窗，冬暖、夏凉，很适于居住之用。此左右配房全是土砖平顶，外面做尖拱及柱墩，涂以白灰，外观整齐简洁而又坚强有力，与大殿之为廊柱式的制度完全不同（图46-8）。院庭内绿杨参天，与配房的白墙相映、予人以清新、凉爽、滋润的感觉。

图46-8　新疆喀什市艾提卡尔礼拜寺内宿舍外廊

47. 新疆喀什市奥大西克礼拜寺

奥大西克礼拜寺，又叫阿孜尼买基提，是个有200多年历史的建筑（又据说有八百多年的历史），也是喀什现存最古老的寺院之一。门前有一小广场，场南为二教经堂，是喀什最著名的教经堂。奥大西克礼拜寺原来占地约十亩，可能教经堂都包括在内。现在的寺仅是一座三合院式的平顶建筑，用三面回廊将院庭围起，这是阿拉伯等处常用的制度。在正面的回廊后则是大殿4×9（间），整个地盘方正，建筑也较整齐严肃，气势严整而雄壮，与内地清真寺建筑完全不同。这里全无讲堂、客厅、水房、阿訇住宅、厨房等，而全部为礼拜之用。讲堂可能分出另建，可能就是附近的哈赞琪、哈力克教经堂等。它们显然与西亚、印度及非洲等地的清真寺布置相似（图47-1、图47-2），而这种平面布置在南疆一带是常用的。

大门制作较一般寺院为古朴而庄严。大门门厅部分为圆顶，由门厅内一螺旋形小梯可上达门顶部，以供招呼徒众做礼拜之用。

大门左右的邦克楼不能登临，已退化为纯装饰物。它顶上的小亭是用绿琉璃瓦砌成的，与黄褐色围墙相配合，显得古拙而又华美（图47-3）。

砖尺寸为6×17×36（厘米），全系顺砖砌法。大门正面是用一种很精细的木

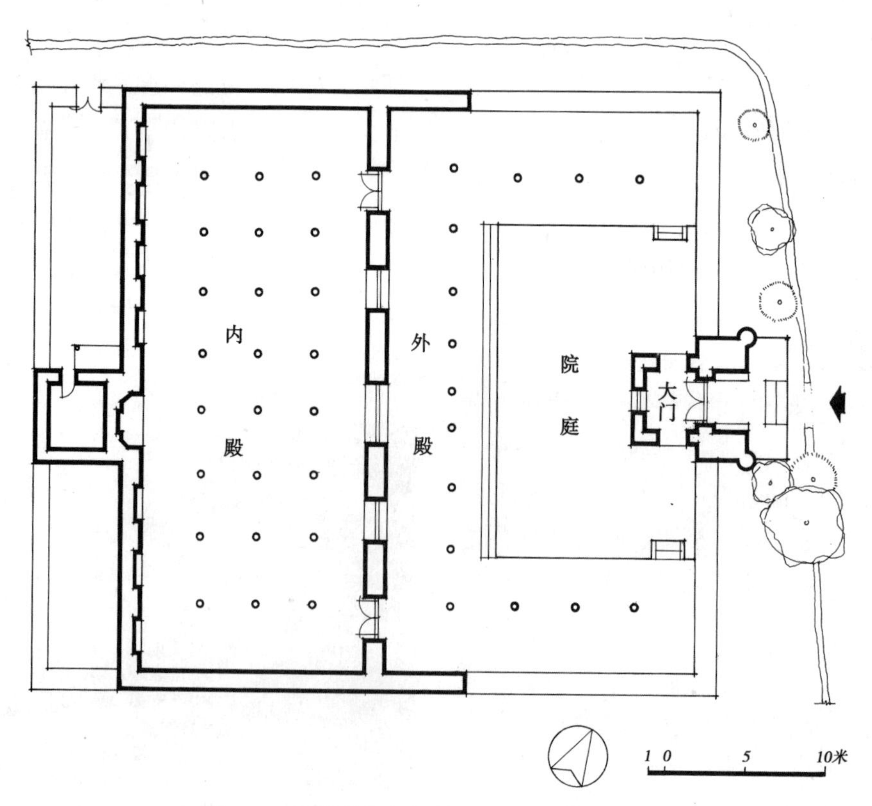

图47-1 新疆喀什市奥大西克礼拜寺总平面图

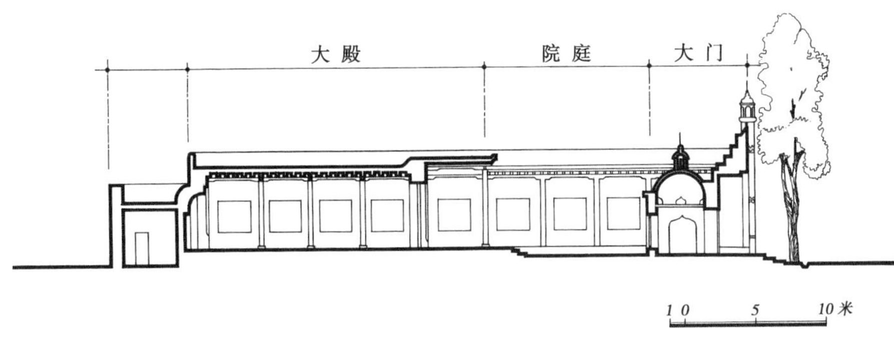

图47-2　新疆喀什市奥大西克礼拜寺总剖面图

棂做成窗子，人们出入则分别由左右侧门。这种大门的做法是南疆一带所常见的（图47-4）。

为了避免建筑过分严肃起见，大殿的圣龛不在中轴线上。大殿为面阔九间，而外面阔则为十间。它们的平面不对称及内外间数不一致的作风，反而有灵活不拘的豪爽气概。

此寺内外廊柱等雕刻简朴，全用深

图47-3　新疆喀什市奥大西克礼拜寺外观

图47-4　新疆喀什市奥大西克礼拜寺花门

图47-5　新疆喀什市奥大西克礼拜寺走廊

红色油饰配以白色天花及灰绿色带白色边的墙壁，整个色调很是稳重而有轻快的感觉。此种色调与艾提卡尔大寺的绿蓝柱及白色天花的墙壁相比又别有风趣：一则较古朴；二则轻快洒脱（图47-5）。屋顶做法，中部较高，两旁较低，可能是为了利于排水的缘故。

48. 新疆库尔勒市礼拜寺

库尔勒在天山南麓，居民富庶，果园毗连，盛产著名的库尔勒香梨。信仰伊斯兰教的维吾尔族、回族居民很多，所以礼拜寺建筑也多。这里有一座大礼拜寺即库尔勒大寺，是由礼拜殿及教经堂合成的。大寺礼拜殿面阔十七间，进深五间，规模之大是内地一般寺院所不及的。大殿分为内殿及外殿，外殿是敞廊做成，内殿则是3×7（间）有砖墙围起。因为内殿靠后部，所以大殿外观是一个敞廊廊柱，予人以极为雄伟、豪爽的印象（图48-1）。

此殿建在一高台上，更增加了殿堂的庄严、伟大气概。

在大殿的中部七间，将檐柱略为提高，一则避免呆板，二则为了重点突出，这是南疆礼拜寺常用的很成功的手法。

在寺大门上建起一座方方的高楼，即邦克楼，用土坯砌筑，共为四层，很是敦厚有力，与大殿彼此辉映，极为壮观。

在大门南隅有一小寺，有内外殿及一小邦克楼。小寺功用与莎车等处所见的相同，是人少时做礼拜用的。每逢大礼拜日，教民众多，即在大殿做礼拜。此小寺立面高低起伏与栅栏墙的配合颇有节奏。在小寺后又有大树衬托，景色美丽动人。

图48-1　新疆库尔勒市礼拜寺内景

距寺百余米的地方，是讲经学校（教经堂），一座窄长的四合院式建筑。面向院庭有四面回廊，北面为礼拜殿式教室。

学校与寺分开布置，区划分明，有条不紊，也是南疆的常见制度。此与内地清真寺中建设讲堂校舍，人声嘈杂的情况是大不相同的。笔者以为学校与寺院分开的办法较好。

49. 新疆吐鲁番市苏公塔礼拜寺

吐鲁番在我国历史上是个很著名的地方，汉朝是车师前王地，晋朝设置高昌郡，唐朝设置西州，清朝设置吐鲁番直隶厅。该地地势低于海拔150多米，所以夏天天气炎热。吐鲁番盆地盛产葡萄、瓜果、棉花。那里有一座大山，色红如火焰，故称“火焰山”。

在清初，吐鲁番出现了一座为伊斯兰教服务的大寺院，寺前右隅耸立起高约44米的土黄色大砖塔，塔身上遍砌花纹，绮丽非凡，这就是苏公塔。该寺是维吾尔族寺院，就笔者看来，它是新疆的第二大寺。它的一切制度，是新疆维吾尔族寺院所少见的（图49-1）。它的主要特点：①大殿略成方形。将礼拜堂及进厅周围休息室建在一所大殿的建筑之内。此外更无院房等空间。②礼拜堂居殿中部，特别高起。③全用土坯砌造，用料至为经济。周围小房间全用土坯圆拱顶。④苏公塔（即邦克楼）特别高大，全用砖砌造，不用木料。⑤塔与殿连在一起，不另起院落（略似泉州清净寺的平面布置）。⑥塔身满砌花纹，技术艺术全是上上之作。⑦塔是我国伊斯兰教邦克楼中最高的大建筑，就是在国外也是极少见的（图49-2）。

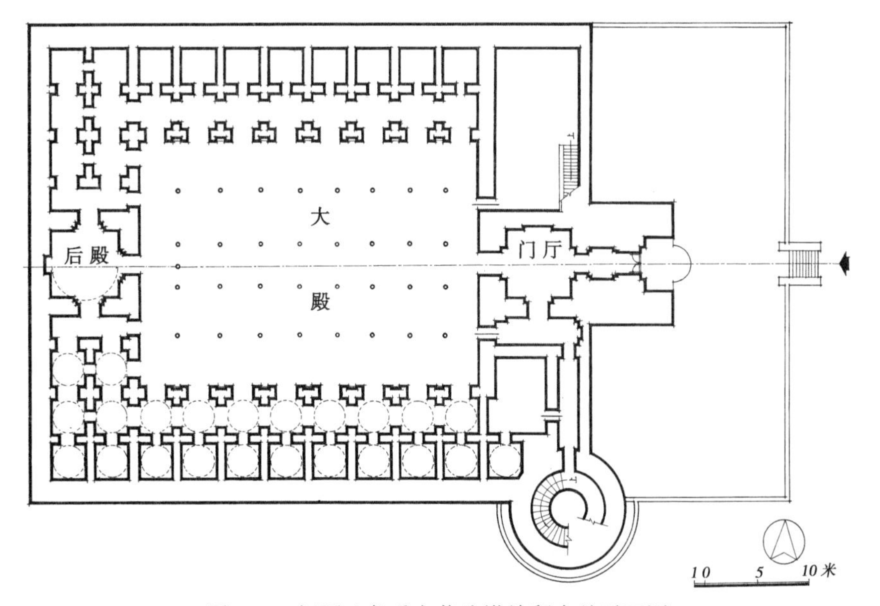

图49-1　新疆吐鲁番市苏公塔礼拜寺总平面图

图49-2　新疆吐鲁番市苏公塔礼拜寺（一）

现将塔寺建筑论述如下：

苏公塔在吐鲁番东三数里，是二百多年前的建筑。在塔下过道内有乾隆四十三年（1778年）碑可证。碑文字迹已多模糊，记谓：

“大清乾隆皇帝旧仆吐鲁番郡王额敏和卓率□扎萨克□苏赉满等，念额敏和卓，自受命以来，寿享八旬三岁。□上天福庇并无纤息灾难，保佑群生，因此答报天恩，虔修塔一座，费银七千两整。爰立碑记，以垂永远，可为名教，恭报天恩于万一矣。乾隆四十三年瑞月吉日建立。”

额敏和卓在清初是帮助清朝统治人民、立功封爵的一个官员。现在离吐鲁番不远的鲁克沁，有座依敏王府，即是额敏王的王府。苏赉满即是额敏和卓的儿子。此塔的建立一说是苏赉满瞭望之处（功用同定县开元寺料敌塔）；一说是苏赉满为纪念其父所建，故又名额敏塔。此塔即是礼拜寺的邦克楼，因为它高大异常，又为单座的建筑，所以叫塔。又因为是苏赉满所修，所以叫苏公塔。塔整个砖砌，由台上量起高44米。顶上为圆顶，直径2.8米，下径扩大甚多，为11米。塔下为高台，高台旁即临公路，公路又低于高台约十数公尺，所以在塔下仰视，高塔凌云。同时塔身上又满布花纹如璎珞、锦绣等。今天看来，有此一塔，使古城增添了无限的生气（图49-3）。

塔形浑圆，全部砖砌，中有螺旋形磴道，盘旋直达塔顶。登塔四望，古城村野尽收眼底。

此塔收分很大，因此下部花纹随着收分的增加而愈上愈加紧缩。塔的花纹是用砖砌成的。这砖纹同时有结构上的功用，又有艺术上的功用。因此随着塔的收分，又要将砖花纹也予以平均收缩，是不甚容易的事情。砖塔的砌筑是很成功的，这如果不是很熟练的匠师是不易办到的。这样精丽奇伟的大砖塔，砌造技艺是我国伊斯兰教建筑中的一项伟大贡献，也是勤劳的维吾尔族人民表现在建筑技艺上的一大成功。

图49-3　新疆吐鲁番市苏公塔礼拜寺（二）

此塔位在寺前右隅，与广州怀圣寺及泉州清净寺布置相同，但此塔直接与大殿相连，交通更为直接方便。此种平面布置在我国古建筑中至为少见，是一种伊斯兰教建筑较早的制度。寺的大殿为面阔九间、进深十一间的平面，略近正方形。它的主要特点是：大殿正中做礼拜处与两旁来此做礼拜者的休息处，合在一座大殿之内，而不是另有院庭，别建住宅或讲堂，这是极端经济便利而合理的办法。这样修建又可使小房间冬暖夏凉，特别适应当地的气候条件。它的唯一短处是：大殿内不够安静。

大殿正中做礼拜的地方特别高起，为面阔五间、进深九间的殿堂式样，在上部有天窗通风及采光。在大殿堂的周围则是用土坯砌成的圆拱顶，使殿内颇为高大而神秘，富有宗教气氛。小房间左右对峙，为八组双套间式。

大殿西面置圣龛处为大圆拱顶（当地名拱北），左右尚有圆拱顶套间约十数间。

殿内除殿堂部分外，全用土坯筑砌，粉刷洁白，至为经济合用而美观。所有门窗，全做成尖拱状，表示出伊斯兰教特殊的风格。

大门的做法与南疆常见的相似，只是无左右细柱状的邦克楼。因已有苏公塔，就不必再在门边缘上做邦克楼门了。

大门左右边缘处全有小假窗，门上部则是真窗，同时也可以当作重点装饰看。大门正中先砌一大门洞，尖拱状。大门洞后墙下段则为较小的大门，门扇为双扇板门，此板门内即是一大门厅，可通至殿内及右转通至苏公塔内。在此大门的顶部为一圆拱顶（内径为5.7米）。此厅的正门通至大殿的门为尖拱门，远看似五角形，也是很少见的。门不高而宽，左右门边下部向内收分，手法极为大方利落，毫不拘泥，尽显豪放。在已见的伊斯兰教大门做法上，这是很难得的一例（图49-4、图49-5）。

此寺大殿内外很少用花纹，所有装饰花纹都集中到苏公塔上，但因苏公塔的雄伟壮丽，也显出寺大殿建筑的重要。所以总的看来，此寺的建筑是相当成功的。不过很明显，苏公塔是新疆以及我国伊斯兰教建筑中最为高大华丽的大塔，它不应当视为一般的邦克楼建筑。如果与定县开元寺料敌塔的意义相衡量，则它也是在宗教的名义下隐约地含有军事上的布置。

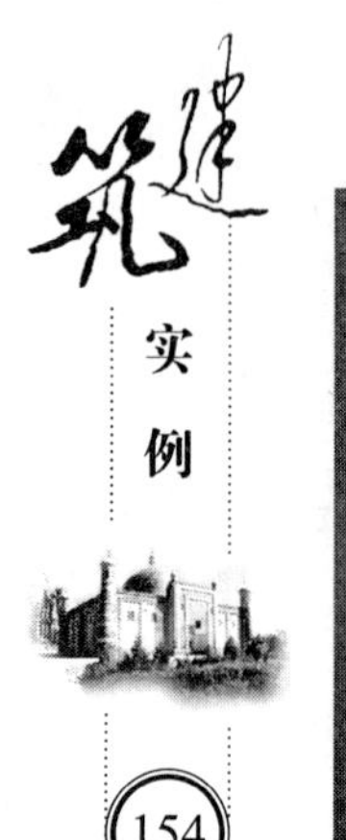

图49-4　新疆吐鲁番市苏公塔礼拜寺内景

图49-5　新疆吐鲁番市苏公塔礼拜寺内景

50．新疆喀什市等处中小型礼拜寺

在喀什等处以中小型礼拜寺为最多。这种中小型礼拜寺占地有限，费钱不多，大商人或地主也常喜自己出资建寺，既方便又可作纪念，也可能某一小寺为某一小团体所用。不到二十几户人家修建的小寺，面积甚小，同时又要显出寺貌的庄严伟大而又华美生动，确是一件很不容易的事。那些中小型礼拜寺全有内外二殿。外殿为敞廊，是夏天做礼拜的地方；内殿多为砖或土坯砌成，为冬天做礼拜之用。此种小寺一般有两种做法：一种是在高台上（约高一两米）砌成圆拱顶状。此种寺多利用台的栏杆阶梯等物，将外观处理得很生动美丽。它的周围衬以绿树及平顶住宅，所以寺外观更易突出醒目。这种小寺在吐鲁番一带较多。

图50-1　新疆和田市某礼拜寺院墙

另一种如南疆喀什一带的小寺多为平顶。它与住宅的区别是：住宅外墙多光平，而寺的墙上多用透空花纹（图50-1~图50-6）。寺礼拜殿本身尽量使用高大的敞廊，廊柱雕饰华丽，彩画甚为丰富。但更值得注意的是敞廊的处理方法，它们常是将敞廊的平面布置成ㄣ或ㄱ形等，一定做出曲折，并且在曲折的地方与围墙形成一小天井式样。这种曲折，一则使礼拜寺面积加大，又可使外观灵活，同时又能多出一些露天的小天井部分。因此此种敞廊虽然所费有

图50-2　新疆和田市礼拜寺龛形窗花之一

图50-3　新疆和田市礼拜寺龛形窗花之二

图50-4　新疆和田市礼拜寺龛形窗花之三

图50-5　新疆和田市礼拜寺龛形窗花之四

图50-6　新疆和田市礼拜寺龛形窗花之五

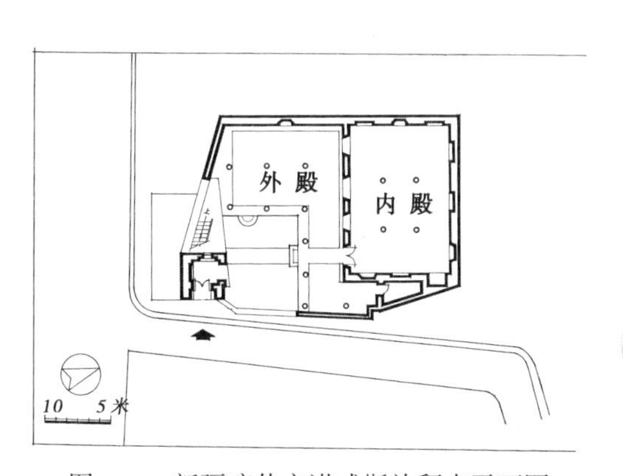

图50-7　新疆喀什市诺威斯礼拜寺平面图

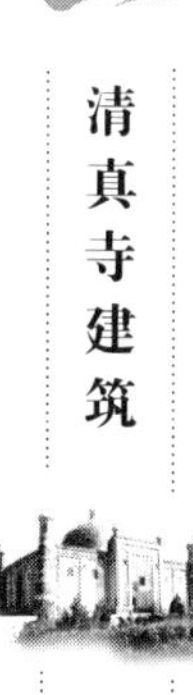

限，但予人以华丽、曲折多变、有若不尽的感觉，而一扫寺小形呆的弊病。这都是匠师们的精心之处。如诺威斯礼拜寺、苏大捂扎礼拜寺等全是这样的做法（图50-7、图50-8）。

许多小寺下都有较高的台地，增加寺的伟大庄严姿态。

小寺另一可注意处，即是因为寺小，只好尽量以雕刻取胜，虽然某些地方有过分的装饰。木柱的雕刻无论在柱头、柱身以及柱脚上全有丰富美丽的花纹装饰，而且最大的特点（与内地不同之处）即是几乎每柱一式，各不相同。但总的看来，它们的风格则是一致的。

小寺常用的柱头有八角、十二角，或方或圆，上施种种雕刻。柱脚部分变化也甚多（图50-9~图50-11），而且年代愈晚的变化也愈多。在梁枋上比较古老的寺多满施雕刻，花纹极为丰富绮丽（如沃衣伙克小寺）。此外，梁枋则有分数段重点装饰的办法，即在枋的两端及正中分别加些雕刻及彩饰。时代更晚的梁枋上则雕刻较少，而是代之以彩画及少许雕刻（图50-12~图50-14）。

彩画最精的当推诺威斯礼拜寺。它的外面敞廊天花做成条格式，在每间的梁枋上全有各不相同的颜色及花纹。花纹多为卷草式，但与内地一般卷草不同，而是有粗有细，生动有力。有的用红地绿花，有的则用黑绿色喷红花，种种变化令人观赏不尽。不过总的看来，格调仍是一致的。这也是设计成功的地方。不过有的梁枋上施以过分的凹曲线及红绿杂饰，显然是纷乱有过，并有美中不足之感。此寺彩画是喀什著名匠人乃马汗所作，此人在1957年前后去世。他的徒弟们也常模仿乃马汗的作风，不过生动有所不及。

乡村小寺多不施彩画，只用本色木面。在柱身及托梁处也很少雕刻。大门及墙壁多用土坯垒砌，形体多简素悦目。

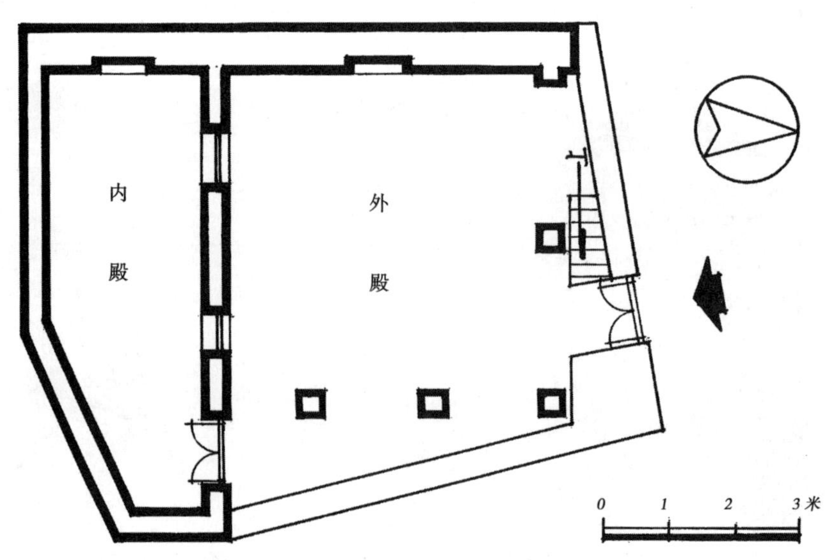

图50-8　新疆喀什市苏大捂扎礼拜寺平面图

图50-9　新疆莎车县加满礼拜寺前小礼拜寺

图50-10　新疆莎车县加买礼拜寺柱脚

图50-11　新疆莎车县某礼拜寺柱首

图50-12　新疆喀什市乌斯唐布衣第一礼拜寺顶棚

图50-13　新疆喀什市翁伯尔其礼拜寺顶棚（一）

图50-14　新疆喀什市翁伯尔其礼拜寺顶棚（二）

51. 西藏拉萨市河坝林清真寺

拉萨地区的回族人民，据说主要有两个来源，一部分由内地迁来，另一部分经克什米尔迁来。关于何时迁来，目前尚未查到史料。

在拉萨市共有四座清真寺。西郊清真寺被认为是历史最久的，但很小。其次是河坝林清真寺，在寺内第二进建筑的门上悬有“至教永垂”的木匾一方，落款为“咸丰壬子年”（1852年），说明此寺至迟在清咸丰二年以前就已经建立起来了。另外，是北郊清真寺和八角街南的清真寺。在这四个寺中，以河坝林清真寺的规模最大。

河坝林清真寺在八角街的东面，位于东西向街的街南，总入口朝北，主殿坐西向东、为汉族常用的院落式布置，有三进二院，除邦克楼外，全为单层建筑（图51-1）。朝街北面的总入口是一座四柱三间木牌坊（图51-2），由此进入一个狭长形的院落，东西是一排倒座房，现在西面临街的两间为铺面，南面的房屋为一甜茶馆，西面的一进房屋正中有门进入第二个院子，门上悬有“至教永垂”的

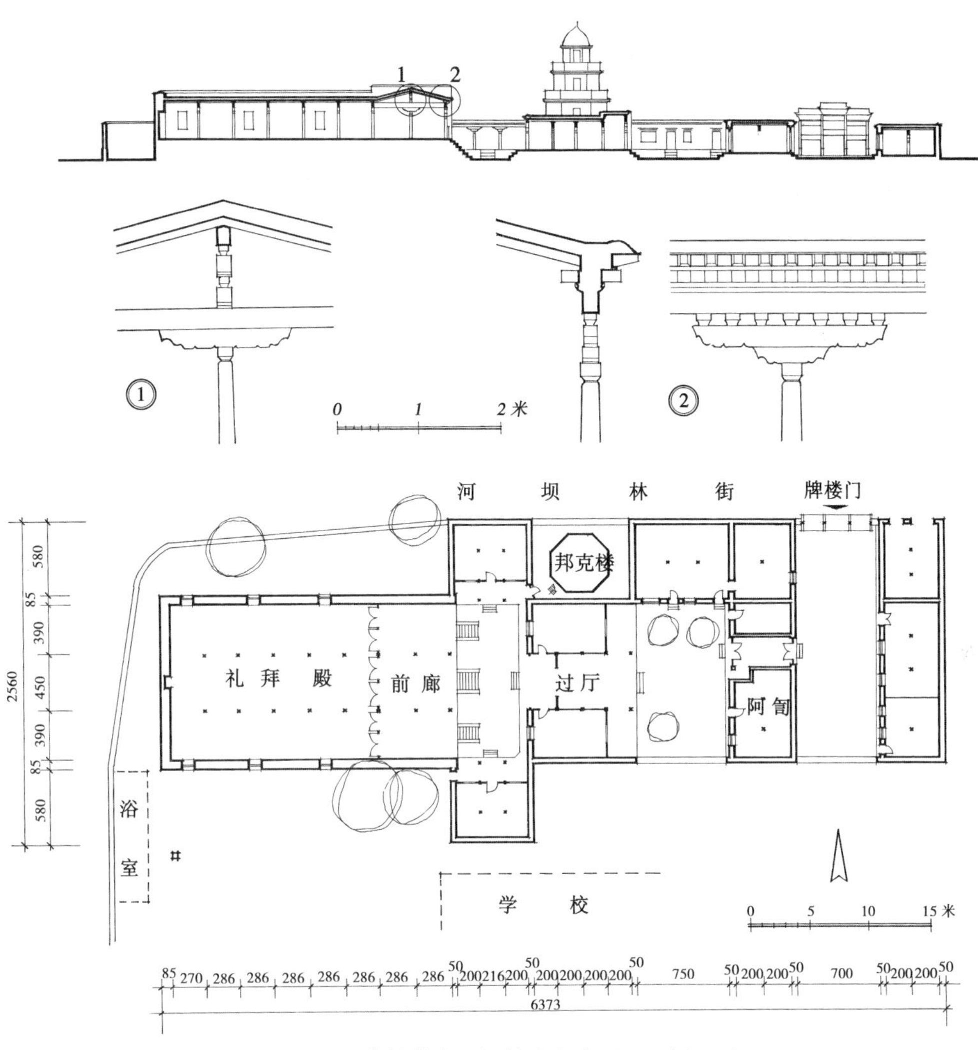

图51-1　西藏拉萨市河坝林清真寺平面及剖面图

木匾。此门并不在主殿的轴线上，目前阿訇即住在此门南面的房间里。院内有两株苹果树和一株柏树。北面三间厢房，前面部分建筑为阿訇的起居、生活用房。西面三间带有前廊（前廊略高），中间开间较大，为一敞口过厅，进入后院。后院东西各为三间带前廊的厢房，正西为礼拜殿（图51-3）。礼拜寺面阔三间，前面深两间前廊，此前廊为两坡屋顶，稍高于后面的礼拜殿；后面礼拜殿深六间，正西墙面有小窑龛，南北两侧墙面各开三个窗，室内光线均匀柔和。邦克楼三层，在北面临街，从礼拜殿前北厢房的前廊可以通往；从南厢房前廊西端进入后院，有原来的浴室和学校。

河坝林清真寺有如下几个特点：

（1）清真寺按宗教需要建房屋，有礼拜殿、宗教活动用房、邦克楼、阿訇住所、浴室及学校等建筑内容。礼拜殿坐西向东，邦克楼三层，置于临街，便于呼唤教民做礼拜。

图51-2　西藏拉萨市河坝林清真寺木牌坊

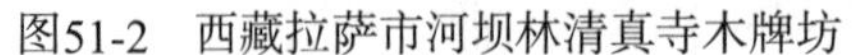

图51-3　西藏拉萨市河坝林清真寺大殿

（2）总平面布置似汉族院落式，有正房、厢房，最前面还有倒座房，而且面阔开间均为奇数，明间面阔比次间稍大。寺院建在平地上，但室内地坪标高是主要建筑高，次要建筑低，入口部分最低，这种做法也与一般的内地清真寺相同，但几进院落不在一条轴线上。

（3）礼拜殿平面布置呈纵长方形，与西北诸省及内地的很多礼拜寺相同，但仅有前廊、主殿，而无窑殿。

（4）大门入口为四柱三间木牌坊，上为歇山顶，檐下有斗栱，均仿我国内地做法。

（5）邦克楼为三层（高达13.4米），平面正八角形，每层向内收分，每层檐口上有小栏杆，顶屋层顶为一穹隆顶，绿色，颇有新疆地区风味。外墙为石砌，做法与当地传统建筑同。

（6）所有建筑的结构做法以至细部装修彩画，完全采用当地藏式建筑做法，如用方柱，柱头有斗，斗上有元宝木、大雀替，上面有梁，柱梁组成纵排架，梁柱排架上铺断面为方形或圆形的椽，上铺小圆木或木板，上铺石块，再上为阿嘎土屋面。檐口挑出两重短椽，包括窗檐口也用这种做法。木梁柱上的色彩花饰以红色为主，间以蓝、绿、金等线条花饰，都与当地藏族建筑做法相同。主殿及邦克楼外墙石砌，其他建筑外墙下面砌石，上面砌土坯，做法与当地藏族传统做法相同。

（7）当地极少陶制砖瓦，所以门口木牌坊用铁皮顶，仿歇山顶式样，仍不失为内地建筑形式。这说明不用砖瓦，也能建成过去常认为的只能用陶瓦才能表现的汉族建筑形式。即传统的地方性材料与当地传统的建筑形式是有密切关系的，但也不是绝对的，只要处理得当，它也可以表现风貌各异的建筑形式。

又据匡振鹏同志在《拉萨清真寺建筑》一文中说：史料记载，该寺始建于18世纪中叶，后因火灾而焚毁，现在的建筑为1959年重建的（见《西藏科技报》）。

二、教经堂建筑

52. 新疆喀什市教经堂

为了宣传宗教的需要，伊斯兰教寺院的学校教育在明清时代已经逐渐发展起来，成为大寺院建筑或麻扎建筑所不可缺少的组成部分。内地的学校多附在清真寺内，但在新疆则常独立建筑，而且数量是很多的。它们的平面布置也很像阿拉伯的制度。今举喀什哈力克教经堂为例（图52-1）加以介绍。

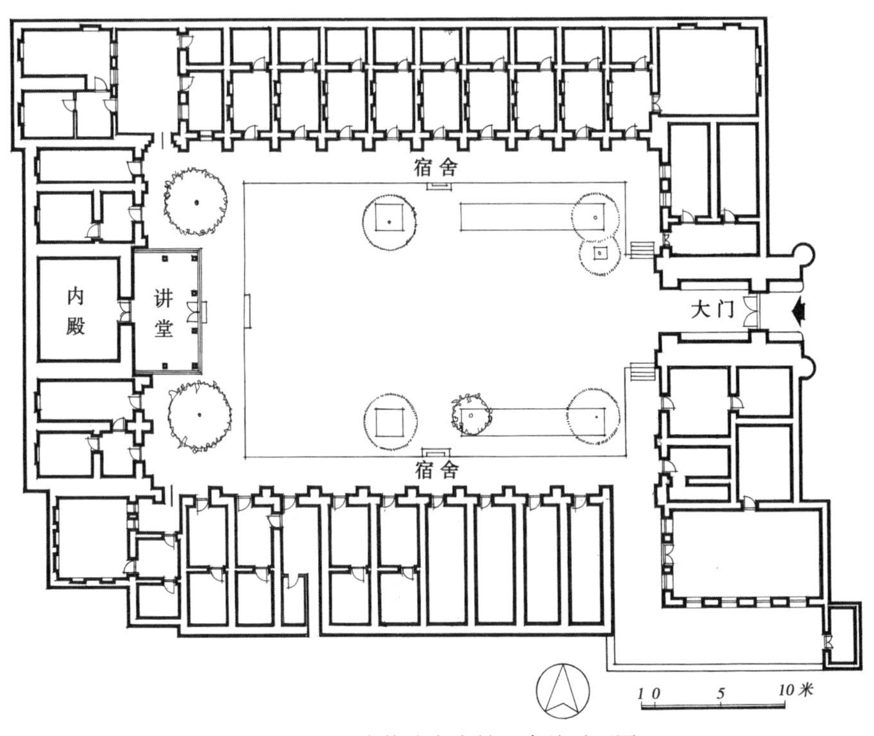

图52-1 喀什哈力克教经堂总平面图

哈力克教经堂，传闻为数百年前的建筑物。该教经堂大门与大礼拜寺大门制度相同，很是高大雄伟（左侧的哈赞祺教经堂大门更为高大，不过当笔者调查时，因该大门出了毛病，有大裂缝，很是危险，正在拆除中）。新中国成立后人民政府曾将此教经堂予以修整，所以房间重新粉饰洁白，加以院内地面铺砖，并有几株绿树，使庭院甚为清新爽快。

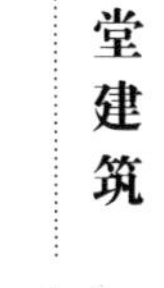

教经堂院内正面有经堂兼礼拜殿三间，外廊三间作为冬夏礼拜之用，左右厢房则为教师学员等居住之用。每房间全有内外套间，几为各寺经常宿舍之定制。

离哈力克教经堂不远处，有哈赞袪教经堂，此教经堂较哈力克教经堂略大，大门设在前左隅，院内布置与哈力克教经堂相似。

据《维吾尔族简志》谓："喀什的哈力克"（宗教最高学府）拥有"瓦合甫"地将近六千亩，可见当地教徒们对此学府（教经堂）的重视。

三、道堂建筑

自明朝中期以来，在西北地区信仰伊斯兰教的各民族中，出现了教主世袭的门宦制度。至清朝末年，这种门宦制度愈来愈发展，有的发展为道堂制度。教主们为了招揽教民，扩大自己的势力，兴建了规模宏大的道堂建筑。教主不仅是宗教的最高统治者，而且也是最高权力的象征。教主的任何召唤，教民都要一律奉行，绝对服从。道堂不仅是做礼拜、学教义、讲经传道的地方，而且也是发号施令的所在。这样一来，道堂建筑也就成了政教合一的机构。道堂建筑包括：宣讲教义的道堂、清真寺、拱北、住宅、客房、厨房、办公室、学校等，一般规模都很大。本文仅举吴忠鸿乐府道堂、板桥道堂及临潭西道堂三例加以介绍，其中以临潭西道堂为最大。

53. 宁夏吴忠县鸿乐府道堂

哲赫忍耶教派是伊斯兰教最大的门宦。它们在我国西北、东北、华南、云贵、华中、河北、山东、河南等地都有教徒（见《甘肃省文史资料选辑》）。

始祖马明心是甘肃武都人，清乾隆六年（1741年）卒。马明心由阿拉伯朝圣回国，传教于循化，曾引起老教的仇视，因而发生循化事变。这派后来发展有所谓道堂的组织，这派主要的道堂是鸿乐府道堂。

鸿乐府道堂，在吴忠金积堡西北数里之遥。由马化龙的后人掌教。金积堡即是1869年回民起义的中心之一。传说马化龙失败后，即埋葬此地，并在此建起"拱北"（另一说是马化龙的拱北在张泉川）。

原来道堂规模如何已不可知。约在民国十一二年（1922~1923年），马锡恩将道堂建好后，他儿子马震武即来此做教主。此道堂比西吉道堂年代早约五十年。每逢重要节日，凡云南、新疆等全国各省的教徒中的重要人物，全要来此聚会。人数最多时约数千人，分别住在道堂内的客房及村中民宅内。

现在的道堂建筑由道堂、拱北、住宅、花园、客房、水房、厨房、账房等建筑组成（图53-1）。

（1）道堂——是三合院式的带顶棚的大建筑。因为节日时教徒们来得太多，所以不得不在三合院的院庭中加盖一永久性的顶棚（平顶）建筑，用侧面天窗来采光。同时，将左右厢房变成廊屋与带顶棚的院庭连成一片，即成一大的厅堂，以便容纳更多的徒众。这道堂，可能要做礼拜用，但是它为什么不建成礼拜殿的样子呢？原因可能有三：①为了教徒能直接看到道堂后面的拱北建筑群；②顶棚建筑可能是后加的；③沿袭我国庭院式建筑制度，以示与清真寺大殿有所不同（图53-2~图53-5）。

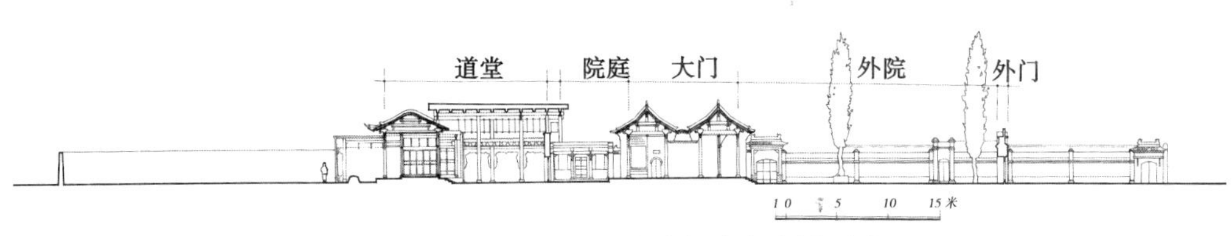

图53-1　宁夏吴忠县鸿乐府道堂总剖面图

图53-2　宁夏吴忠县鸿乐府道堂

图53-3　宁夏吴忠县鸿乐府道堂侧外观

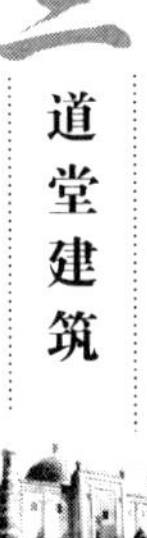

图53-4　宁夏吴忠县鸿乐府道堂一角

图53-5　宁夏吴忠县鸿乐府道堂内景

为了使教徒们看到后面的拱北群，所以在正面的大厅前后檐上部使用大玻璃窗，这种大玻璃窗，也是前所未有的，在当时颇能显示出道堂的威势。它的狭长的比例也给人以严肃的感觉。堂内雕刻甚精，但不用彩画，颇有一种简朴的风味。正面大厅的外面用周围廊的做法，上为平顶及楣子，并加小垂柱，形制都较为华丽。总之，道堂建筑比一般建筑都高大华美，而且制度不同（图53-6）。充分显示出它们的重要性以及与一般伊斯兰教建筑的不同。正面大厅，是最重要的教民们听讲的位置。人数再增多时，则在堂外院乃至大门以外，都有跪卧着听道的。

大门及左右旁门共三道。教主走中门，其他人等概走旁门，等级制度限制很严。

图53-6　宁夏吴忠县鸿乐府道堂内装修

道堂建筑大小木作完全用本色木面，很是大方可取。

（2）住宅——在道堂的左侧有房屋及院落甚多，建筑多为平顶、四合院制度。客厅及住室位置在道堂大门左侧，更左侧有三数院落的住宅。一般室内都有火炕、落地罩、柱门等装修。建筑都不甚高大，与一般民宅相同，只是用雕刻装饰多些（图53-7、图53-8）。

在住宅部分的北面（后面），道堂的右侧院内，有一较大的果树园，中建凉亭一座，周围廊式，下为高台，上为平顶，供游赏之用。可见教主的生活享受方面，是远为一般人所不及的（图53-9）。

客房、水房、厨房、宰牲院、马房等建筑全建在住宅南部，凡四五个院落。客房内有男客房、女客房等，修建得相当整齐华美。

在道堂院落的周围，还有很大面积的果树园以及农田。周围一片安静而碧绿的乡村景色，是一良好的居住环境。农田的数目及佃户的数目，虽不了解，但是这道堂附带有园林性质，是可以肯定的。

图53-7　宁夏吴忠县鸿乐府道堂客房

图53-8　宁夏吴忠县鸿乐府道堂内一角

图53-9　宁夏吴忠县鸿乐府道堂花园

54. 宁夏吴忠县板桥道堂

板桥道堂与鸿乐府道堂相距二十公里，是马腾霭的道堂。新中国成立后，马腾霭曾任宁夏回族自治区人民政府副主席。

板桥道堂建于民国32年（1943年），规模远较鸿乐府为小。它由三组建筑构成，即道堂、拱北、清真寺。此外，尚有农户住宅等。

（1）道堂建筑在一座小方形城堡内。这种城堡制度，在我国西北是很多的。它一则可以防风沙严寒，二则可以用于防卫。特别是在甘肃、青海一带，就是一般的民宅，也有很多都先用高厚的围墙筑成方框，然后，即以此墙为正房、厢房等的后墙而建屋。此墙头往往高过屋顶约两三尺。于是我们在田野一望，只见大大小小的庄堡式的土墙，而不见房屋。这种住宅俗称“庄窠”。

板桥道堂也是“庄窠”建筑之一种，它的城堡犹同小城一般大小。四角原来都有角楼（平顶三间）。今则只余东北角一处（图54-1）。它的规模比邻近董福祥府的城堡略小，建筑也不如董福祥府精致华丽。

图54-1 宁夏吴忠县板桥道堂

在道堂城堡内，建筑都是沿用一般民宅建筑制度，也全是四合院式，只是房屋质量较好，道堂本身（大厅）建筑较为高大而已。

城堡主要分三院：①外为广场，有客房、水房、佣人房等建筑。为了表示建筑的重要性，大门特为高大起脊。②大门内即是道堂院。道堂的正厅较高，带前廊，也是平屋顶的建筑。③左右厢房则是客房（图54-2、图54-3）。

院内布置甚是整齐，到节日讲道，徒众们即聚立在院中听道，片刻即散。

在道堂的左院，即是住宅，与一般住宅制度相同，全用平顶制度，很是经济可取。将主要装饰集中于走廊内、桶子墙、雀替以及檐端的花板上。至于柱额梁枋，以及马头墙、围墙等处则完全简素，这也是我国的常用作风（图54-4、图54-5）。道堂木砖雕刻装饰技巧较好，题材多用农产品，如麦穗、葫芦、瓜、茄子等（图54-6）。

（2）拱北——拱北建筑是在道堂及住宅城堡的东面，有前面下厅房、正面厅房及厅后的拱北两座，此为马氏父母的葬地。正厅三间用周围廊卷棚顶，

图54-2　宁夏吴忠县板桥道堂大门

图54-3　宁夏吴忠县板桥道堂厅廊

图54-4　宁夏吴忠县板桥道堂一角

图54-5　宁夏吴忠县板桥道堂院景

图54-6　宁夏吴忠县板桥道堂内门饰

带斗栱。厅后拱北全部砖砌：一为六角平面，一为方形平面，也有砖斗栱。雕砖是西北回民工匠最擅长的技术。这拱北的雕刻也很精致可观（图54-7）。

清真寺在道堂及拱北的正北面，正对道堂与拱北间的巷道，这显然是有意识的安排。寺甚小，但也有大殿水房、阿訇学员等居住之处。大殿的起脊，屋顶与前面房间的平顶，构成了当地建筑的特色。宁夏的一般民宅使用平顶房。不过为了强调清真寺大殿的重要性，以及它的尊严，所以不得不高高举起大屋顶来，这种办法，在喇嘛教建筑上也常常见到。最后，应该提到的是鸿乐府与板桥两道堂相距不远，内容相似，但是建筑的方式则全然不同。板桥道堂是分建为道堂、住宅、拱北及清真寺三处，而鸿乐府道堂则是共建在一处。这种差异的原因是对待拱北的态度不同。鸿乐府道堂正对拱北，主要为他的先人举行祭祀追悼时，在厅堂内要能看到拱北。而板桥道堂则将拱北建筑与道堂分离，也即是说祭祀时，不必在道堂的堂内举行仪式，而是在拱北的前厅内举行。同时，传闻板桥讲道也只是寥寥数语，与鸿乐府的庄严盛大集会，远不相同。

鸿乐府拱北的祭祀建筑与道堂建筑联合在一起，而板桥的道堂则纯是为讲道而设。

图54-7　宁夏吴忠县板桥道堂拱北

另一值得注意之处，即是：鸿乐府道堂规模及建筑虽然庞大，但不够庄严雄伟。虽然它也有一主要的中轴线，但有零拼碎补的感觉。至于板桥道堂，虽分三处建成，房间又小，但感到道堂部分因是城堡，确较庄严可观。但是道堂、拱北、清真寺等联系不够紧密，仍是其不足之处。

55. 甘肃临潭县西道堂

临潭、临夏一带是西北伊斯兰教的重点地区之一。这一带回民甚多，由于清末民初商业较前有所发展，同时也受到了太平天国等思潮的影响，所以在伊斯兰教内产生了西道堂的教派。教主马启西在早年曾与他的老师范纯武起义，参加了白莲教，后来到清末宣统时（一说在光绪十七八年，即1891~1892年）就成立了西道堂的教派。因为西道堂的制度特别，所以一般教民都不肯到西道堂去。这教派主要的特点是一切教民为一体，衣食住行及工作等一切全由教主们分配。在生产方面有的务农，有的经商，而经济来源主要是靠经商。它们有所谓十大商号如天兴德、天兴隆等，分布在北京、天津、张家口、成都、兰州等地，主要做皮毛等生意。教民数量发展很快，在民国15年左右，西道堂建筑规模已经很完备（已发展有三百多户，及十三个村庄）。不过后来遭到一些焚毁，主要是由于回汉之间、回藏之间，以及新老教与西道堂之间、国民党军阀之间的种种矛盾所引起的。现在西道堂的建筑则多是1930~1949年间新建的。西道堂从成立到1963年，已有五十三年的历史。

现在，西道堂主要包括：清真寺、道堂、阿訇住宅、教主住宅、群众建筑、办公楼、大厨房、大食堂、马棚、男女学校、拱北等。在城附近尚有商号建筑。现将西道堂建筑，略加论述如下：

（1）清真寺建筑部分是道堂的主要建筑。建在临潭西城外小河的西岸高地上，清真寺位置在最东部，它的地势较高，而且用重檐歇山绿琉璃瓦屋顶。所以，一出城即可望见此寺。

大殿建筑，完全模仿兰州桥门街大寺（详见桥门街清真寺建筑），只是绿琉璃瓦的使用较兰州寺为壮丽豪华。殿前用石栏杆也是兰州寺所没有的。临潭寺多不用彩色，此大殿亦无彩画，而是纯用本色木面，也很雅素可取（图55-1、图55-2）。

大殿前左右，各有讲道间七间，带出廊，以及其他配房，使院庭更为整齐严肃，它较兰州寺气魄为大。阿訇住宅在寺后，有院庭三四。正中一院建筑华丽，中为客厅，左右有居住用房，它显示出西道堂的财力雄厚、教民众多（图55-3）。

（2）学校在阿訇住宅后，再后为厨房，其西为男学校，为两个四合院建筑，都很整齐可观。临潭所有的清真寺都无邦克楼，此寺也不例外。主要原因是此地寺多，而且都是民国时重建之物，当时钟表已经盛行，所以不必叫“邦克”了。

清真寺部分，集中修建在道堂的北部山地上，是一个好办法，既整齐威严，又区划分明，不与住宅及道堂相混。

在寺后部，西风山的山坡上，有一段平地可以俯瞰临潭全城的面貌。在这里，西道堂三个教主的坟墓上未起祠堂，当地教民也呼作“拱北”。

（3）道堂及居住部分：这部分的居住建筑，只是西道堂的一部分。散布在乡村、商号及其他地方的还有很多。这部分建筑值得注意的是道堂、办公楼、居住及厨房食堂，以及山上的女学校。位置在西风山坡下，较平坦的地方，成长条形。它前临河水，所以很自然地将这组建筑划分为三组，即道堂及办公部分、居住部分及

图55-1 甘肃临潭县西道堂及学校、阿訇住宅等建筑群

图55-2 甘肃临潭县西道堂清真寺装饰

图55-3 甘肃临潭县西道堂阿訇住宅

女校部分。后一部分在山上，前两部分在山下，因山势很平，所以这三组外观如一大组建筑。山下的道堂部分，位置在南部，主要居住部分则位置在北部，分别由面向河水的两道大门出入。整个建筑，因为有些是后加的（如办公楼等），所以，显得平面不够严整，稍感凌乱。

道堂建筑——这是西道堂最主要的建筑，也即是教主在这里对教民们讲道、发号施令的地方，所以它的位置比较居中，以便人们出入，同时也显示出它的重要。这所建筑是四合院式的，原来三面楼房，院庭内正面露出道堂五间，带前廊，建筑不甚高大，纯朴简素，作为平时待客之用。两侧厢房则露出七间。前厅房为九间，只露出五间。因此，堂前形成了5×7（间）的院庭。院庭甚是整洁，在讲道时院内搭起布棚，变成礼堂，教民们群立院中听道。平时即将布棚拆下，仍露出方正的院庭。这种随时改变的院庭或礼堂的办法，是相当经济而灵活的。如鸿乐府道堂，则是将院庭上部做成永久性的屋顶，而且雕饰丰富，平时不进堂内。显然此二道堂作风是有显著差异的。而鸿乐府道堂可能兼礼拜殿之用，所以做成永久性建筑。在道堂的南门外，尚有一小院。西侧房间是一小食堂，农民等人早起在此用饭后，即外出工作。道堂西厢部分，即是男女食堂七间，后接大厨房的院落。食堂前后两面，男女分开吃饭。

办公楼——在道堂南门外为一大院庭，有大门直通外面。在此大院庭的西面，靠着山崖修起了三层十四间的办公大楼。楼上分为平台，台西面即第四层的房屋为居住、学校、办公之用。第四层房屋即利用山坡上的平地建成（由女学校看此层位置在平地上）。从外看来此楼为四层建筑。

此楼房的式样受外国影响甚少，显然是属于当地民族形式的建筑。中间七间使用木廊柱栏杆，以及小木作门窗等。建筑整个立面既伟大又华丽。单是办公的部分就如此庞大。

主要居住部分——办公楼南侧的居住楼房也是较晚的建筑。主要居住部分是在道堂的北部，有许多房间是向南的。这部分一进大门就是广大的院庭，也可以说是广场，它是堆柴草、劈柴、打铁等日常工作的地方。因此广场还有马棚多间，马棚楼上堆草，此外全是楼房，供教民及教主等人居住之用。此部也可以说是当时西道堂的集体宿舍，建筑材料主要是木梁柱、门窗，只是后墙用土墙。

此种楼房尺度是相当合用的。一般室内净高为2.85米，每间面阔约2.6米，净进深则是3.72米。室内砌炕，炕深1.88米。所以地下空地，只深五市尺许，不过稍感局促些，但这是非常经济而可用的尺寸。外部用走廊连接，稍感走廊有太长之弊。

此种楼房建筑，在外观上感到气势甚大，由院内看过去走廊及栏杆、门窗等雕制华丽而庄严。但是，由楼房后部看，则是一片高厚土墙，上有木房檐板遮着，以防雨水淋湿。外面墙上用红色粉饰得光平整洁，予人以非常坚强雄伟的感觉。在旧社会时对此种道堂气派，却是令人不敢接近、望之生畏的。

女学校——在山上因地制宜地利用不同高度，而又极为窄长的地形，使学校建筑既合用，而又变化多姿，是匠师们的巧妙之处。

图55-4　甘肃临潭县西道堂大院内部大门

在正面的七间楼房的后面，顺应地势一半高起、一半低下的平坦地形，做成了靠西平坦低下地方的楼房与靠东高起地方的平房，平房与楼房上层齐平，互相连接。这种办法，使学校建筑可以有更多向南的房间，同时也可以保持更大的安静。

平房教室的后面，崛起一座高层八角攒尖式的建筑，是一个瞭望楼之类的建筑。这座建筑是全道堂的制高点，可以俯视四周。最后（最西北）则是一座碉堡（瞭望塔）（图55-4~图55-8）。

图55-5　甘肃临潭县西道堂教长住宅

图55-6　甘肃临潭县西道堂大院内部

图55-7　甘肃临潭县西道堂教徒住楼房

图55-8　甘肃临潭县西道堂西风坪小学校

总之，西道堂建筑，在伊斯兰教建筑内，是一新类型的建筑，它在建筑方面，如地形的选择与利用；主要房间向南，分区较为明确；建筑的壮丽；居住建筑的经济实用而朴素大方等，全是它的优点。不过，终因陆续添建扩充的缘故，未能掌握整体规划，所以有些地方感觉杂乱无章。在细部装饰上，如道堂的砖墙上，有许多雕刻图案，它表示民国时代洋化之风已深入到临潭的宗教建筑上。这也是因为它的商号甚多，广设在通都大邑，所以对当时的建筑新风尚接受较快。

四、陵墓（或叫拱北、麻扎、圣墓）建筑

伊斯兰教著名教长或领袖等死后的葬地，叫麻扎或叫拱北。此种葬地不仅埋葬教长一人，而是他的家族集中埋葬的地方。如果此人很有名，则在他及他的家族墓地周围还有无数的教徒们的坟墓。所以一个麻扎实际是某一宗派或集团的公共墓地。

在西北及内地各处常将此种陵墓或“圣墓”叫做“拱北”。拱北在新疆的陵墓或寺院建筑上，常指圆拱顶而言。在旧社会新疆多系政教合一的制度，所以在规模上新疆的拱北比甘肃、青海、宁夏的拱北为大。

在麻扎的墓祠之内，常是将整个家属的人等都陆续埋葬在内（有的集中于祠内，有的增加小房间，有的则在地下穴内分别埋葬）。而内地拱北的墓祠内则多是仅埋葬一人，这是它们的不同之处。

每年有一定的节日，死者的家属和亲友们到陵墓上来祭祀。有的特大陵墓可以

来几千人作十几天的大会。新疆南部少雨，祭祀节日人们绝大多数都露天睡觉。在那些天里，有很多做买卖的，比内地庙会还热闹。人数既多，所以在陵墓内除了墓祠建筑外，免不了有礼拜殿、教经堂、住宅、厨房、水房等设施，不过多少、大小各有不同。

建筑风格上新疆多为圆拱顶墓祠，多用砖、土坯、琉璃砖等砌成。也有较小的在平顶周围安小木棂窗的。在内地则多用起脊式的建筑。有的则因在山地上建造，它的形制更多起伏错落，别有风趣。在内地较早的拱北，则是不用起脊式墓祠，而用砖圆拱顶建筑，如宛嘎素墓、普哈丁墓。

陵墓方向多向正南，与礼拜殿圣龛之向西不同。陵墓周围的无数随葬小墓都是土坯或起土小墓，高不过两三尺，比较大的墓高大壮丽并有琉璃等制度，相去太远，显然这是阶级社会制度的具体表现。

56. 广东广州市桂花岗宛嘎素墓

广州城外桂花岗有一圣墓，据传是唐初由阿拉伯来中国传教的宛嘎素（或称旺各师、宛各斯）的坟墓，这是我国现有最早的一座伊斯兰教徒坟墓。据《天方正学》卷七《宛嘎素大人墓志》谓：“宛嘎素，天方人也，西方至圣之母舅也，奉使护送天经而来。于唐贞观六年行抵长安。唐太宗见其为人耿介，讲经论道，有实学也……因勅建大清真寺……嗣后生齿日繁，太宗后勅江宁、广州亦建清真寺分驻。厥后大人期颐之年，由粤乘海船，放洋西去……大人在船中复命归真，真体大发真香，墓于广州城外……昔者舍西德四十位，同时归真，皆基于大人大墓次……”笔者早年到广州调查时，据当地人指点，此墓是一砖建筑，内葬四十人。由以上记载可知，有宛嘎素等人在唐初来中国，并有建寺之事。死后葬在广州城外桂花岗。不过是否是在唐太宗贞观六年，是否曾在长安、江宁、广州三处建寺，则未敢遽信。不过“唐初海上交通甚繁，摩诃亦尝知中国为东方大国，劝其弟子往中国学习科学。彼于传教之始……”（见汇编）。因此唐初有阿拉伯教民来中国经商、传教。这是意中事，埋葬在桂花岗的墓是阿拉伯教民的墓，如认为此即宛嘎素墓也很可能。不过宛嘎素“归真”年月尚未得知。此墓可能建于唐，又经后世重修（图56-1、图56-2）。

桂花岗圣墓，本身建筑为正方形砖墓。砖墙上四隅砌菱角牙子，上起半圆拱顶。外部墙头处装饰花纹全是外国制度，不过“圣墓”墙上小窗已是中国式样，可以证明墓是后来重修过的。但重修工程并不太大，基本上仍是原来的形制。因为墓内外有灰垩饰，所以对原来砖结构及尺寸大小等不易看清，无法断定年代。说是唐代建的，也不无可能。我们可以肯定这是国内现存年代较早的砖无梁殿结构之一。其次古老的则是杭州凤凰寺的中间无梁殿结构。此外，尚有一种说法是此无梁殿是明中叶出现的，不过也只是一种传说。墓前卷棚则是清代的建筑（图56-3、图56-4）。

墓方向与右院的建筑物方向不一致，也可以证明两处建筑不是同时期建成的。

此墓的原来布置如何，不得而知。现在则是在“圣墓”周围有许多墓丛。在墓右部则是一院房舍，包括礼拜殿、方亭、客厅、会议室、水房、阿訇等房以及砖牌坊等建筑物，密集一院之内，显得“圣墓”壮丽可观。不过此组建筑群完全是为崇拜“圣墓”而建，它的建筑年代不会太早。据《苏联大百科全书》伊斯兰教章谓：10、11世纪，伊斯兰教进一步发展过程中，产生了“圣徒”崇拜。修道者搞神秘主义，并获得了普遍的承认。圣徒崇拜表现在拜谒“圣徒坟墓。在墓旁祷告，举行宗教仪式，献礼……”由此看来，宛嘎素墓旁这些崇拜性的建筑不可能始建于唐，究竟何时始建，尚不可知。它的中轴线与砖墓的中轴线不一致，而是相差甚多。现在建筑则全是清代重建的。

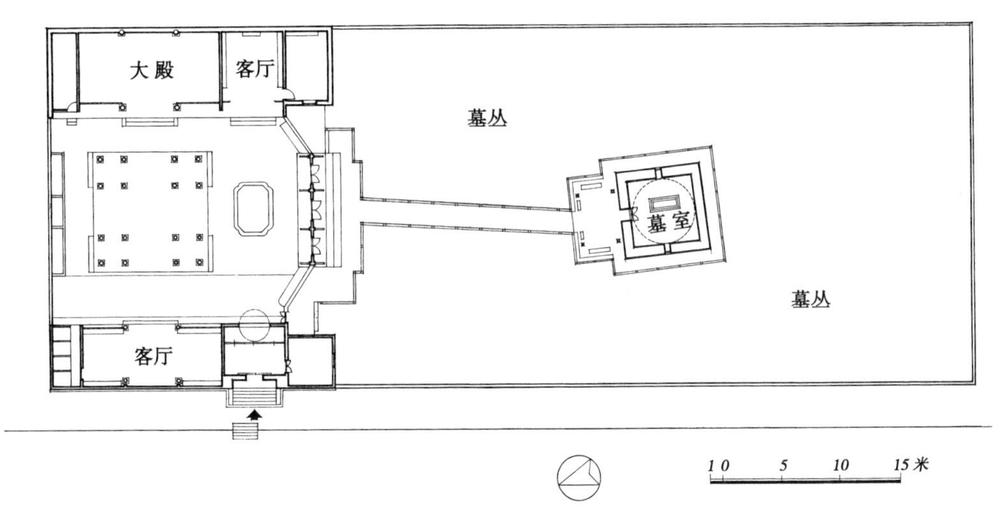

图56-1 广东广州市桂花岗宛嘎素墓总平面图

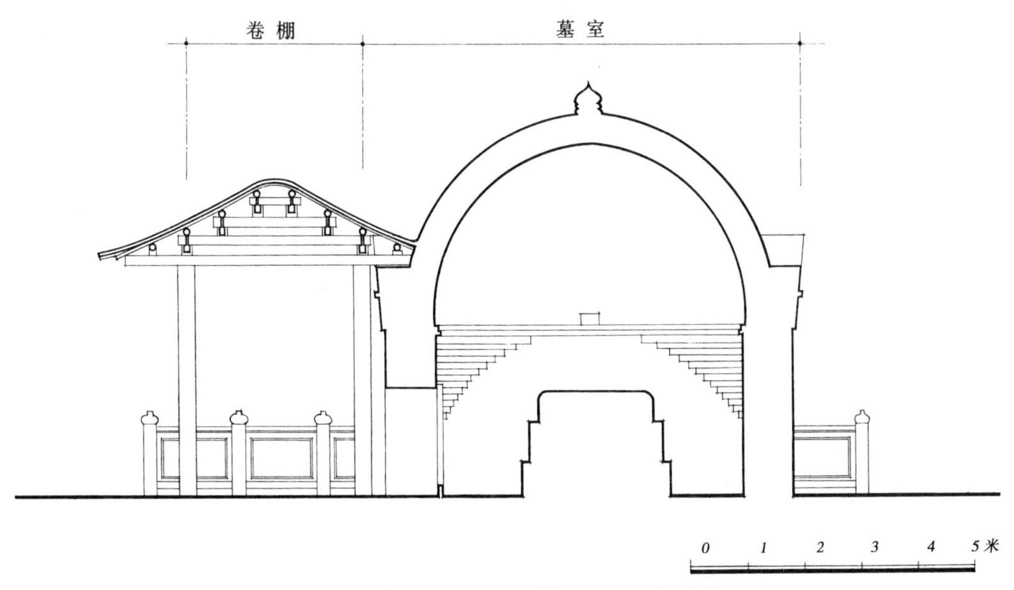

图56-2 广东广州市桂花岗宛嘎素墓剖面图

图56-3　广东广州市桂花岗宛嘎素墓

图56-4　广东广州市桂花岗宛嘎素墓内景

此组建筑群的特点是：院外墙非常简单朴素，在院内则是殿亭密集，“勾心斗角”在院正中建亭，因有此亭整个院中即甚荫凉爽快，这是一很好的解决绿化及降温的办法。此外，有此一亭，在雨天也可以避雨，使做礼拜的人减少雨淋之苦（图56-5、图56-6）。

砖牌坊三大间使这组建筑群更增强了严肃的纪念气氛。圣墓建筑群的大门为双扇板门外加横木条式的拉门，将拉门关上，将双扇板门敞开，院内即可以通风。这种办法，在广州他处亦可见到（图56-7~图56-9）。

院中有罗汉松一株，据植物学家谓已有千年寿命，为国内最古老的一株。

图56-5　广东广州市桂花岗宛嘎素墓院内一角

图56-6　广东广州市桂花岗宛嘎素墓石柱

图56-7　广东广州市桂花岗宛嘎素墓牌坊

图56-8　广东广州市桂花岗宛嘎素墓大门

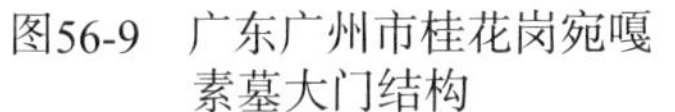

图56-9　广东广州市桂花岗宛嘎素墓大门结构

57. 福建泉州市灵山“圣墓”

灵山圣墓在泉州东五里，据明代何乔远《闽书》卷七《方域志》灵山条记载：

“自郡东南折而东，导湖岗南行为灵山，有麦德那国二人葬焉……门徒有大贤四人，唐武德中入朝，遂传教中国。一贤传教广州，二贤传教扬州，三贤、四贤传教泉州。卒葬此山……”

伊斯兰教是唐高宗时才传入中国的。《闽书》此条记载只能算是一种参考说法，不甚可信。

墓为青沙石雕成，分上下数层。墓址向南，墓后有半圆形石建回廊。二墓上有亭覆盖，现亭已倾圮。石回廊下正中竖一碑，为元至治三年（1323年）修建石墓时所立（参考吴文良《泉州宗教石刻》）。

石廊、柱础及柱头做法极似宋、元间物。大斗做法很接近泉州开元寺石塔。如以碑文所记作参考，则此石廊、柱础及柱头、梁枋、石屋盖等为元至治三年物，是没问题的。

此二墓外尚有其他伊斯兰教徒墓甚多（图57-1、图57-2）。

图57-1　福建泉州市灵山三贤、四贤墓全景

图57-2　福建泉州市灵山三贤、四贤墓柱头

58. 浙江杭州市伊斯兰教墓石及碑亭

杭州清波门外早有伊斯兰教墓地，其中建有石亭一座。因民国时市区发展，所以将最精美的三座石墓移建在清波门内，而石亭则移建在杭州“柳浪闻莺”公园内（图58-1、图58-2）。此二物全是宋、元时代石刻的精品。墓石的另一来源见《史料汇编》，谓：“杭州工务处拆城筑造环湖马路时，曾于清波门城墙之下，掘出古墓三座，碑褉六方（此碑褉可能即今日存放寺中之碑顶），上镌阿拉伯文字，刊刻高

古，鲜能辨识。”据伊斯兰教经师考译其文，系为唐、宋时代该教先贤（欧默力日及子额密力日、额补伯克力日）等之墓，后来将墓迁此保存。形制是用多层石级垒起，石面上满雕精细美丽的卷草等花纹，全是“减地平钑”的做法（图58-3）。

此墓石即是伊斯兰教纪念性建筑之一种。其形制的特点即是只用须弥座的下段，即束腰、覆莲、下枋、圭脚等，而不用须弥座的上枋仰莲。这显然已是民族化了的伊斯兰教纪念性建筑。但是敢于将须弥座拆散来使用，亦是艺术上大胆创造之处。石亭则是我国古代建筑中极为少见的佳例。因为元代亭的建筑至今已不可多

图58-1　杭州石亭（“柳浪闻莺”公园内）

图58-2　杭州石亭（“柳浪闻莺”公园内）顶内结构

图58-3　浙江杭州市清波门圣墓

见，而石亭更为少见。此石亭又是六角形，为伊斯兰教建筑常用的平面形制，在我国所有古建筑遗物中可称之为孤例。

亭为六角重檐，斗栱较大，补间用两朵后尾直上承托上部枋檩，结构简单而华丽，整个比例亦能恰到好处。额枋上雕刻花草。雀替甚为短小利落，而不过分雕琢。石建筑中有此作品诚属可贵（宜列入国家文物保护单位）。现在移置公园中更可点缀风景，不过此亭原来的确实地点则无从查考。

59. 江苏扬州市解放桥普哈丁墓

普哈丁墓在扬州市解放桥大运河的东岸，是一组扬州早年教民们的公共墓地，主要是以普哈丁墓为主。另有阿拉伯人墓冢六七处，俱宋、元人墓（注：马以愚《中国回教史鉴》）。此外，在墓附近空地，尚有许多墓丛。

在墓前亭门入口上部刻有题字：

“宋德祐元年西域至圣一十六世后裔大先贤普哈丁；

宋景定三年西域先贤撒敢达；

明成化元年西域大贤马哈谟得；

明成化五年西域先贤展马陆丁；

明弘治十一年西域先贤德纳；

乾隆丙申桂月重建。”

所以此“圣墓”内共包括六座不同时代的主要“先贤”墓葬，而最主要的一座则是普哈丁墓（刘彬如、陈达祚：《扬州回回堂》和《元代阿拉伯文的墓碑》）。这些墓葬都是用砖砌方形攒尖顶墓室，内为圆拱顶结构。

各墓排列次序颇觉凌乱，与建筑物关系配合不够密切完整。在我国西北等地区圣墓的墓室常放在最主要的中轴线上，而此墓群则是集中在右侧院内。这可能是历代修改重建及添建的结果（图59-1~图59-3）。

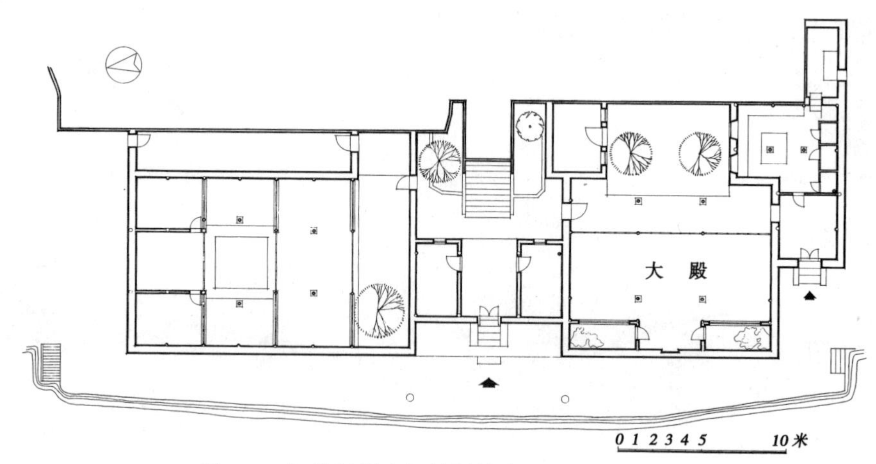

图59-1　江苏扬州市解放桥普哈丁墓局部平面图

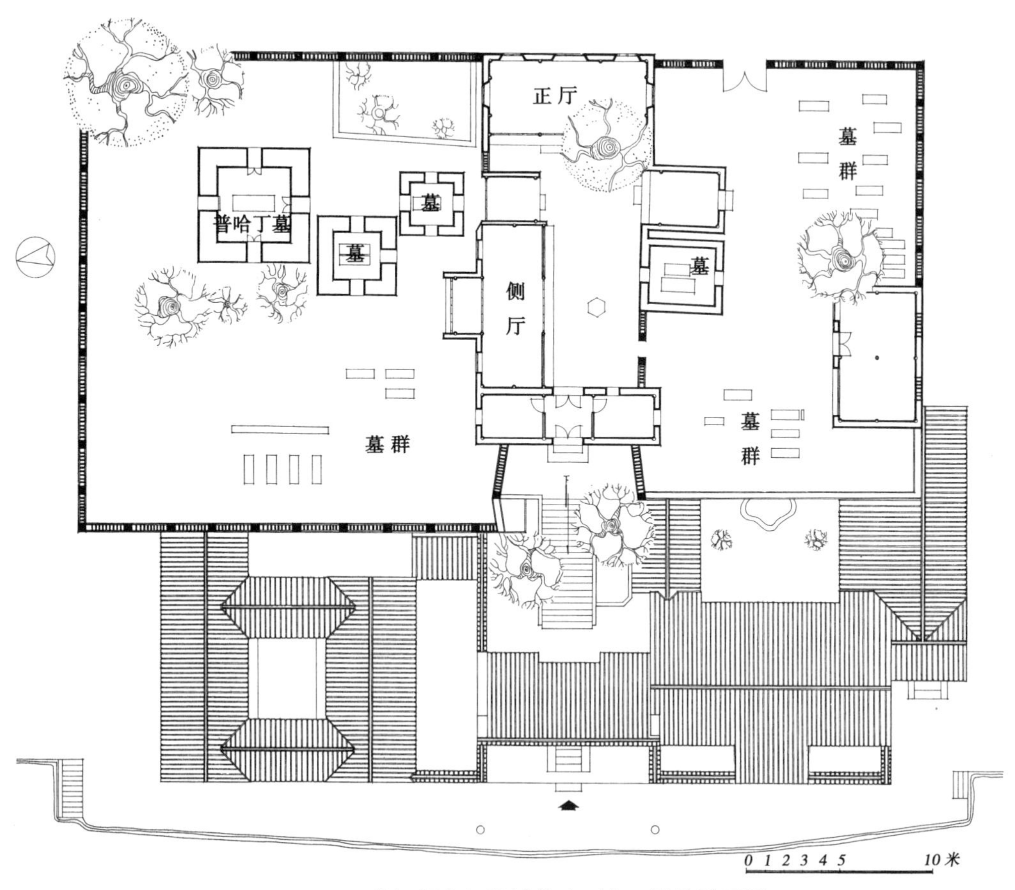

图59-2　江苏扬州市解放桥普哈丁墓二层总平面图

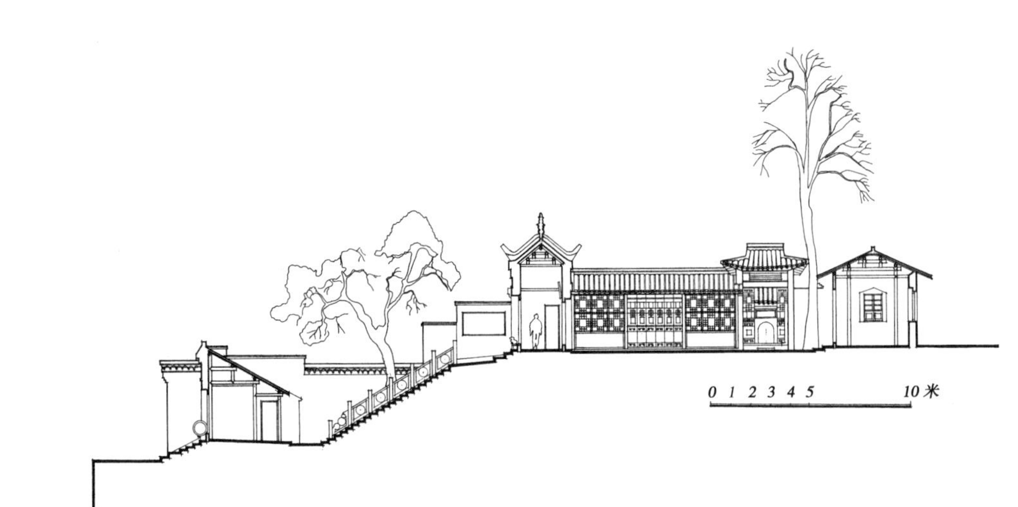

图59-3　江苏扬州市解放桥普哈丁墓总剖面图

建筑选地甚佳，是在大运河的东岸高地上，居高临下，风景秀美。建筑布置则能尽量利用地势，高高下下，参差有致（图59-4）。

大门居中，入门内布置些礼拜殿、水房、客房等小天井四合院等建筑，外作封火檐墙，白灰刷饰墙面，看过去很是整洁单纯而雄伟。

大门居中，入门内拾级直上达二道大门。石级宽阔整齐，左右雕石栏杆。栏板纹样多用几何纹或云纹，岔角中加团花，团花内使用各种动植物装饰图案。栏杆柱头则或作小狮，或作方形加如意头花样，这部分布置，甚是雄壮华美，富有我国传统建筑风格（图59-5~图59-7）。

二门及侧厅、正厅等则建在上段高台地上，形成院落。有些墓群即错杂在此院落的左右空场上，然后将此大片高台地使用花砖墙围起。花砖墙每段花纹全不相同，给人的感觉是既灵活又严整。墙内空地上有老树数株，更增加墓地的阴森气氛（图59-8、图59-9）。

图59-4　江苏扬州市解放桥普哈丁墓远景

图59-5　江苏扬州市解放桥普哈丁墓大门

图59-6　江苏扬州市解放桥普哈丁墓二门

图59-7　江苏扬州市解放桥普哈丁墓石柱板

图59-8　江苏扬州市解放桥普哈丁墓围墙

图59-9　江苏扬州市解放桥普哈丁墓后墙外景

此墓建筑物可能为清代重修，何时创始则未可知。后来年久失修，所以在清末时又行重建。光绪二十六年（1900年）碑记谓："谨将保护赛哈墓围墙十余丈既对亭台、水房三间、天方矩矱之间先行重建……"可见木结构建筑物多是清末所建。至于普哈丁墓室虽经清代重修，但仍大部分保持元代旧物，也可以说这是一座元代无梁殿建筑（图59-10）。

图59-10　江苏扬州市解放桥普哈丁墓正面

在墓地南面有许多石墓雕刻，题材有卷草、花卉等物，雕刻精美，为伊斯兰教建筑艺术中难得之品。它们多是减

地平铋，花纹细密，感到表面非常华丽。蒙刘彬如老先生以其中某一墓石拓片惠赠，可为创作时之参考。

普哈丁墓后花砖墙外空地上尚有许多教民的墓冢。有石羊等雕刻。在墓园中尚有元代阿拉伯人捏古柏等人的墓碑及墓塔石刻，是1927年扬州拆除南门挡军楼，在城墙脚下寻捡出来的。当时放置在南门大街礼拜寺内，最近才移置到普哈丁墓园中来。墓碑计四通，碑文以阿拉伯文、汉文间杂波斯文刻成（见《江海学刊》1962年第2期）。

关于普哈丁的事迹，光绪三十四年碑刻略谓：

“普哈丁者，天方之贤士，负有德望者也，相传为穆罕默德贤人十六世裔孙。宋咸淳间来游扬州……未几，先贤亦归西域，三年复东游至津沽，遂移舟南下，一夜即达广陵。抵岸，舟子呼客不应，视之早已归顺矣[时德祐元年（1275年）七月二十三日]。事为郡守元公所闻，知为异人，乃建墓于兹土。国初海贼入寇、兵至淮扬，见此墓，疑有宝石金玉等物，发之……”

从上述记载看，普哈丁显然是一大商人兼伊斯兰教徒。可能兼教长职务。前后两次来我国，未及西返即卒，葬此大运河东岸。随着伊斯兰教的发展，此墓遂成重要伊斯兰教墓地之一。

60. 宁夏固原市二十里铺拱北

在甘、青、宁一带，“拱北”建筑虽然没有新疆的多，但比起其他各处则远为繁盛。

在宁夏回族自治区有一座远近驰名的拱北，即固原市南二十里铺的拱北。

这座“拱北”是因山建成的。它前面有水有树，风景优美（它完全有条件开发为风景区）。而拱北本身的建筑立在一座乱石砌的高台上，用磨砖对缝砌成，顶上有斗栱、飞檐等物，以及台下的三数院落的建筑，充分显示了当时劳动人民的技艺工巧（图60-1、图60-2）。

因为每年“节日”常有各地客人来此拜斋，所以在高台上的前部主要布置为三院，即：中为墓祠院，左为客房院，右为外院。在客房院的东侧有一跨院，是马棚等处。南通大门。在右侧外院之外，地势即低下甚多，又辟为一院，是为杂役部分，并有旁门通到外院。此门外原有铁旗杆二，已毁（图60-3）。

在中部墓祠院正面有砖坊一座，是乾隆五十二年建成的，上有许多雕刻如云头、莲、芭蕉、灵芝、书画龙、卍字等，雕刻比较质朴（图60-4）。

通过这一道门，即有石阶直上，达最高的高台，此高台上即是拱北墓祠之所在。

墓祠（拱北）共三座，中大，左右小。正中拱北有墓室祠堂，雕刻丰富，为攒尖及卷棚顶带斗栱的建筑，为清末重建之物（图60-5、图60-6）。

墓祠的磨砖甚精，是回族工匠在雕砧技艺上的成就。

墓祠四周也全是很好的磨砖对缝的照壁墙。比较巧妙的地方即是墙不高、旁开很低的券门洞，通达外面。此券门洞显示出建筑的伟大，又令人有“神秘”的感觉

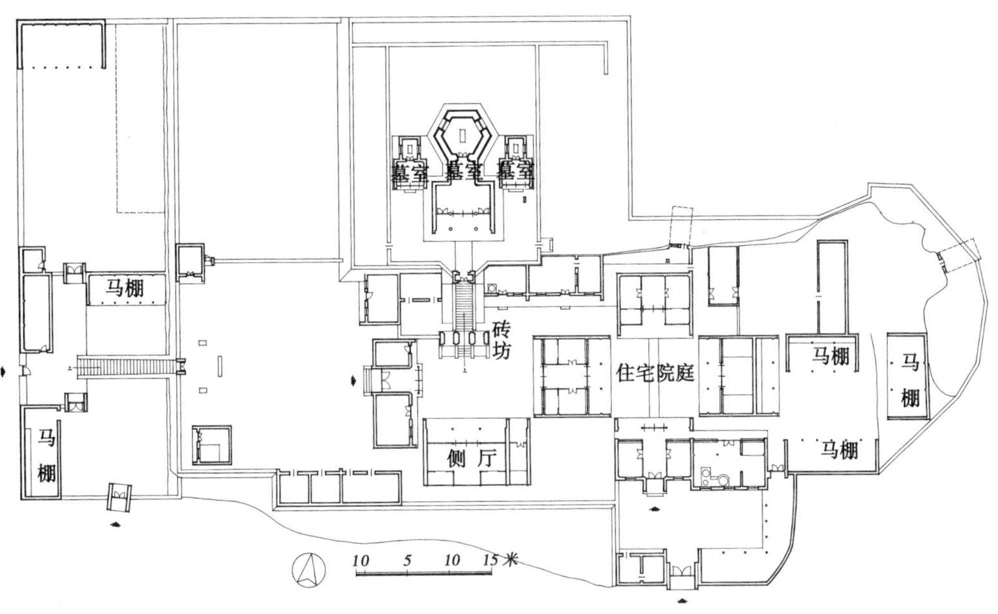

图60-1　宁夏固原市二十里铺拱北总平面图

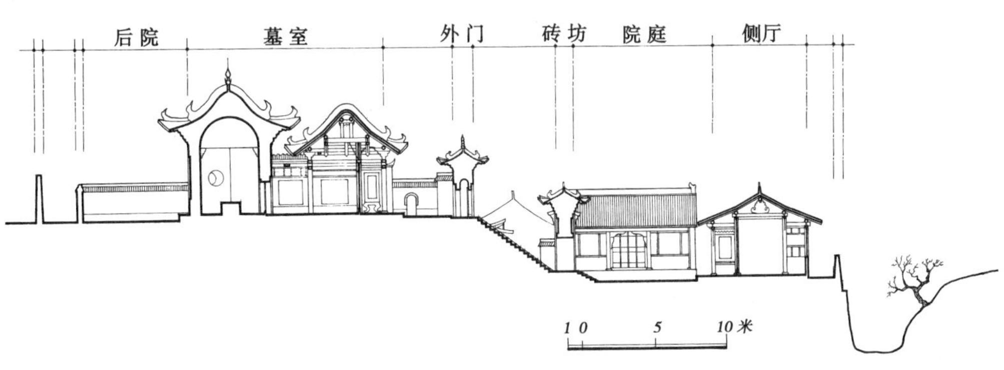

图60-2　宁夏固原市二十里铺拱北总剖面图

图60-3　宁夏固原市二十里铺拱北

图60-4　宁夏固原市二十里铺砖坊

图60-5　宁夏固原市二十里铺拱北外景

图60-6　宁夏固原市二十里铺拱北一角

（图60-7~图60-9）。

总的看来，此拱北最成功之处，是利用高台地形层层筑起，而墓祠高高在上，给人以非常崇高宏伟之感。二层台上各院的分布，亦能充分地利用地形，使平面布置井井有条。

这整组建筑因为地形及环境配合恰当，所以颇有画意，成为当地绝佳的风景区。

此寺的建筑沿革，对伊斯兰教史关系不大，但可以看出有一些上层人物借故敛钱。在康熙十六年当地有人士拟在此山上建佛塔，但掘地得某人墓志，知死于明成化三年，但不知墓主的姓名，所以就没建佛塔，而建伊斯兰教拱北一处（见乾隆十六年重修先仙石墓碑记），是为“先仙古祠”。

到乾隆三十八年（1773年）碑记建筑事迹较多。据记谓：

“……而至本朝乾隆甲戌岁，历年久而越世深，其京顶香舍均皆泻漏，缓有本镇弁员数士方将立会募修……扩整京顶香舍卷棚牌坊……刊刻卧碑于卷棚之旁，历历可考。至其后之增益东楼，重修厨室，则其由来亦有匾额炳照。今至乾隆壬辰秋有本城旧族……在京顶卷棚以及香舍仍行泻漏……京顶卷棚香舍两楹通加补修……于是□□山门不称其观而改以为之。山门即美，则门外旗杆牌坊与门内照壁引路皆不可缺，遂又竭力不数月而告竣焉。”

又据光绪二十年（1854年）则谓：“同治初年，频遭兵燹，寺院倾圮”。所以此拱北二层台等木建筑多为清末重修之物。仪一砖坛为乾隆五十二年（1787年）建。

图60-7　宁夏固原市二十里铺拱北山墙

图60-8　宁夏固原市二十里铺拱北门墙雕饰

图60-9　宁夏固原市二十里铺拱北修饰

61. 甘肃临夏县大拱北

在临夏城西北山脚下，有一片平地，树木茂盛，河渠交错，此地已辟为公园。园中有一群做工精美的建筑，高低错落非常入画。它充分表现出劳动人民的智巧，特别是它的雕砖、花墙、木构三重檐屋顶、小木作门窗等，都是建筑中难得的精品。在甘、青、宁一带回族匠人以砖雕见长。而汉族匠人以木工见长。这群建筑的雕砖之精，确是有代表性的。该群建筑是伊斯兰教长祁静一的墓地。拱北规模如是之大，更足以说明它是伊斯兰教建筑中的重要实例。

大拱北的主人祁静一是临夏人，生于清顺治十三年（1656年），康熙五十八年（1719年）去世。受教于阿拉伯人，传教于四川、陕西、甘肃各地。此派自称为阿伯哈尼佛学派中的噶得林耶门宦，也可能与什叶派有关。一般称此门宦为大拱北门宦。此建筑群是乾隆初年建的，大概不成问题。

它的平面布置如与新疆喀什阿巴克和加墓比较，即可明显地看出来，它的特点是有中轴线，是用四合院以及关内的起脊式结构构成的。

它的规模相当大。它附属的拱北建筑（包括它的弟子们的拱北在内），共有七八座之多，它们共同构成了拱北群体。大拱北则是指祁静一的拱北而言，是其中最大的一座拱北。

大拱北包括的主要建筑物有：拱北、礼拜殿、客厅、客房、阿訇及学生住宅、后园等。内有苍松翠柏，以及河州最著名的牡丹。

它的大门分两处：一在东面，一在西南。大门到拱北故意做成许多曲折才到拱北前的主要院庭，然后又须经过拱北的正面砖门进入祠前穿堂，最后才到达拱北内部。如是曲折，可以增进大拱北的神秘感和其重要性，是我国建筑上常用的手法之一。

拱北本身先砌八角形砖墙，雕砖极为华丽精美。砖墙全是磨砖对缝，磨得非常光平细腻，一片青灰色调，非常可爱。此砖墙上即接连起了三重八角形重檐，用红褐色油漆，与灰砖的颜色形成强烈的对比。这种三重檐的建筑，在临夏是很少看到的（它与三层邦克楼不同）。它内部即用露明的梁枋作花饰，也很玲珑华丽（图61-1）。

它的雕砖多表现在照壁墙上，以及拱北墙上。像大拱北内墙即整个做成几段照墙心，并磨砖对缝，令人感到非常整洁细腻，它的外围墙则在须弥座的束腰上，分成若干间，每间花纹各不相同。这仍是乾隆间的原物未毁。上段围墙则做成不同的花窗形状，使拱北充满园林气氛。拱北砖墙下部用砖雕成须弥座栏杆，墙上则雕圆窗及花棂。进大门处迎面一座砖照壁，式样更是特殊。照壁心中，用大菱形图案，是一种非常大胆的尝试。这座照壁是临夏一位著名的雕砖匠人做成的（图61-2~图61-4）。

在小木作方面如客厅等处，均使用一般常见的格子窗棂，此种窗棂较密，可能是由于风沙大的缘故。装饰性很强。

在一座客厅的后檐柱上，则使用了一种极不常见的格扇，是一种固定的格扇，它的花纹极为特殊。因为，它的面积布满了三大间，所以，显然气魄甚大，华丽非凡，是一很成功的作品。大拱北前部房屋的色彩过分杂乱，应该重新彩绘，以提高整个大拱北的艺术品位。

在大拱北后部及周围，原是松柏参天，在后园还有临夏最著名的牡丹。但在1918年赵席尧“火烧八坊”时，连同大拱北建筑，一并烧光。现在则由政府辟为公园，将拱北原有的园林加以整理，并在后部添建了一些新的亭榭建筑，以及花草树木、河流等。不久此区即可与北山万寿观风景区连接起来。这是利用古代建筑变成园林的一个很好的范例。

图61-1　甘肃临夏县大拱北

图61-2　甘肃临夏县大拱北照壁墙雕砖

图61-3　甘肃临夏县大拱北雕砖墙

图61-4　甘肃临夏县大拱北后墙

在大拱北的前右隅，还有祁静一大弟子的拱北一区，此拱北仅是一座三合院式建筑。不过，在拱北部分，却是有很独到的做法的。

这个拱北是一座重檐带斗栱的建筑，它的下檐是方形，上檐是六角的攒尖顶。两种屋顶落在一起，给人以想象不到的豪迈气概，这也是一种很大胆的尝试。

在下部的方形砖墙上，则是很精细的雕砖工程。它是利用了砖照壁的制度，但是在照壁心上，却开成窗子，并用砖雕成窗棂等纹样。

最能突破常规的则是有一面墙上，照壁心的四角处，用了一种透空很大的窗式，给人以大方而又痛快淋漓的感觉。总之，此拱北敢于打破常规，使用了极为豪放不拘的手法，如六角与四方的重檐、透空很大的窗棂，以及拱北与前部穿堂、厅堂的配合等，都是处处出人意料地成功。

这个拱北建筑，在艺术创造方面，敢于打破成规而别出心裁，并且是一件相当成功的作品。至于雕砖技巧之熟练，更是成功。

至于大拱北群组建筑，也有许多失败的地方，兹不一一俱论。

62. 青海大通县猴子河杨氏拱北

青海大通县猴子河（又作后子河）距西宁很近，在山坡上有杨门杨元伟的拱北，是清光绪八年（1882年）建成的。

杨氏拱北本身并不大，在拱北以外还有正厅、客房、其他教民的墓丛等。在建筑上比较值得注意的是拱北因山势辟为高台而建，所以显得崇高。

这部分高台上三面用磨砖对缝的照壁墙形成一很光洁可爱的广庭，然后在庭正中用砖木建成墓祠，墓祠是重檐六角带斗栱的建筑。它前面连接着三小间（也可以说是一大间）卷棚歇山带斗栱的建筑，前面左右为柱，有八字墙（图62-1~图62-3）。

这部分处理得既华丽又庄严，特别是它正面的木棂条，整个布满了三间之广，更适合于祠堂（也可以叫献殿）的建筑性质。在墓祠的内部装修上也是精心布置的。在祠堂的内墙面上，满是砖雕的格门屏风式的雕刻。在墓室内壁则全是装板，然后在板上分割成屏门式装修，并在屏门面上满施雕刻，如树木、花卉、山水等。在顶棚部分则用藻井，藻井上也有斗栱等物构成斗八。它比洪水泉清真寺后庭藻井来得大方朴素（图62-4、图62-5）。

图62-1　青海大通县猴子河拱北外观

图62-2　青海大通县猴子河拱北侧外观

图62-3　青海大通县猴子河拱北八字照壁

图62-4　青海大通县猴子河拱北内部

图62-5 青海大通县猴子河拱北祠内藻井

总之，这高台上的墓祠建筑部分，是相当精美可观的（图62-6、图62-7）。

在这中部墓祠的建筑完全用起脊的屋顶，但是在院左跨院的客房部分，则一律使用当地民居的常用制度，即平顶土房的建筑。这样就使得中部主要建筑更显重要。

客房规模很大，有四合院数座，并有马棚等建筑，因为在节日各地前来祭祀的人是很多的。

图62-6 青海大通县猴子河拱北外门照壁

图62-7 青海大通县猴子河拱北照壁

63. 新疆喀什市玉素甫麻扎

陵墓在喀什南郊人民公园东南。传说是维吾尔族伟大的诗史家玉素甫哈斯·哈吉甫（巴拉沙衮城人）的陵墓。他最著名的长诗《福乐智慧》是在宋神宗熙宁二年（1069年）写成的。所以此墓可能是宋代的建筑。不过在宋时喀什不在今地，而玉素甫为何在此安葬，是一大问题。此外又有人谓此墓是一个名叫玉素甫哈的尔汗的墓。《维吾尔史料简编》谓：

“11世纪初，波拉汗的继位者伊尔克汗又差他的从兄弟玉素甫喀的尔汗侵入信奉佛教的于阗国，双方发生长期战争，达二十四年，结果于阗国王战败身死，于阗完全被伊斯兰教势力征服。……”

这位玉素甫喀的尔汗是东方推行伊斯兰教最重要的人物。可能与上述的玉素甫哈的尔汗是一个人，不过与玉素甫哈斯·哈吉甫确是两个人。

有的资料则谓：玉素甫·哈的尔汗是在教年438年死于喀什的……坟墓在人民公园的东南，他的坟墓后来经过“亚胡甫伯克”修建。

按照新疆维吾尔自治区文物管理委员会编的“新疆维吾尔自治区文物古建分布及保护名单”，鉴定此陵墓为玉素甫哈斯·哈吉甫的，所以暂从文管会的鉴定。

无论是哪一位玉素甫的陵墓建筑。从年代上来看，为一较早的例子，是无甚问题的。

它的规模总的看来也不算小，但主要建筑部分并不算大。这主要部分包括：墓祠一座带前后院，礼拜殿六间，住宅两个套间。外院有沙枣树两三株，使幽静的院落增添了一些生机。

现状是在阿古柏侵占南疆时修理过的，新疆解放后又予修理（图63-1、图63-2）。

此墓正中为绿琉璃圆拱顶。周围院墙用砖砌。礼拜殿为平顶，所以整个建筑群有高低、主次，成一完整的整体（图63-3）。

其次墓祠的蓝地白花墙琉璃面砖及礼拜殿木柱的雕刻纹样是新疆建筑中难得之精品。纹样丰美，制作古朴，为后世所少见。

墓祠前蓝地白花琉璃墙转角处镶边则用绿色琉璃，可能为数百年前物。但其墙下及圆拱顶上的绿琉璃方形面砖，则似为近代修葺时新添之物。墓祠左右邦克楼身使用瓦楞形线脚（楼直径84厘米），使立面更为精丽有力。此墓用塔楼（邦克楼）甚多，约十余座，较为少见，亦是建筑装饰之一种手法。塔楼的制作亦颇精美可观（图63-4~图63-7）。

礼拜殿的木柱雕刻花纹甚是古拙可爱，与一般的做法不同（图63-8）。

（注：此材料为笔者在20世纪60年代的调查状况，“文革”中，此建筑被毁，后重建时未按原状恢复，甚为遗憾。）

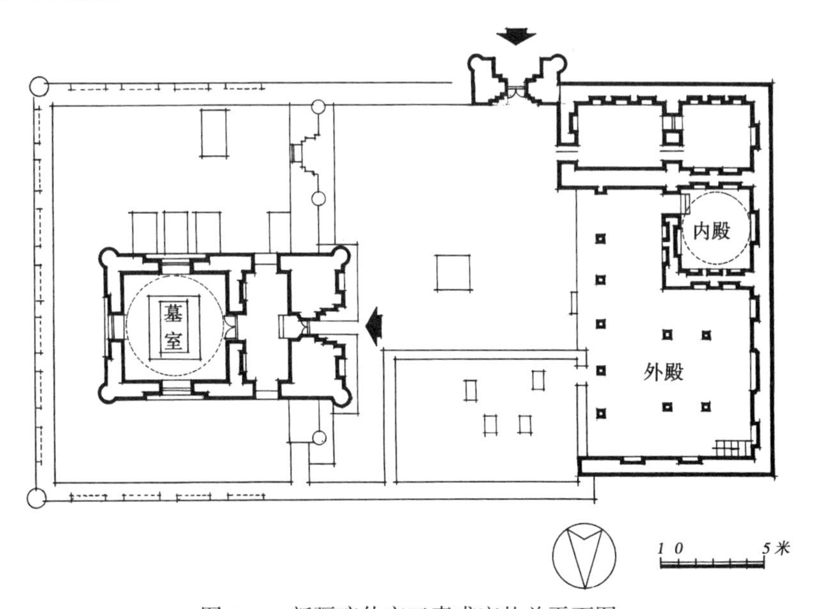

图63-1　新疆喀什市玉素甫麻扎总平面图

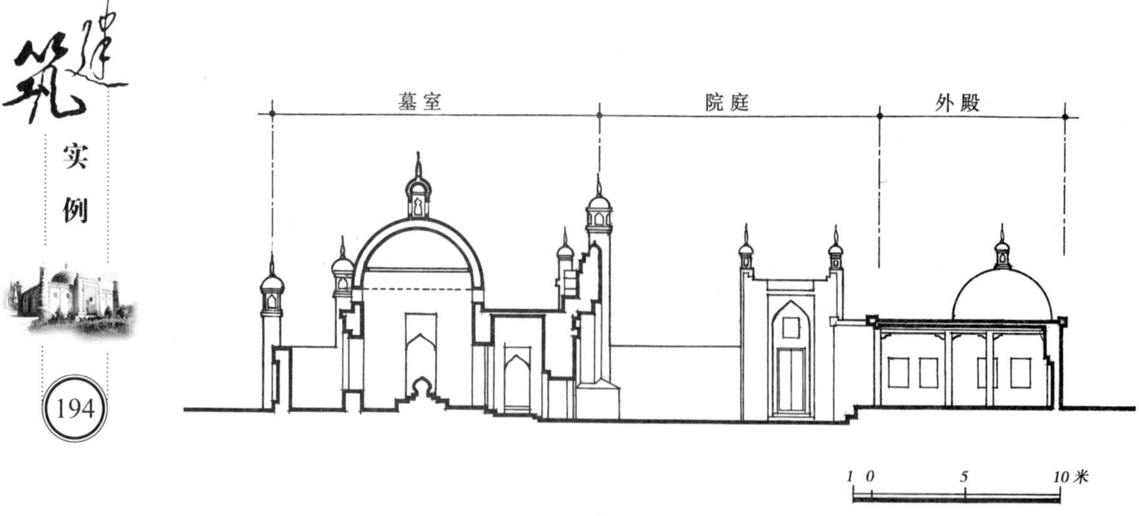

图63-2　新疆喀什市玉素甫麻扎总剖面图

图63-3　新疆喀什市玉素甫麻扎外观

图63-4　新疆喀什市玉素甫麻扎外墙

图63-5　新疆喀什市玉素甫麻扎大门细部

图63-6　新疆喀什市玉素甫麻扎门垛细部

图63-7　新疆喀什市玉素甫麻扎入口门细部

图63-8　新疆喀什市玉素甫麻扎内部柱础

64. 新疆霍城县吐虎鲁克麻扎

元朝对伊斯兰教及其建筑的发展有更大的促进作用。在伊儿汗国的第七代君主合赞时就废弃汗号，改称“苏丹”，并严令全国人民都着伊斯兰教式衣帽，头上缠白布。钦察汗国第五代乌孜别克汗时全力研究伊斯兰教教义，给伊斯兰教教徒以优待，并令人人信伊斯兰教，这些人也即是后来的乌兹别克人。

至于察合台汗国到元顺帝至正二十五年（1325年），托克乐克铁木耳时，由原来信仰的喇嘛教改信伊斯兰教。并向所属各处派出了大批的传教士，使阿克苏、焉耆等地从王公贵族到一般群众都信仰伊斯兰教。

托克乐克铁木耳即是吐虎鲁克铁木耳，是成吉思汗七世孙，他死于1363年。他的坟墓在霍城县城东约五公里的玛扎村，可能是在他死的那年建成的。

墓在一砖砌墓祠内。祠正中有圆拱顶（无梁殿结构，无木柱横梁），有暗梯可以登临，高7.7米、正面宽10.8米，深15.8米。正面装置除横额和左右两条阿拉伯文字外，其余全是花纹图案，字和图案即是用紫、白、蓝色瓷砖镶砌而成，极为精美（《文物参考资料》1953年第12期新疆伊犁区文物调查）。有些几何纹如小木作棂条，和大门尖拱下壁面上之文饰，均是伊斯兰教建筑所喜用的。

它的制度很接近中亚一带的做法。无论大门及砖龛，全是这时当地的式样。此大门如果与杭州真教寺及泉州清净寺大门相比较，即可看出三门制度很相近。特别是在西北一带，因为当时自然条件等关系，容易保持自己的建筑制度。而内地则因自然条件以及当地的建筑技术等局限，不易产生一种较新颖而特殊的伊斯兰教建筑艺术。时间既久，亦因各地民族的喜好不同，而内地回族伊斯兰教建筑遂与新疆维吾尔族的伊斯兰教建筑各有不同的发展。而蒙古族的吐虎鲁克麻扎的制度则接近西方及维吾尔族制度，与内地回族伊斯兰教建筑显然具有不同的民族特点及地方特征。

吐虎鲁克麻扎已是有将近600年历史的古代建筑，很值得重视。墓附近有他父亲和他儿子的墓屋各一个，规模都比较小，并无装饰。

65. 新疆喀什市阿帕克和加麻扎

新疆喀什市阿帕克和加麻扎，始建于明清之际。17世纪下半叶，喀什噶尔伊斯兰教白山派首领阿帕克和加及其父玛木特玉素甫死后曾埋在这里。麻扎里还埋有阿帕克和加的其他亲属。1874年阿古柏入侵南疆后，为了实行宗教封建奴役，曾将这个麻扎大加修理。它是新疆也是全国最大的一个麻扎（图65-1、图65-2）。传说清乾隆皇帝宫中的蓉妃（又叫伊帕尔汗、香妃），是玛木特玉素甫的后裔，死后归葬于这个麻扎，所以有些人又把这个麻扎叫“香妃墓”。据近年史学工作者考证，清宫中的蓉妃死后埋葬于清东陵，所谓喀什“香妃墓”，实为讹传。

阿帕克和加麻扎，在喀什东约十华里，范围甚大，内有阿帕克和加墓祠一座，大小礼拜寺四座，教经堂一座，阿訇住宅一所，水房、厨房多所，另有涝坝、果木园子、树木甚多。四周住有七百多户人家，还有数以万计的教民们的中小型坟墓。这种中小型坟墓，全是用土坯垒砌，不过多简陋低小，远远不如麻扎的壮丽。当时此麻扎拥有土地一万六千多亩，全是由教徒们捐献或通过其他方式得来的（《维吾尔族简志》）。通过此麻扎建筑，也可以看出当时统治者们对劳动人民剥削 之重。

（1）墓祠

这是阿帕克和加家族的陵墓内最主要的建筑。内地一般帝王陵墓，主要是先起

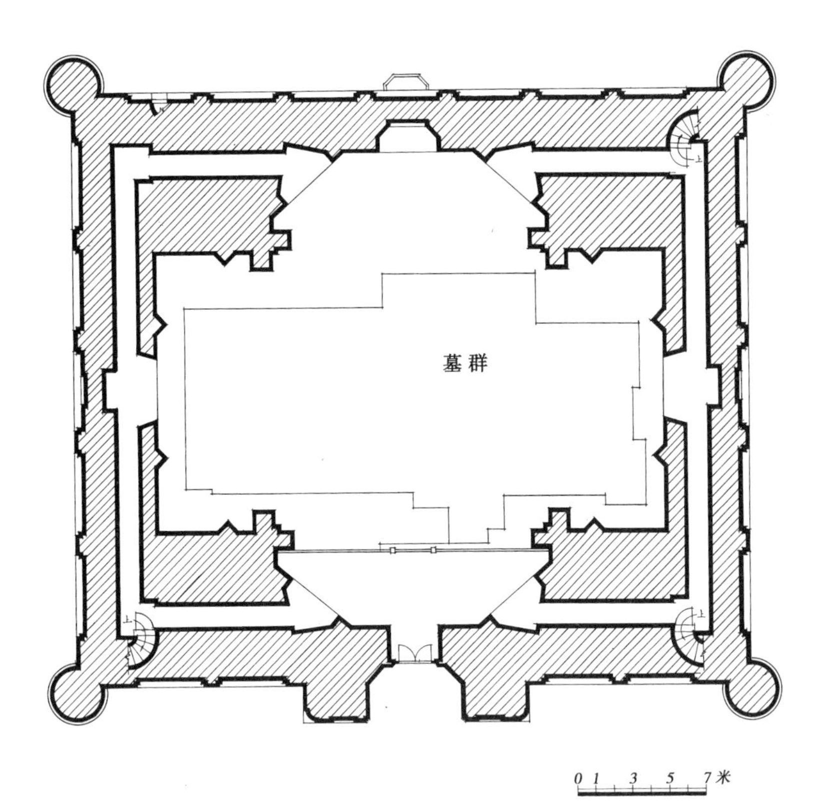

图65-1　新疆喀什市阿帕克和加陵墓平面图

土冢，然后在冢上或冢前设立祠堂。但是麻扎的建筑，则是先建一大墓祠，然后，即在祠内置死者墓葬。死者的墓高不过一二米或五六米，长约二三米（小孩墓高不过一米，长不过一米半）。祠内不是专埋葬一个人，而是全家都埋葬在祠内（也有只葬一个人的）。阿帕克和加墓祠占地两千余平方米，拱北（即圆顶的建筑）高约三十余米。据传说，原来圆顶上有一个包金的小金顶，在1934年马仲英部队从南疆逃亡时，将金顶的金叶拆下抢走，圆拱顶不久即行坍毁。新中国成立后，由于宗教信仰自由政策的执行，人民政府出资约10万元，将麻扎予以重修，将圆拱顶修复，全用绿琉璃覆盖。祠堂内共有大小墓68座，而所谓"香妃"墓，只是大墓边角处较小的一座。其余较大的大墓，据说全是"香妃"外祖父的家族。每年在肉孜节前后的一个月时间为祭祀时间。此时，有几十万来自喀什附近各地的群众，携带食品前来祭祀。有些富人们则在陵墓空地上搭盖帐篷，过斋月（寺内的大小礼拜寺、教经堂、厨房、浴室等就是为祭祀应用建造的）。这是一种社会群众性的盛大集会。

墓祠平面，面阔七间，进深五间，四隅各有邦克楼一座。楼圆形，内有砖梯可以盘旋上达顶部塔楼内。此种中为圆顶，四隅具邦克楼的制度，在波斯、印度、中亚等处的伊斯兰教建筑上是较为常见的。不过印度等地多用石雕，花纹繁缛，而此外则大量使用琉璃砖图案花纹。在色泽上，彼此也是不大相同的（图65-3~图65-5）。

墓祠的大圆顶及邦克楼可以说是南疆最大的。它的圆顶结构与一般的不同，它不

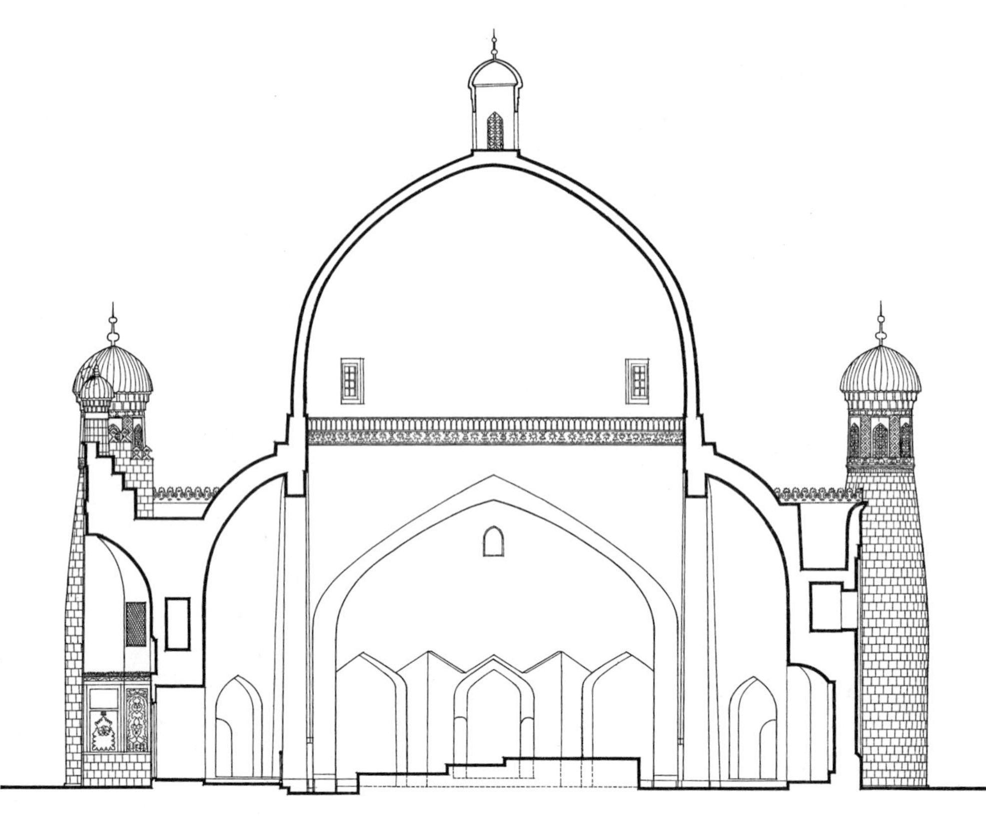

图65-2　新疆喀什市阿帕克和加墓剖面图

图65-3　新疆喀什市阿帕克和加墓

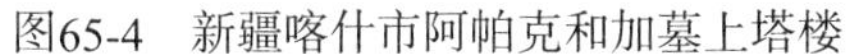
图65-4　新疆喀什市阿帕克和加墓上塔楼

图65-5　新疆喀什市阿帕克和加墓

是在四方的墙上直接起圆拱顶，而是先在祠的四面起半圆形拱券（也可以说是在祠的四壁向中央扩展四个半圆形拱券），然后在祠四隅起四小券。在四小券及四大券顶部逐渐做成圆形的环状体，然后即在此环状体上起大圆拱顶。

祠内部因使用大圆拱顶，愈上愈高，所以给人以既集中又高大的感觉。这是善于利用结构作装饰的一例。同时，祠内部墙壁上，又粉刷洁白，不施彩画，此也是一种做法。

在墓祠四隅的夹层部分，开有许多窗洞，窗上棂条各不相同，比内地的精巧。纹样有的多阿拉伯作风，但又有所变化（图65-6~图65-9）。

在祠堂外面大门、墙壁及邦克楼上全施以各种黄绿及蓝色琉璃砖，配以淡米黄色粉刷的墙面。最上的圆顶则全是绿色琉璃。邦克楼形制较为粗壮，它的装饰花纹，主要是利用不同颜色的琉璃砖做成横线条图案，更令人感到墓祠的雄伟，与一般民宅远远不同。

（2）礼拜寺

礼拜寺共有四座，即：绿顶礼拜寺，大礼拜寺，高低礼拜寺。高低寺是两寺连建在一起的，所以麻扎内共有寺四座。

①绿顶礼拜寺

这是陵墓最古老的建筑之一，是清初与墓祠同时建成的寺，也是一典型的大圆顶礼拜寺。它紧邻在墓祠的右侧。此寺由两部合成，即前面敞廊，为热天礼拜之用；后为绿琉璃瓦的圆拱顶建筑，为冷天礼拜之用。此敞廊（外殿）是一座面阔四间、进深三间的平顶建筑物。它的最珍贵的地方，即是梁枋及板门上全刻满各种精丽无比的花纹作装饰，而柱则粗壮有力，无后世之绮丽、繁琐、细腻的感觉。此寺柱身用绿色，与绿顶色调一致，颇感舒适和谐。

内殿圆拱顶内径为11.6米，是一相当大的圆拱顶，去地面约16米余。它利用方墙及

图65-6　新疆喀什市阿帕克和加墓窗花（一）

图65-7　新疆喀什市阿帕克和加墓窗花（二）

图65-8　新疆喀什市阿帕克和加墓窗花（三）

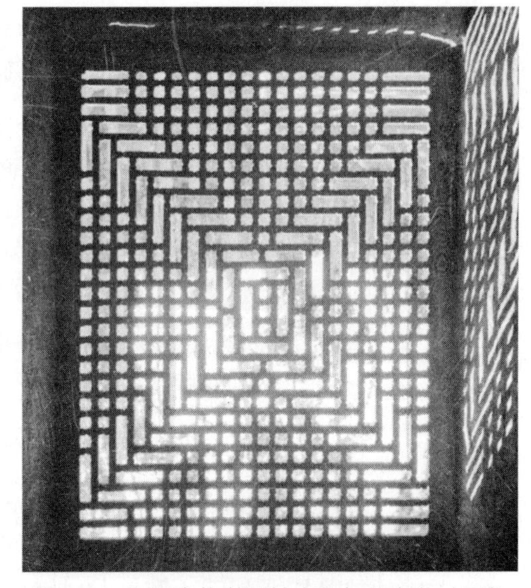
图65-9　新疆喀什市阿帕克和加墓窗花（四）

圆顶之间的过渡做成了四层龛状，即：下为四龛，上为八龛，更上为十六龛，最上为三十二龛，最高处覆以大圆拱顶。龛数及层数之多，显得圆拱顶更为精丽伟大。更值得注意的是，一进门即迎面突起此一大圆顶，这就予人以意外壮丽的感觉（图65-10）。

②大礼拜寺

寺在院内西端，与墓祠遥遥相对，是阿古柏入侵新疆时代的建筑。在此期间对墓祠不但大修旧建筑，而且添建了许多新建筑，大礼拜寺即是其中之一。该礼拜寺平面为三合院的形式（图65-11）。

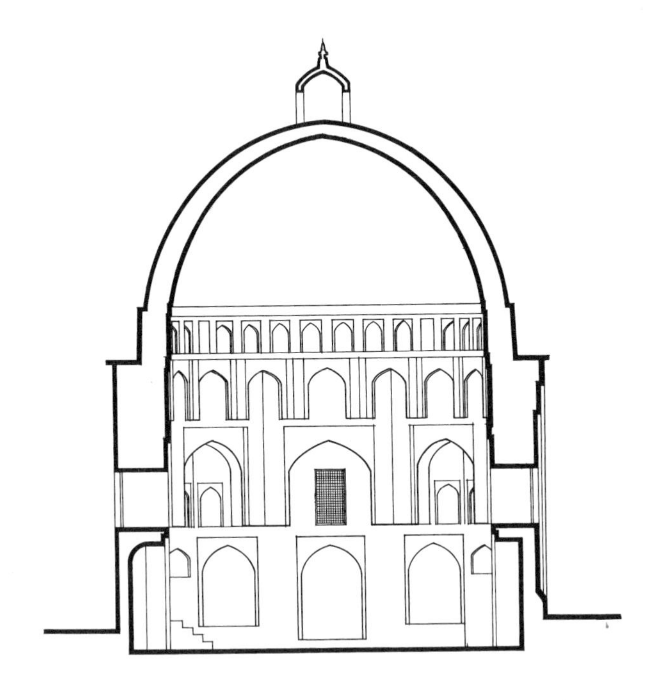

图65-10　新疆喀什市阿帕克和加墓绿顶礼拜寺剖面图

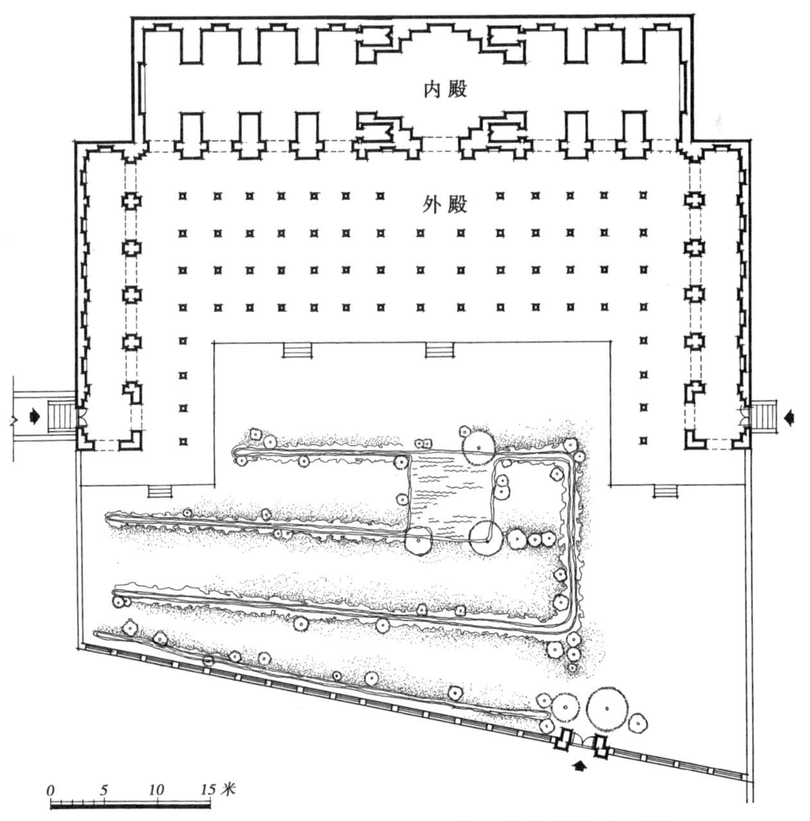

图65-11　新疆喀什市阿帕克和加墓大礼拜寺平面图

它是砖殿与敞廊两种建筑合成的。正面敞廊十五间，它的后部砖殿则是八间。左右殿廊开间数目也不一致。后部砖殿是圆拱顶，殿内部则利用砖拱作为装饰，而不加繁琐的装饰线脚，显然这是很高明的做法（图65-12、图65-13）。

图65-12　新疆喀什市阿帕克和加墓大礼拜寺外部

图65-13　新疆喀什市阿帕克和加墓大礼拜寺内部

此殿柱廊全为红褐色与绿顶礼拜寺之绿柱绿顶相配，又别有风趣。

寺前有一个小涝坝及树丛，更外有栅栏一道，与前面广场内的坟墓隔开。

在寺的南侧有一大门，由一长巷道至寺外干道上。因此来寺做礼拜的人，不必绕道经过墓的正门。在巷道的东面即是教经堂，教经堂之东为高低礼拜寺，更东则为正面大门及门侧的阿訇住宅。

③教经堂

这也是阿古柏入侵时代所建，是一座很简单的正方形的平顶建筑。沿墙四周是许多小房间，在西面的房间有五间较高，是教经的地方。小房间全带前廊，主要是天气热，为适应气候环境，并不为美观而设。

右南门正中，辟为大门，立面单纯而雄伟

④高低礼拜寺

在教经堂东有两座小礼拜寺，一高一低，两者作风完全不同。高礼拜寺建在高台上，低礼拜寺则建在地下。为适应气候条件，所以每寺全有内外殿，以为冬夏礼拜之需（图65-14~图65-16）。

高礼拜寺，是几十年前一个大资本家出资，请一些高明的匠师修建的。所以寺装饰华丽，建筑也别开生面。寺内外殿的间数不一致，内外殿圣龛及墙上壁龛、窗等，与柱中及开间中线的关系，亦均无一定的联系，而是灵变随意地安置。

邦克楼整个用砖砌成，一个置在寺的东北角，另一个置在寺的西南角，安置颇

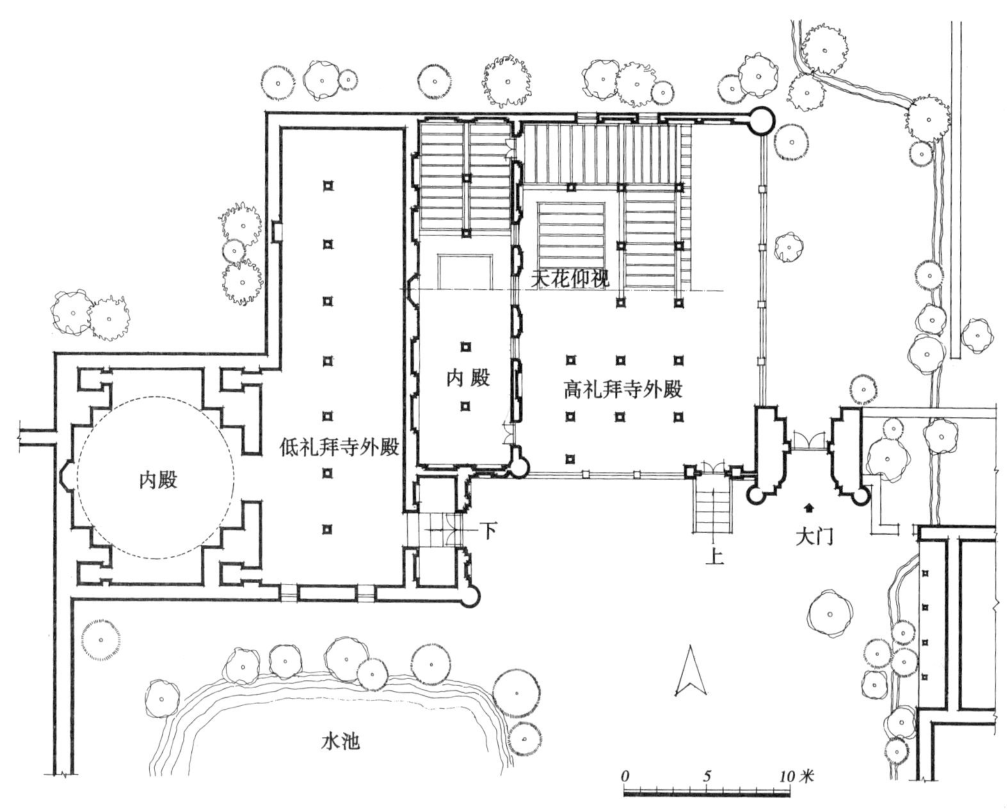

图65-14 新疆喀什市阿帕克和加墓高低礼拜寺平面图

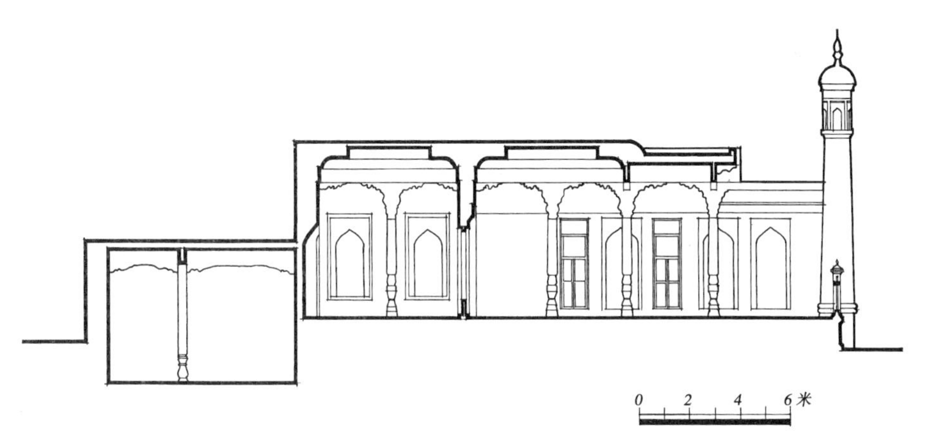

图65-15 新疆喀什市阿帕克和加墓高低礼拜寺剖面图

为随意。它说明了虽然是一座庄严的宗教性建筑，也不必非要对称的布置不可。而灵便地安排，也完全有它的可取之处。

此寺不但布置随意，为清真寺建筑所少见。即使在雕刻装饰方面，也是极为少见的。它是喀什匠人卓越的技术和艺术的表现。

各木柱的雕工非常精细，柱身及柱头、柱脚满布装饰（图65-17~图65-20）。内

图65-16　新疆喀什市阿帕克和加墓高礼拜寺入口

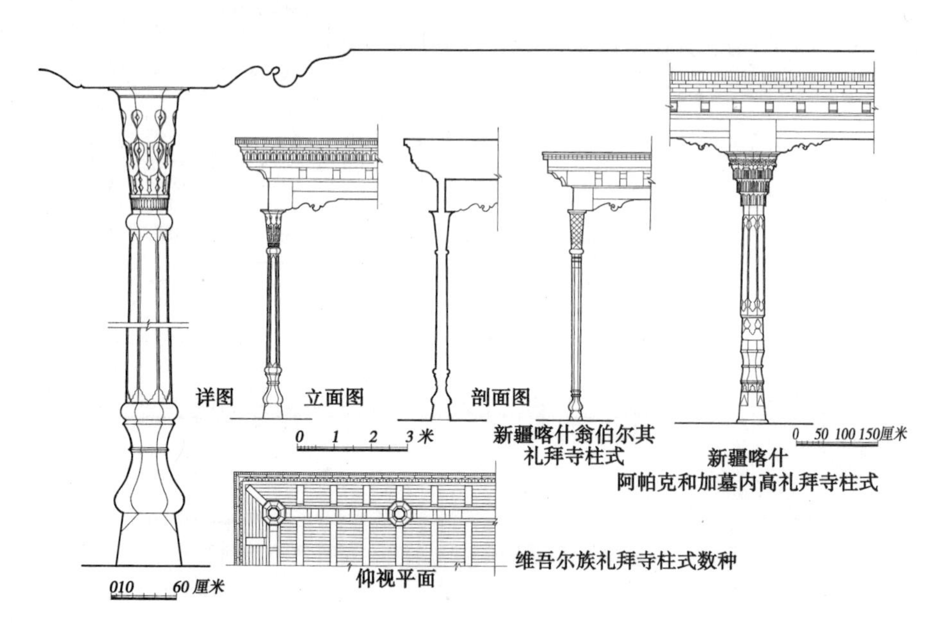

图65-17　新疆喀什市阿帕克和加墓高低礼拜寺梁柱结构

墙头上有石膏花横带，将墙面连贯成一整体，然后在上面安置梁枋做彩画，梁枋彩画最为精彩（图65-21~图65-25）。梁枋及天花多用白地，在枋两头则为本色木面，不加彩绘，但在木面上，施以极细的雕刻。在阳光充足时，恍如贴金效果。在枋中

图65-18　新疆喀什市阿帕克和加墓高寺二、三、四、五号柱

图65-19　新疆喀什市阿帕克和加墓高寺七号柱头

图65-20　新疆喀什市阿帕克和加墓高寺内殿

图65-21　新疆喀什市阿帕克和加墓高寺室内顶棚及柱式

图65-22　新疆喀什市阿帕克和加墓高寺内部顶棚

图65-23　新疆喀什市阿帕克和加墓高寺外部顶棚之一

图65-24　新疆喀什市阿帕克和加墓高寺外部顶棚之二

图65-25　新疆喀什市阿帕克和加墓高寺室内顶棚

图65-26　新疆喀什市阿帕克和加墓小礼拜寺一角

图65-27　新疆喀什市阿帕克和加墓小礼拜寺北端塔柱

图65-28　新疆喀什市阿帕克和加墓小礼拜寺南部塔楼细部（一）

图65-29　新疆喀什市阿帕克和加墓小礼拜寺南部塔楼细部（二）

段则画有菱形红蓝花的彩画，此种彩画施工简单，而装饰性强，使梁枋表面更为生动华丽，并可减少条条枋子过于呆板无味的倾向。

在天花中部，也有种种彩画，非常精丽、华美。同时也突出了殿中部的重要性。

在邦克楼上用砖砌成各种花纹。砖呈黄褐色，是喀什一带常用的砖的色调。砖花纹很细密，砌成许多横带条。有的是小方块状物拼成横带条；有的则用网状横带或卷草纹花砖。总之，此邦克楼全部花纹都能做到华丽而不杂乱伤巧（图65-26~图65-31）。

图65-30　新疆喀什市阿帕克和加墓小礼拜寺南部塔楼细部（三）

图65-31　新疆喀什市阿帕克和加墓小礼拜寺南部塔楼细部（四）

此寺的建筑，一概不用动物纹样作装饰，但对装饰彩画等的应用则失之太多，毫无简练而明快的气氛，这与资本家的挥霍豪华，凭借财力、物力虚张声势的习性有关。

至于低礼拜寺，则与此作风完全相反。它是一座非常纯朴的建筑。特别是在内殿大圆拱顶部分，装饰少，但形式却雄伟可观。它即是利用圆拱顶的结构，略加轻微的线脚，处理成了一种简洁雄壮的外观。

低礼拜寺，低于地面约六七尺。外殿是进深二间、面阔八间，光线甚暗，而内殿大圆拱顶，则突然高起，在拱上有小窗透入光线，既集中而又有神秘的感觉，充分地表现出一种宗教气氛。夏天，此殿内是相当凉爽的。

低礼拜寺建筑制作古朴，不事装饰雕琢，可能这就是阿古柏以前的建筑。

⑤阿訇住宅

在大门东侧有一小院，院内有房六七间，平顶，是当地的式样。在宅东有敞廊、花园等物，颇适于居住之用。

在大门前的布置较为有趣，主要是在高低礼拜寺前，有一水池，池周植白杨，风景较佳。在阿訇住宅外墙上，又有一排敞廊，将广场点缀得更为美观。敞廊在人多时，可以作为休息之用（图65-32）。

总的看来，此寺的各类建筑如墓祠、绿顶礼拜寺、大礼拜寺以及高低礼拜寺，在当时全是很优美的作品。不过，总的看来麻扎布置稍感凌乱，建筑风格也极不一致。这也很明显地表现出建筑物是不同时代陆续添建及改建而成的。而墓地内外，数千的各种大小坟墓与各种建筑混杂地布置着，不同质量的坟墓纷纷罗列，死亡与虚幻交织在一起，给人一种极不舒畅的感觉。

图65-32　新疆喀什市阿帕克和加墓小礼拜寺前水池

各种建筑做法综论

从以上论述的许多建筑实例以及调查过的一两百实例中（距离详尽的占有材料，还有一些距离），我们可以对伊斯兰教建筑的特点得出一些初步的认识。以下就：五、总平面布置；六、各种建筑制度；七、各种做法等分别予以论述。

五、总平面布置

一般在农村中，清真寺建筑的位置多选择在村正中或路边处，以便于教民们来往。内地城市，则多集中在关厢或城内外附近的地方。因为，一般在城市居住的回民，多集中在这一带，以便经营商业。在西北等处因教民比较多，所以不分城内外，地址只要便于做礼拜即可建寺。如新疆喀什等处几乎每一街道都有礼拜寺（即清真寺）。

在山多的地方，也有些善于利用山地的地形，因地制宜地将地基做成高台层叠，然后在高台上建起高大巍峨飞檐拂云的寺院。

一般道堂陵墓，因为其中包括了礼拜殿、学校、住宅等，所以规模相当大，常因山势，建在高台之上，建筑的伟丽比起清真寺来常是有过之而无不及。建筑群既大，布置起来也很注意主次之分。但是，并不甚注意中轴线及左右对称，而是较为随意地布置，有它注重变化灵活的一方面。如新疆有许多维吾尔族寺院，礼拜殿间数不成单数而成双数，从而显然地中轴线即不在正中，而是偏向一方。还有许多建筑，故意做得左右不对称。这种打破传统的左右对称的概念，也是值得注意的。总的看来，是各个建筑各不相同，各有特殊的风貌。它比起内地的“四合院”来大不相同，而有它一定的优点。

关于清真寺平面布置，早期的清真寺，近于阿拉伯等国外制度，即是不做成四合院式，如泉州清净寺，以及后来的苏公塔等。大约在明代初年前后，回族寺院就多用传统的大木结构建造，逐渐使用了“四合院”的传统手法。一般布置是前为大门及左右厢房，中为二门，内院正中是大殿，及大殿左右的厢房（一般称为左右讲堂）。水房则多置于大门左右或大殿后侧，也有另辟一院为水房，不在寺院之内的。邦克楼则布置在大门上或大门前，如西北、西南一带都如此；也有布置在二门上的。这种民族化的成熟时间，约在明代初至中叶。

以上所述，是最一般的平面布置。事实上，笔者调查了许多清真寺建筑，而其技术、艺术等表现是各不相同的，这里有地区气候的不同，材料、经济能力、人工技巧、传统手法的差异，以及教民人口数量、民族风俗习惯、社会制度的种种不同。于是，在寺的建筑上几乎无一相同。而伊斯兰教的最特殊之处，即是大殿的圣龛，必须背向“麦加”（在我国西方），而大门却不一定在大殿前面（东方），于是产生了种种的伊斯兰教特有的平面布置，如有的寺院大门在大殿后或左右。邦克楼，有的成单有的成双，有的位于大殿前，有的在其左右侧。至于大小粗精，平顶或起脊，则千变万化、伟丽纷呈。

许多实例表明，伊斯兰教建筑式样，也不能排除受地区气候的影响，而是常用种种方法来适应气候条件的。如在我国南方天气炎热，即用小天井及敞廊。新疆吐鲁番天气在夏季最热，多用地下室做礼拜及居住之用。而南疆一带，寺则多用内外殿，外殿作敞廊式，也是为了热天做礼拜之需。多雨之区常用起脊式建筑（即坡屋顶宄瓦），而风大雨少的地方即用平屋顶。这都是由于气候条件不同的关系，而使用了种种不同的建筑形式和方法。

在新疆许多寺的平面布置与内地完全不同。它们不是院落重重、曲折深邃，而是一进大门迎面即是大殿。在寺院内时常附有学校等建筑。至于小寺则只附有阿訇住处，礼拜殿作半圆拱顶，形制颇为优美。

促成新疆寺院构造的特殊的原因是很多的，主要是教民多、小寺多，设备可以从简；天气热多敞廊礼拜殿，风大雨少多平顶及圆拱顶。而圆拱顶的使用又与当地少木材，都多用土坯有直接关系。

以上种种建筑平面形制的变化，令人深深感到作为同一个宗教的建筑来说，也是变化多端的，并无形式上的固定框框。

六、各种建筑制度

伊斯兰教清真寺院和拱北（麻扎）建筑包括：清真寺（礼拜寺）大殿、邦克楼、大门、二门、墓祠、讲经堂、水房、阿訇的办公室和住宅、碑亭以及其他附属建筑等单体。其中讲经堂、办公室、住宅、水房等附属建筑多为三至五开间的单层建筑，与其他寺庙、民居无甚差别。建筑本身也无多少特异之处，就不逐一论述了。现将清真寺大殿、邦克楼、门和墓祠分述如下。

66. 清真寺大殿建筑

清真寺大殿是伊斯兰教建筑群中最重要的部分。大殿建筑有几个原则，一般寺院都必须遵守，也就是这些原则决定了清真寺建筑的特殊性。

（1）圣龛必须背向“麦加”。因此，我国清真寺大殿都是建在寺的坐西朝东的方位。在实例中只有一个例外，即泉州清净寺，它的大殿圣龛背向西北。

（2）殿内不供偶像，因此与佛、道等教大殿布置及构造就大不相同。由于这一内容的决定使大殿形式变化颇多。

佛、道教供奉偶像，所以人们在殿内非接近偶像不可，而且是愈近愈好，以便仔细清晰地“瞻仰神像”。于是大殿的形体只好以偶像为中心，向前左右延伸，因此构成了大殿的正方形或宽而浅的长方形。但是长方形也不能太长，以免影响人们对偶像的观瞻视线。所以庙宇大殿的形体颇为简单。在伊斯兰教大殿内，因无偶像，所以人们只要在礼拜时面向西方麦加即可，即无大殿时，也可以随地露天面向

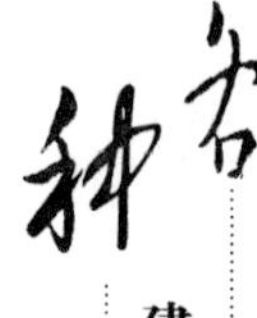

麦加礼拜祈祷。因为有此种灵活性，所以大殿的形体做成任何形状都可以。一般由于材料及结构的限制，所以多是做成凸、T、十、工、〇、ㄱ、Γ、冂等形，以▯、凸形较常用。因为平面形式多种多样，遂使大殿外观变化更多，如百花齐放，令其他种类的大殿建筑为之逊色。

（3）不用动物的纹形作装饰，而常用植物纹样、几何纹样以及美化的文字来作装饰。这就使大殿内部清新爽目，与佛、道等教大殿建筑的内部装修以及因有偶像造型而产生的特殊气氛绝然不同。

（4）大殿内悬灯较多，以利早晚做礼拜之用，有些灯的形体颇有精美可取之处。

（5）圣龛左侧有宣教台。因无偶像，所以圣龛壁面装饰特别精致美丽，花样百出，美不胜收。

由于以上种种原因，遂使多变的大殿也具有一致的特性。

大殿形制变化虽然很多，但仔细分析，由材料及结构上来看，其实不外三大类：即起脊式木结构、平顶结构及圆拱顶结构。

起脊式木结构多为回、撒拉、东乡等民族所使用，它的主要特点是多用“勾连搭”式构造。

一般大殿由三部分构成，即：殿前卷棚，以便教民在此脱鞋进殿；大殿殿身，是做礼拜的地方；后窑殿，由圣龛（或不用后窑殿，而在大殿后墙上开一圣龛）、宣教台等分位组成，后窑殿也是一般人做礼拜的地方。

此三部分各有起脊的屋顶，勾连在一起，形成了礼拜殿的本身，显然比偶像庙宇的大殿复杂（图66-1~图66-3）。

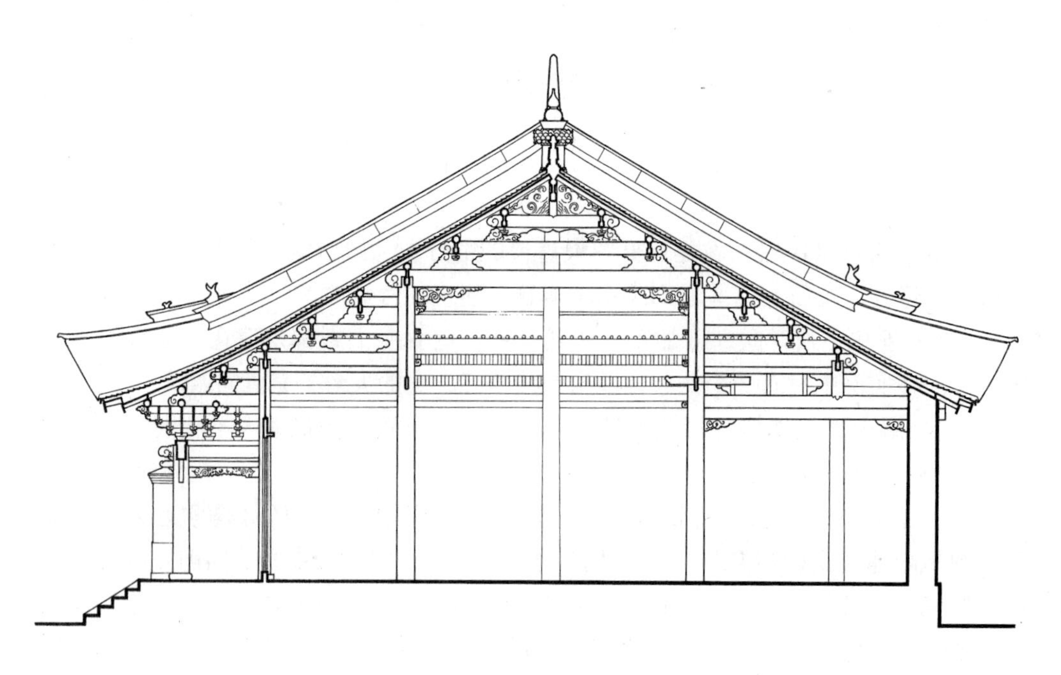

图66-1　云南大理州南门清真寺大殿横剖面图

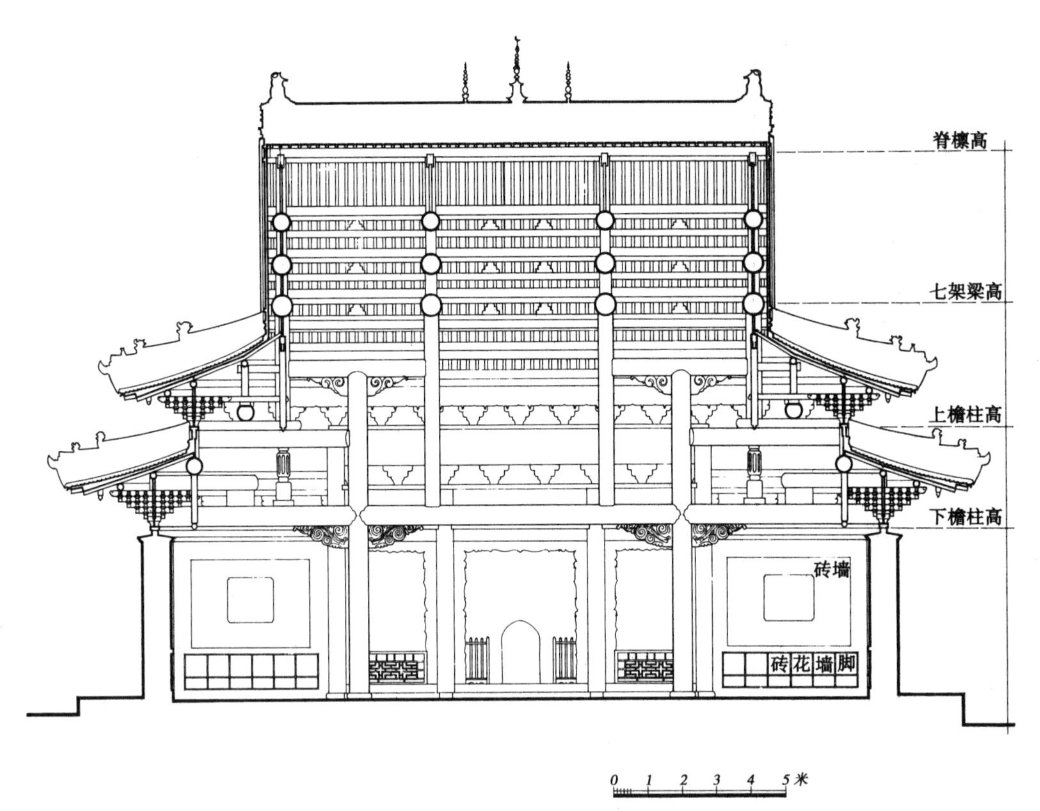

图66-2　甘肃兰州市桥门清真寺礼拜殿横剖面图

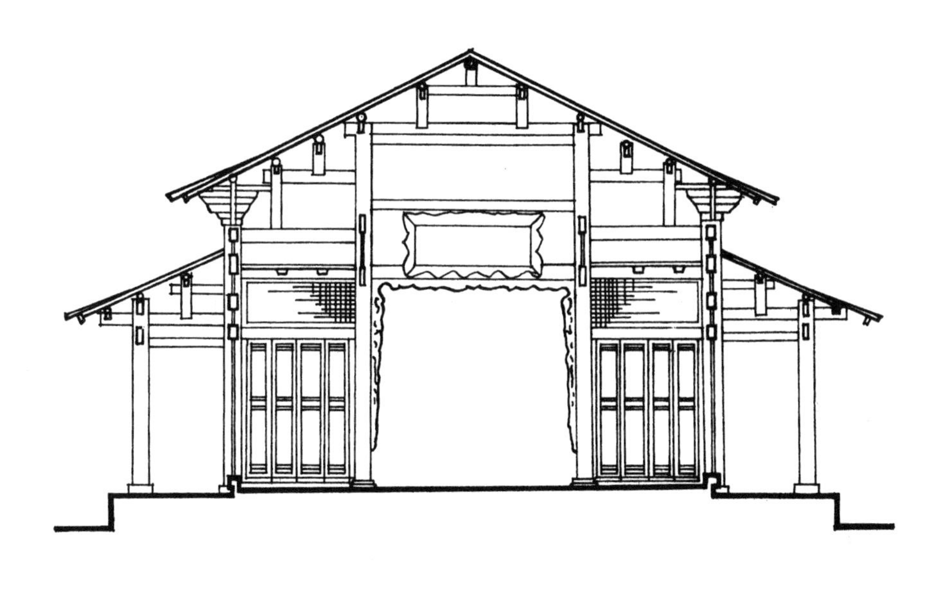

图66-3　四川成都市鼓楼街清真寺礼拜殿横剖面图

这三部分有时同宽，但进深则不同，以礼拜的人数多少来定（即面宽亦视人数，不能相差太多）。时常是卷棚只宽三五间，进深一两间。后窑殿亦不过两间左右，大殿则数倍于卷棚及后窑殿，因此大殿常用数个"勾连搭"屋顶连在一起。最值得注意的即是伊斯兰教大殿的灵活性（也可叫伸缩性），往往是一座大殿经过了几十、几百年以后，穆斯林人口激增，殿内容纳不下时，即可多用几个勾连搭，将大殿扩充增大，所以大殿平面多窄而深的长方形。这种办法是其他建筑所没有的，也是其他建筑不甚需要的。而这点却是伊斯兰教大殿建筑花样百出的重要原因之一。

建筑屋顶多用歇山，在南方也常用左右封火山墙，即多为硬山。

重檐的卷棚及大殿、后窑殿使用较少，已知的仅兰州桥门寺及临潭西道堂两处。重檐卷棚是我国卷棚中少见的作品。

比较式样变化多的，是后窑殿的形制。它往往做得比大殿更为华丽，以显示它的重要性。最常见的为二、三重檐歇山顶式攒尖顶，也有做三数层塔状建筑的。

新疆因为雨量少、风沙大、木料又较少，所以常用平顶或圆拱顶建筑。圆拱顶常用土坯砌成，可以根本不用木料，而平顶也只用木柱、梁、枋、细椽。完全可以省掉大屋顶的材料。有时平顶不用木料，而是在墙上砌圆屋顶式半圆拱顶或筒状券顶，一排几十个小房间即是几十个圆拱顶。这两种结构又比起脊大屋顶来得灵活。平面可以任意布置，不受上部屋顶的制约。一个礼拜殿往往做成ㄱ、ㄏ、冂等形式，更加复杂的形体如凸等。

一般看来平顶礼拜殿显得轻灵一些、简单一些，所以平顶的殿不得不在木构架及墙面等处多加装饰。

有些中小型的礼拜寺常立在高台上，并且内殿多作圆拱顶状，所以远远看过去颇有高低起伏。墙皮用当地土色，衬以白杨蓝天，颇觉美丽入画。

67. 邦克楼

邦克楼主要是为在礼拜前登楼招呼教民们来做礼拜而设的。彼时尚少钟表，做礼拜不得不直接叫喊招来徒众。因只需一两人登楼，所以对此类建筑的要求只是细高，能登到顶上即可。但是后来的发展趋势就不是这样了。我国遗存最早的邦克楼仍是砖砌圆形塔状建筑物，建筑工程达到了不易企及的高峰，这即是广州怀圣寺光塔，为唐末或北宋时的建筑（图67-1）。

此后又有数种制度出现，即：

（1）利用大门高度，然后在大门顶上加建塔楼，如泉州、杭州的清真寺大门上建五层木塔便是。此种办法既经济又壮观，所以在清代西南及西北甘、青、宁一带仍常使用，只是大门已不作阿拉伯式样了。

（2）在新疆亦多利用大门高度，在大门两旁各建一座圆形砖砌邦克楼，与砖大门合建在一起，如此可以节省许多材料和人工，同时大门也显得更为伟壮可观。

（3）在新疆较早的做法则是在大门左右不远处，建立一座或两座邦克楼。如建两座邦克楼，则又往往与大门距离各不相等，故意采取不严格的左右对称方式，这也是伊斯兰教建筑的特色之一。

（4）尚有一种邦克楼是砖砌的，砌在大殿的左右隅。如一些麻扎中常用四座邦克楼或更多，作为装饰点缀之用。拉萨的清真寺的邦克楼，则为八角层楼状，与北疆的相似。邦克楼在结构上主要是不外以上所述的新疆等处的砖结构及内地的木结构。这两种建筑到清末民国之间产生了两种混合的建筑。这即是下部为二至四层砖砌的六角形塔状物，最上层则是亭式攒尖顶（也有下二层为砖砌、上二层为木结构的）。

此外尚拟谈二事：

一是六角形平面的问题，我国建筑因为道教及方士等喜演八卦，所以在古建筑上多使用八角形平面。伊斯兰教建筑则是有自己的特别常用的六角形平面，这显然是与思想意识直接有关的。这六角、八角之分，实在是表示伊斯兰教与佛教、道教特点之分。

二是邦克楼高大耸立在市区，往往可以瞭望全市。在清代封建统治时期，因为实行压迫少数民族的政策，屡有命令将邦克楼拆低的事情发生。如杭州凤凰寺大门上原为五层楼，到清代则拆除两层。又如新疆有些地方邦克楼则只余下部五六层高。由此我们也可以推论，为什么清代在内地的邦克楼不作细高的比例，而是多为两三层高的亭状物，并且多建在二门或庭院正中的地方，这是与当时的政治斗争不无关系的。后来钟表出现日多，邦克楼已成无用之物，许多寺内不再建置。

总的看来，邦克楼与佛塔的形制并无共同之处，而是有它自己的特殊功能和华美的风貌（图67-2、图67-3）。

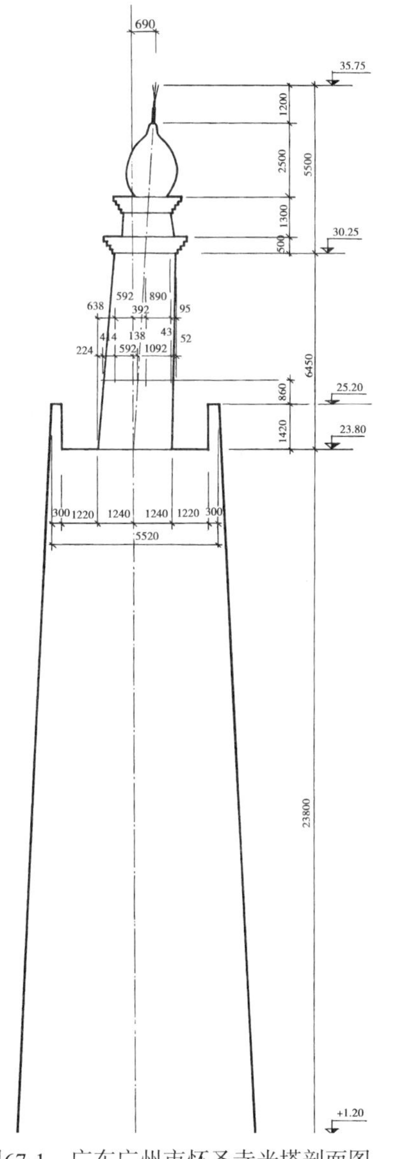

图67-1　广东广州市怀圣寺光塔剖面图

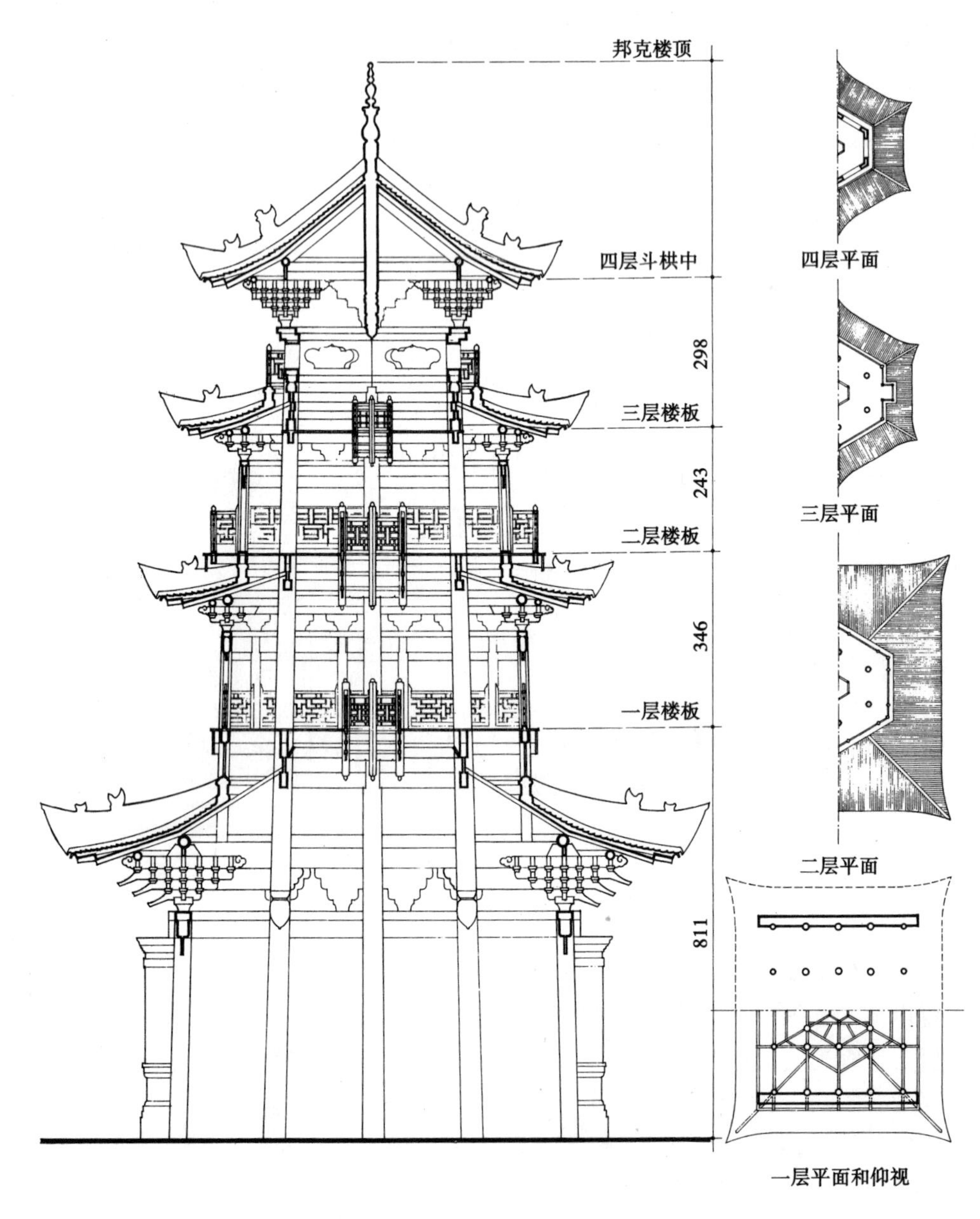

图67-2　甘肃兰州市清真西寺邦克楼剖面图
（图内层高数字单位为厘米）

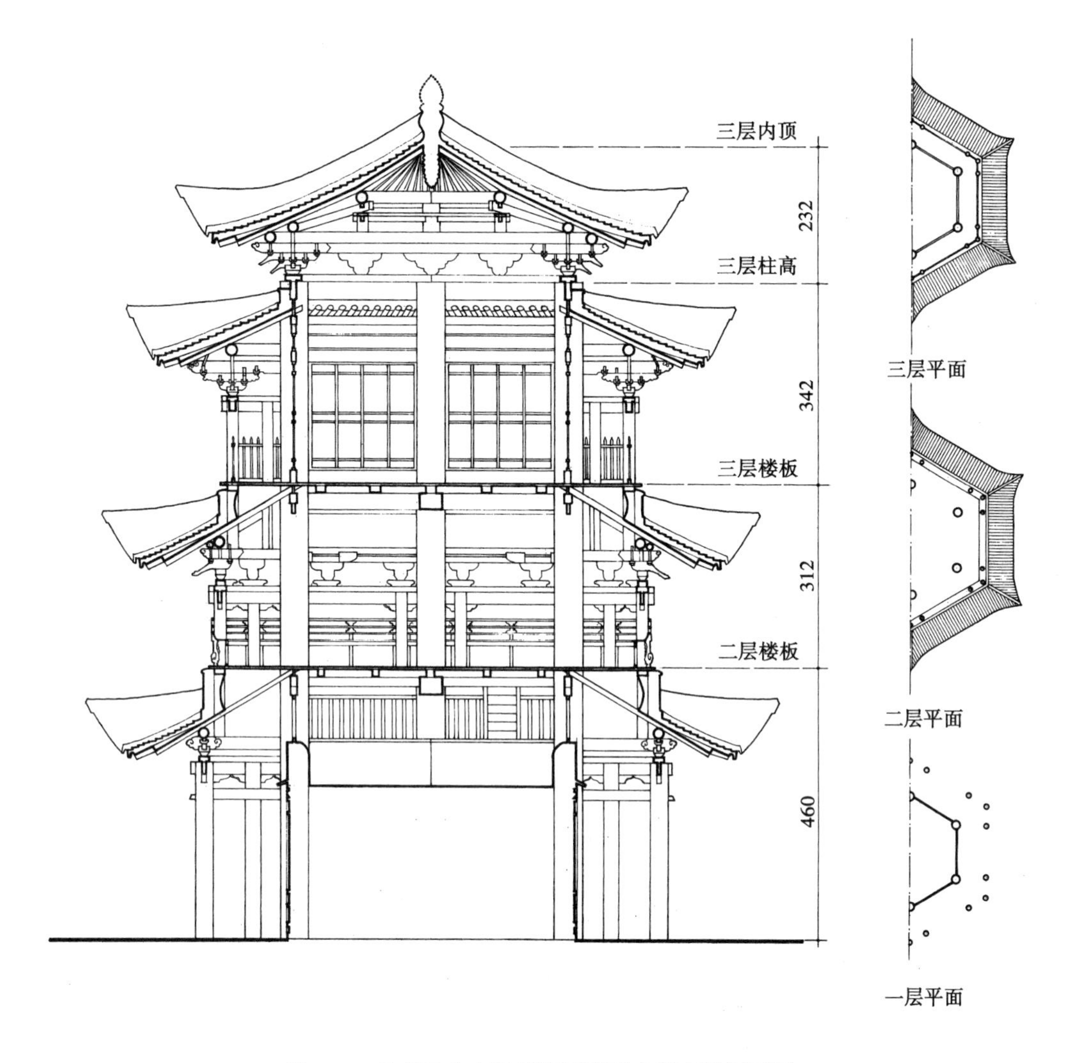

图67-3　甘肃天水市后子街清真西寺邦克楼剖面图
（图内层高数字单位为厘米）

68．门

这里有两种大门可以说是伊斯兰教所独具的。一是大门之外复有更大的大门笼罩着，这种大门是阿拉伯建筑所独具的。我国伊斯兰教建筑大门在早年也是使用此种形制。如泉州清净寺、杭州凤凰寺以及新疆的许多寺及麻扎等。此种大门的优美即是特别雄壮有力。有的在大门前左右隅还加上砖邦克楼各一座，更显得华丽伟观，显然这种大门是受阿拉伯建筑影响较深的一种。以后随着民族化过程的加剧，在内地则产生了另外一种较新颖而特别的大门。这是用大式大木结构建成的大门（三五开间），然后在大门上起楼，为三数层木塔式建筑。在大门前更时常利用前檐柱作为木牌坊三间，带八字墙及斗栱等物。此种大门在甘肃及西南的迤西一带常见。这是一种一物三用的大门，即：①叫邦克；②出入口；③作为标志用。有时邦

克楼上层除斗栱之外，亦常用垂柱，令人感到十分华丽。这种大门形制显然是我国伊斯兰教建筑所独具的，是世界上其他任何伊斯兰建筑中找不到的。

除了以上两种以外，在内地广大地区所使用的大门与其他宗教建筑及王府等大门无大差异。有时在大门前安牌楼（或木或石）。如大门上无明显的匾额，即不易确定其为清真寺。这也足以说明伊斯兰教建筑有它的不尚修饰的一面（图68-1~图68-3）。

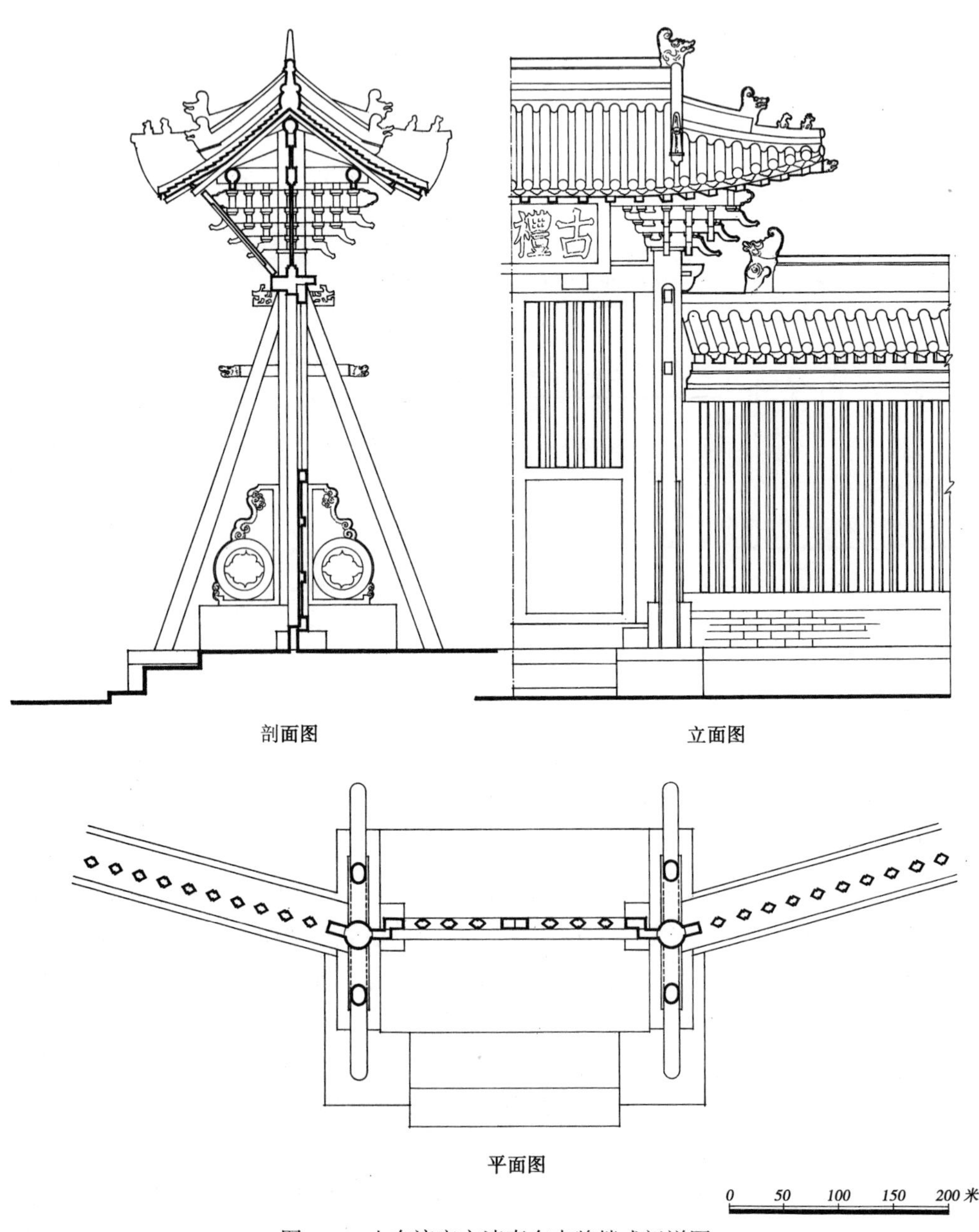

图68-1 山东济宁市清真东寺牌楼式门详图

图68-2　江苏南京市净觉寺砖石牌坊

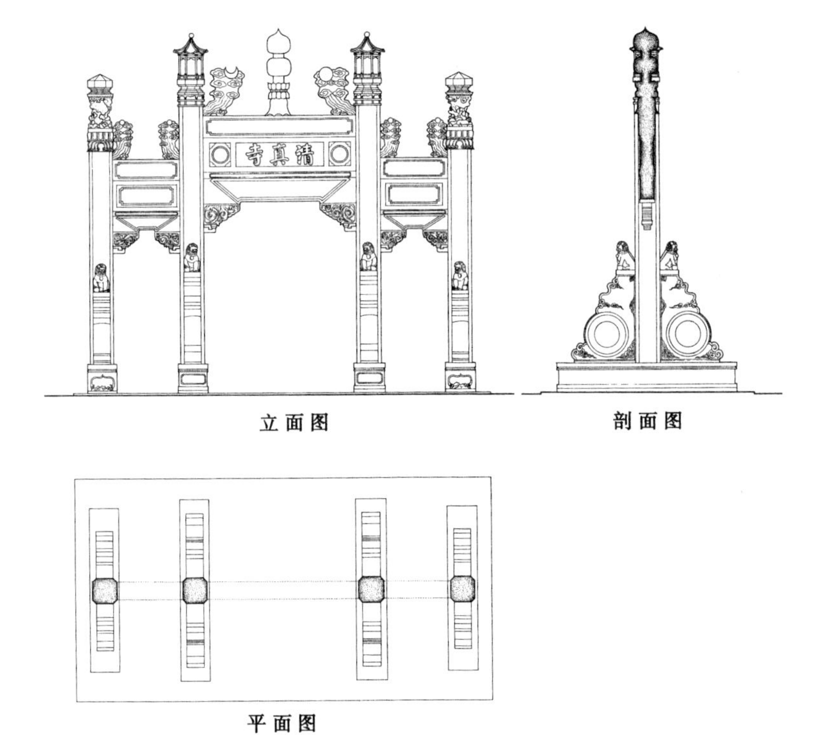

图68-3　山东济宁市清真东寺石牌坊

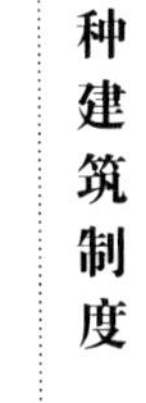

在二门上常建有邦克楼，做得玲珑剔透，大有飞阁拂云的气魄。在二门左右常有旁门，共成为三门并列之制。

此外，还有两种二门值得一提，即是在临夏老华寺有一二门，中三间做成牌楼式的门，有垂莲柱及斗栱等物，彩画贴金极为华美壮观。在三间左右各为一大间磨砖对缝的照壁墙，整个门予人以非常灵巧而华丽优美的感觉。西宁大寺的二门，则是用砖砌成五道连续发券，然后在门两端砌成六角形、三层高的邦克楼各一座。这种雄伟的气势则是在民国时产生的。此外如西藏拉萨清真寺则利用牌楼作大门。

69. 墓祠

维吾尔族墓祠多使用圆拱顶，下为正方形平面，在墓祠四隅各砌一邦克楼。较早的墓祠或一般的墓祠多用土坯砌，较晚较华贵的多用砖或更在砖外加琉璃砖瓦。正中圆顶多用绿琉璃瓦，有的比较早的圆拱顶也用蓝色琉璃瓦。

墓祠墙壁上常用琉璃，有各种花纹，有些墓祠圆拱顶内部粉刷洁白；有些布满彩画，以红色为主，花纹多粗壮豪放，不甚细腻。

此种墓祠受阿拉伯等伊斯兰教建筑影响较深。

在甘、青、宁一带的回族墓祠，仍都使用起脊式建筑，并沿用我国所谓前堂后寝之制。前堂多用卷棚顶，后寝则用攒尖顶。比较简单的则只用六角或正方形攒尖顶建筑。一般也用斗栱等物，也有重檐的做法，如大拱北即是用重檐屋顶，也很华丽可观。

墓祠一向为封建统治阶级的上层人物遗体所在，所以要求用上等工料来为他们服务。因此，许多墓祠做得花样百出，意匠丰富。特别是维吾尔族的琉璃砖及回族的磨砖对缝、雕砖之精，可以说是全国之冠。如回族寺有些墙窗、须弥座、栏杆其雕刻确实已臻上乘，相传谓："甘、青、宁一带木工以汉族匠人最好，砖作则回族匠人为最好"，经过许多的调查，感到此种说法基本上是正确的（图69-1~图69-3）。

除了以上所述西北地区多墓祠以外，其余的地区则甚少见。在内地著名的墓祠不过广州宛嘎素墓、扬州普哈丁墓、泉州灵山圣墓而已，而灵山圣墓已多残毁，不知原状。而广州、扬州圣墓，只不过是较小的方形圆拱顶砖建筑而已，极为朴素，其中只葬一人，工程艺术较之西北墓祠相差甚远。这些早年建筑多尚质朴，不尚雕琢。

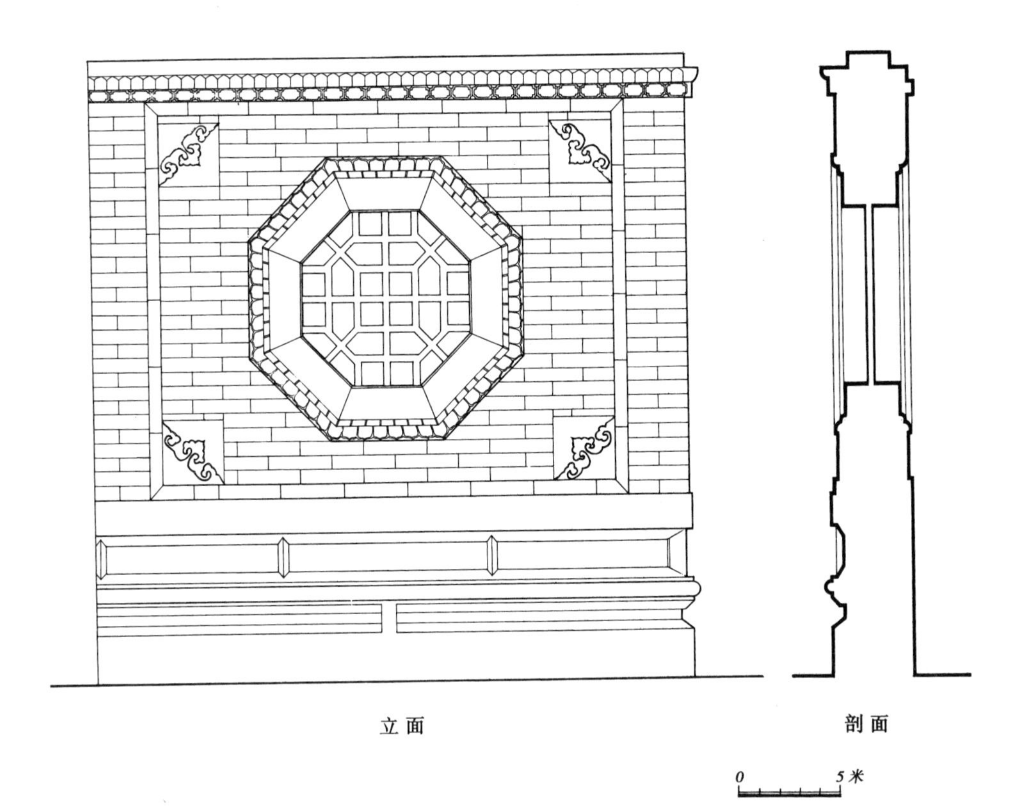

图69-1　河南郑州市清真寺邦克楼下层砖墙窗详图

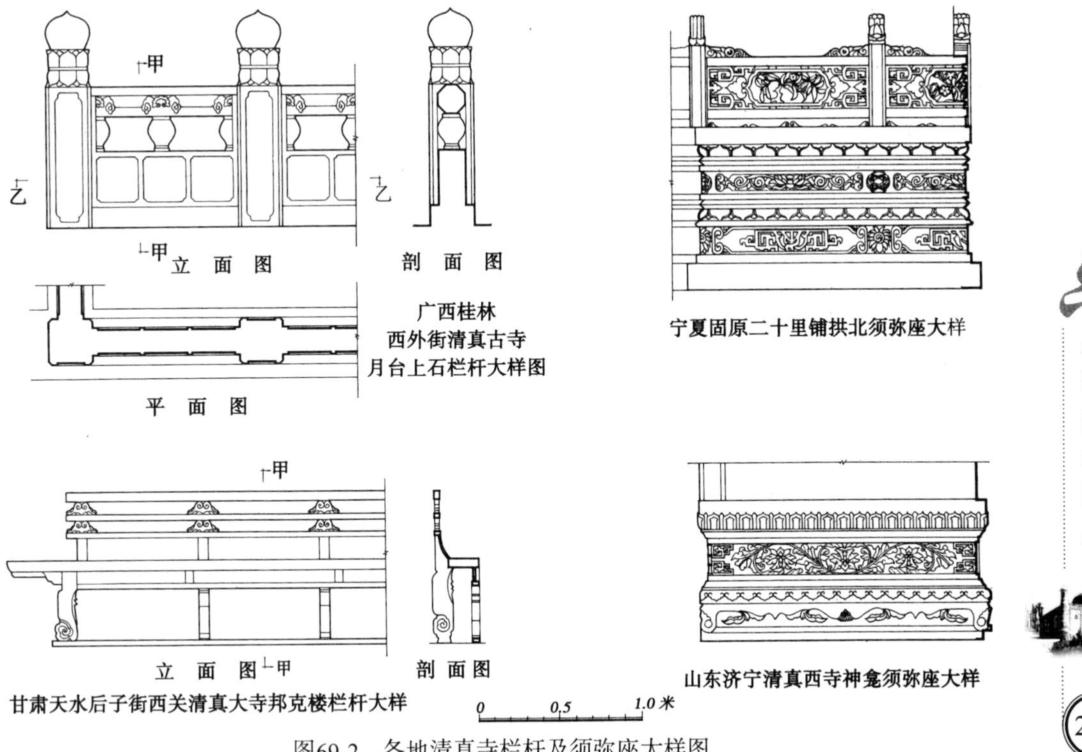

图69-2　各地清真寺栏杆及须弥座大样图

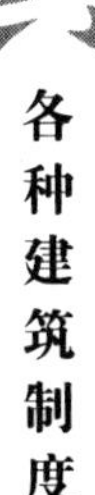

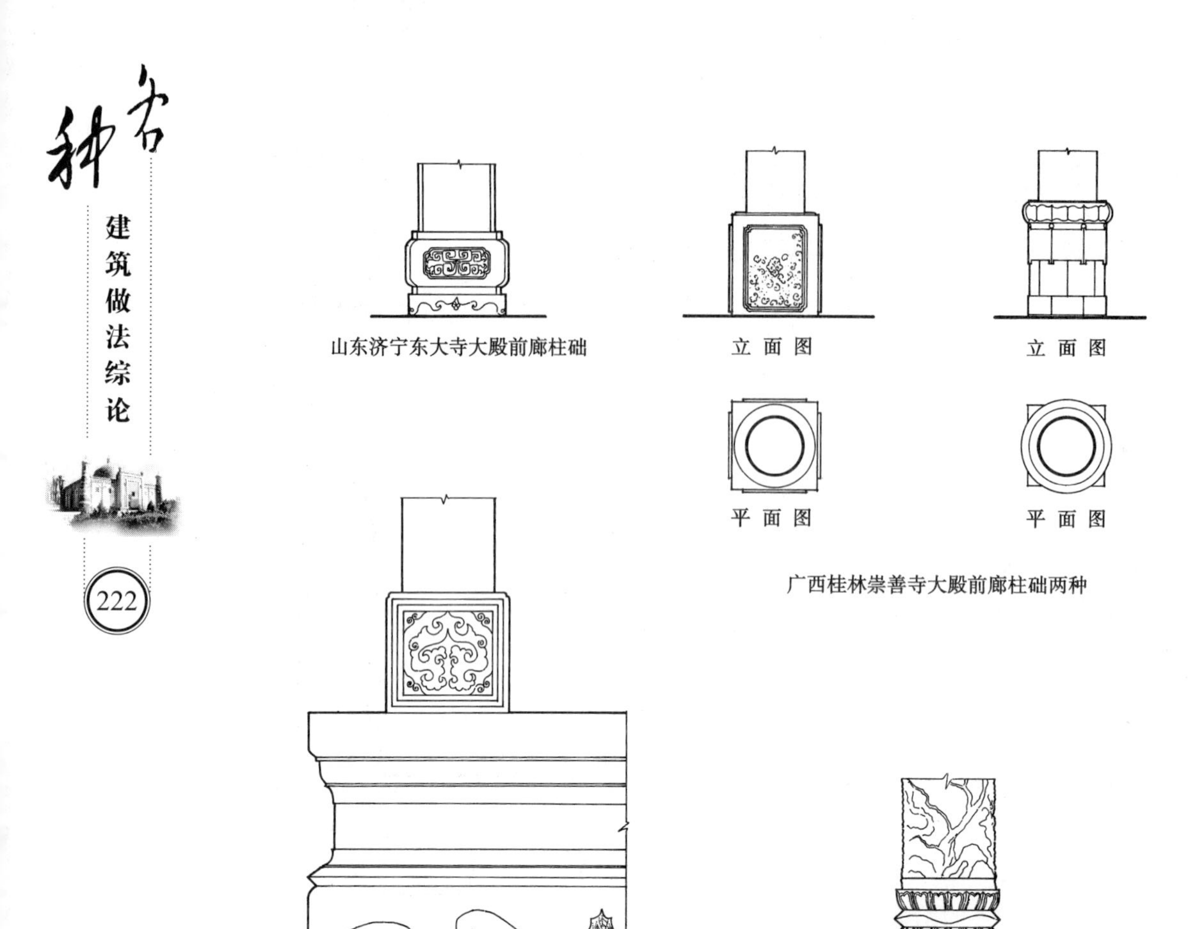

图69-3 各地清真寺各种柱础详图

七、各种做法

70. 大木作

大木作做法仍然分起脊式（即坡屋顶）及平顶式两种。

起脊式大木作做法与明清的官式做法无甚大异，比较值得注意的有以下几点：

（1）使用“减柱移柱”的方法，使内部空间加大，不致有许多立柱来妨碍视线。这种做法较早较佳的实例有如兰州的桥门街寺，其大殿梁架是清康熙六十一年（1722年）建的。

（2）在梁架上的原来柱头分位，大量使用垂柱（又叫吊柱），即所谓悬梁吊柱的办法。垂柱头往往刻有各种花样，像垂花门上的垂柱。这些垂花柱在“彻上露明造”的梁架上，起了很好的装饰作用。

（3）在民国期间，许多寺大殿梁架受基督教堂的影响，将屋顶山面置在前面，而原来的所谓正面则置在两侧。这样按传统的习惯，大殿的开间数目只好由侧面来数。大殿一般的结构仍是使用旧有的梁柱式结构，这种做法以西北甘、宁一带为多。

（4）斗栱一项在起脊式建筑上是大量使用的，因之它们的变化也很多。一般看来斗栱做法多与当地的做法无甚特异之处，只是在西北及西南一带，邦克楼上斗栱变化多些。

北方清真寺斗栱，一般与当地明清官式做法相同。在西北甘、青、宁一带则有两种地方做法：一是平面即如早年的如意斗栱，但斗栱只向前斜出，而后尾则不斜出；二是斗栱平面四方相等。这两种做法是他处所没有的。

邦克楼常居于全寺的正中线上，在大殿前方，而建筑体积又不甚高大，不过三数层，平面六角形，直径不过一两间。所以人们常在邦克楼上大显技巧，大量地采用如意斗栱及垂柱，年代愈晚花样愈多，遂使邦克楼的建筑成为一大雕刻品，有的则伤巧太甚（图70-1~图70-4）。

在广州一带多使用插栱，形制颇为简练，这是广州当地的做法。拉萨清真寺外廊上，则用当地的斗栱式大雀替。

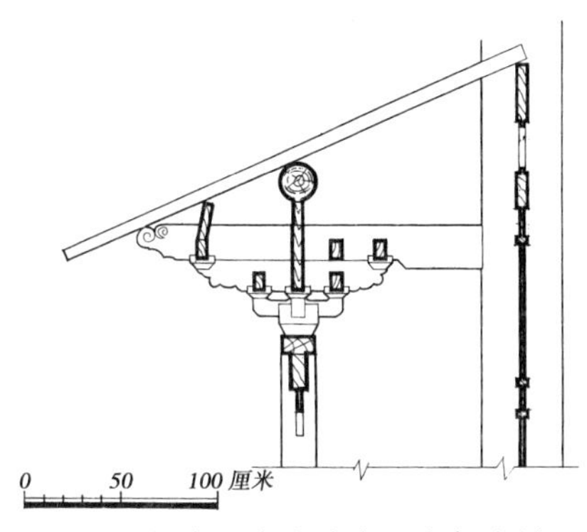

图70-1　甘肃天水市清真西寺邦克楼三层斗栱详图

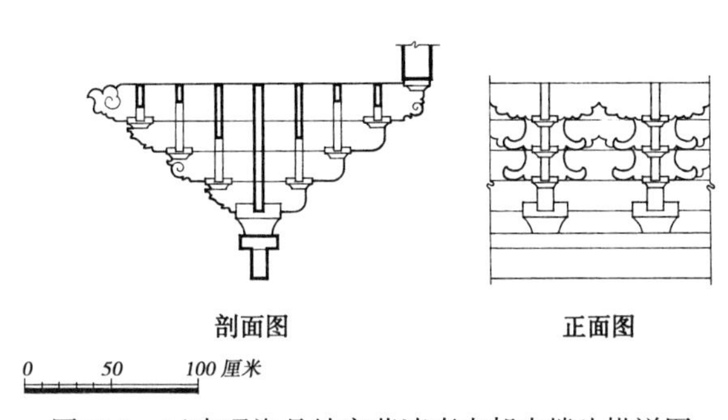

图70-2　云南通海县纳家营清真寺邦克楼斗栱详图

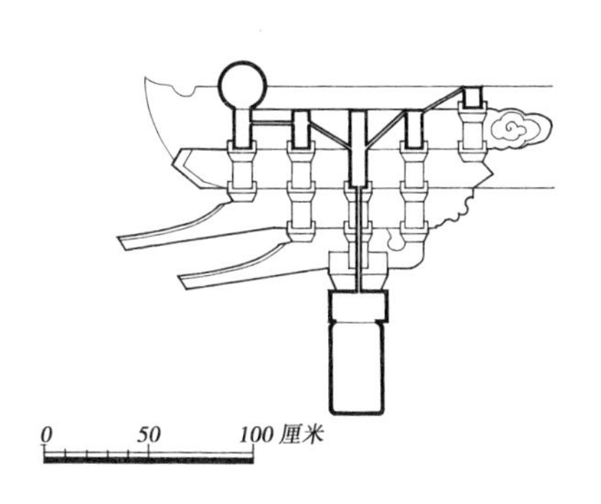

图70-3　山东济宁市清真寺斗栱详图

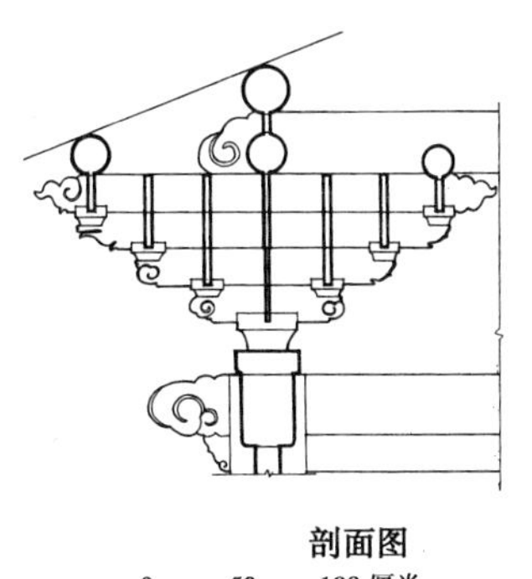
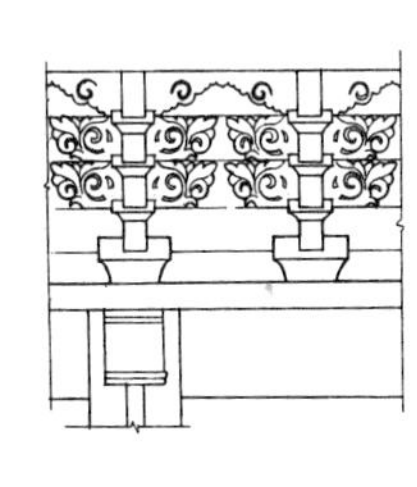
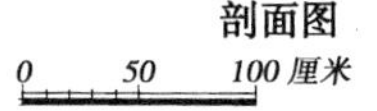

图70-4　云南大理州南门清真寺大殿斗栱详图

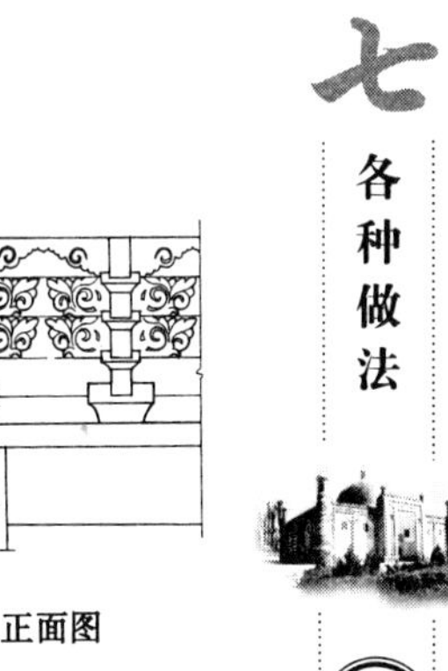

在新疆因为雨量甚少，又时有大风，所以多用平顶建筑。平顶结构既节省木料，而建筑形制又可随意变动，不受结构的限制。所以在西北及新疆一带，特别是南疆一带的平顶建筑多，有轻灵明快的感觉。西藏拉萨清真寺也是平顶。

平顶结构很简单，即是在柱头与柱头之间使用横梁，然后在横梁上安枋，枋上铺木板或半圆形椽，然后铺席，盖以草泥土，或灰土即可。

为了避免简单无味起见，所以多用大雀替。在较主要的礼拜殿，凡是梁、枋、柱、檐、雀替等木面上全满布种种雕饰，并多施彩画。在大殿两边由许多间数拼成，则横枋如方向一致，即甚呆板无味，所以往往将横枋变更方向，拼成各种纹样。这样一来，便使平顶的礼拜殿变得富丽多姿了。

71. 小木作

伊斯兰教建筑小木作窗棂多精美可观，而且愈向西北也愈见精美。我国内地窗棂一般失之呆板无味，乃至千篇一律。如大殿格门即是在同一立面上虽大殿宽五、七间，也是彼此一致，毫无变化。而伊斯兰教建筑格扇则是与此相反，它的格心彼此不同。如阿帕克和加墓祠上的窗棂，更是各个不同。

在清真寺或麻扎等大门入口处，常迎面一窗，窗棂花样更是灵巧多变。有些窗棂的棂条剖面形富于变化（如兰州桥门寺大殿），收到了透视上的变化效果。不过，也有些棂条过于密集，感到不太舒畅（图71-1~图71-3）。有些院内插屏也使用小木作棂条，如卍字等，也是一种常用的制度。

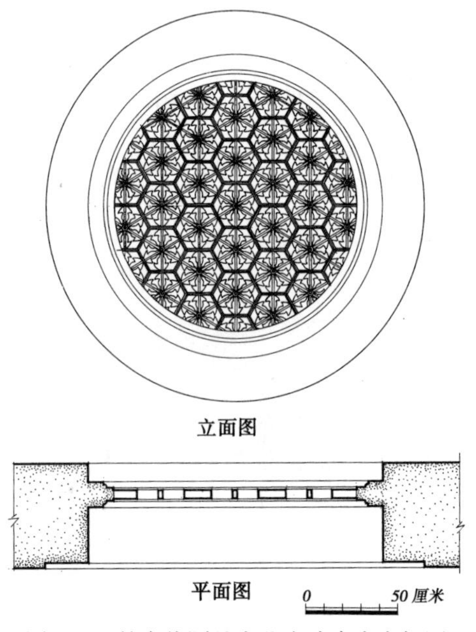

图71-3　甘肃临潭县大北庄清真寺窗棂图

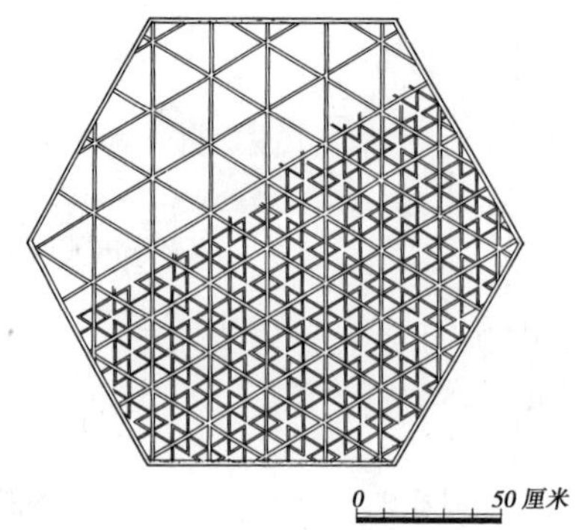

图71-1　青海湟中县洪水泉清真寺邦克楼窗棂图

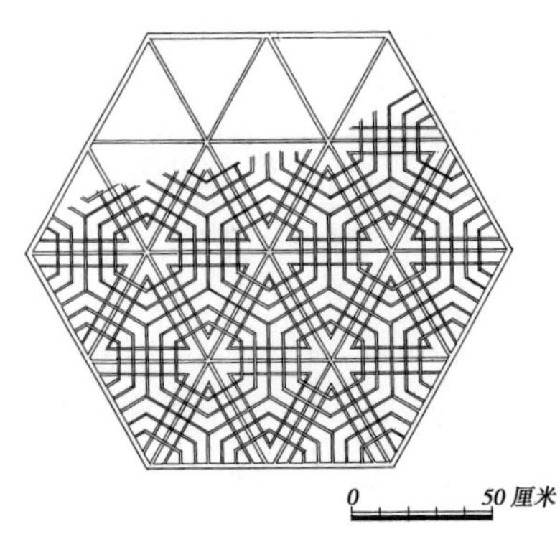

图71-2　山东济宁市清真寺窗棂图

72. 天花藻井

一般大殿多为“彻上露明造”。但是比较讲究的大殿或墓祠则常用天花，在重要的地方则加用藻井。藻井的使用有两种用意：一方面是我国旧有的传统制度，使用它即是表示建筑尊贵，另一方面是代表外国的Dome。外国的Dome多用砖砌圆拱顶，所以在木结构上便是在殿内用藻井代替它。

藻井常用在圣龛的前面。最值得注意的，即是不像我国一般佛、道宫殿等的藻井那样，用粗重的木枋层层叠起，并施用斗栱等物。而是更加灵活多变，常用木板镶拼成圆、多角等类似藻井的做法。有的在天花正中做成小藻井，有的即利用亭子顶部结构做成藻井的形式（如泊镇、牛街等寺的后窑殿）。

新疆等地的平顶建筑，常将各间的横枋拼合成种种不同的花样，有的很像小藻井。它的种种意匠变化之多，远远超过佛、道等教建筑。

顶棚多用在后窑殿或墓祠后殿部分，以表示建筑性质的尊贵。但是比较重要的清真寺礼拜殿也有时使用顶棚，而不用“彻上露明造”，如西安华觉巷礼拜殿、通县清真寺礼拜殿等，而以西安华觉巷礼拜殿内部最为舒适整洁。

一般顶棚多绘制各种花卉，虽然灵活多变，但也有繁琐之感。有的顶棚内，全用美化的阿拉伯文字绘成，也很可观。

新疆维吾尔族建筑多平顶，所以再安天花，即觉得过于重复。但是匠人们也绝不轻易放过可装饰的地方，他们往往在一间的横枋上周围镶上顶棚；仰视平面如，也觉得轻重得当，此外是在中间重要的一间做成天花，种种做法无严格规定。

73. 圣龛的处理

圣龛是伊斯兰教建筑中最重要的地方，所以它的处理方法也最庄重、精致、华丽。

在回族建筑中，多用小木作“佛道帐”的办法，而维吾尔族则多为砖砌外加些石膏花饰。

龛的形制变化颇多。最常用的为形，此外则有、等形，也有用传统的神牌代替圣龛的，但为数极少。

在龛内龛外如何地装饰起来是个纯艺术的问题。笔者看了一二百个圣龛，几乎全有独到之处，这正是匠人们智慧的表现。

这些圣龛归纳起来大致有两大类：一类是在后窑殿西墙上开一龛，然后内外装板或木牌楼（回族清真寺常用）；另一类是在大殿西墙上开一龛，不用小木作装修，此式多为砖作（维吾尔族清真寺常用）。

我国内地比较重要的清真寺，后窑殿圣龛前多先立木牌楼（小木作），然后在牌楼背后装板，板上常用阿拉伯文或卷草花卉等纹，做成种种装饰。在正中部分则

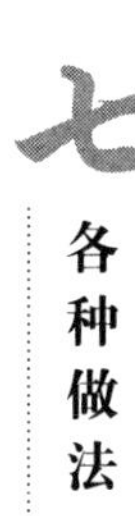

用木板做成龛状物，然后在龛内用阿拉伯文字组成各种图案。

这种装修原则看起来很简单，但是做起来却是各个不同。如后窑殿有一开间、三开间或一大二小开间的不同，有木结构砖拱顶的不同，以及接受西方圣龛影响多少，匠人的巧拙、财力、物力的多少不同，各时代社会制度的不同，所以它的作风变化甚多。

即以彩色而论：有的用本色木面打磨得非常光亮整洁，令人感到非常舒服而又高贵，如洪水泉寺；有的主要色调用红地贴金花，如河北定县清真寺及北京牛街清真寺等；有的用蓝色卷草，如西安华觉巷寺；有的红、蓝、绿等色间杂使用，如易县等的清真寺。

圣龛使用阿拉伯文字作装饰，比使用植物、花草更为简单生动。我国人民很早就喜欢用文字作装饰，阿拉伯建筑中也是如此，可见彼此所见相同。今日遗存许多伊斯兰教建筑，内外也常用我国文字书写匾联，有的黑地金字或金地黑字，匾联上也常有丰富的雕刻。

此外有的后窑殿及圣龛用磨砖雕花砌成，也有的砖墙上海墁白灰，然后即在圣龛内略加阿拉伯文字装饰。

在新疆则多砖砌圣龛，做成尖券，然后在圣龛周围使用石膏花饰。此种石膏纹多为几何形纹。在白色花纹中分别施以蓝、红底色，看过去另有一番风味，感到一种朴素而又严谨的作风。

总的看来，新疆维吾尔族平顶礼拜殿圣龛变化不如回族起脊式屋顶的变化多，并且很少带后窑殿。

74. 砖作

伊斯兰教建筑，大量使用青砖。但是在新疆一带，多使用黄褐色砖。

在新疆重要建筑上常用半圆拱顶，次要建筑常用桶状券顶。新疆大量使用砖或土坯拱券，主要原因为气候干燥少雨，同时木料也甚缺乏（一般多是杨木），所以在跨度较小的房间上，即用拱券来做屋顶，而不用木料。最大的土坯圆拱顶直径可达十米左右。吐鲁番高昌城有一唐代土坯圆拱顶（可能是佛教建筑）直径达十米以上。

内地半圆拱顶多用砖砌，但是尺寸不甚大。最早的是广州怀圣寺宛嘎素墓，可能是唐代始建，以后又屡加修葺。扬州普哈丁墓有的可能是元、明时代建筑。至于杭州凤凰寺后窑殿三大圆拱顶中最大直径可达8.84米，是元、明时的建筑。定县清真寺有一元代圆拱顶，四隅用砖斗栱承托。此外，尚有些明代圆拱顶，直径约一开间。由此可以说明我国半圆拱顶的无梁殿结构是在伊斯兰建筑上开始广泛应用的。到了明代在我国各重要建筑上，不断出现此种结构，但是多作筒状券。可见伊斯兰教建筑对我国砌砖技术影响甚大。

一般隔碱（乃至防震）有两种办法：

一种如河北一带是在裙墙上铺一层厚约数寸的稻草，然后砌墙。

另一种如新疆许多建筑是在裙墙上安放木榻板，这些办法全是常用的。

我国伊斯兰教建筑不甚喜欢在砖墙外面粉饰白灰，而是喜欢将砖纹暴露在外面，并成种种花纹。有些墙壁也常用砖砌成各种花纹，特别是在邦克楼上常用砖砌成璎珞、方块等纹，远望如锦如绣。

许多寺院、拱北等最擅长用磨砖对缝的做法，并在砖上常雕琢许多花纹，如须弥座、栏杆、窗花等全用砖雕成。砖质料很细，而雕刻又甚饱满、圆和，所以常令人喜爱，这种雕砖技术以回族匠人最为擅长。

磨砖照壁在伊斯兰教建筑中，也被广泛地应用。

我国照壁一般多用在大门前，当然伊斯兰教建筑并不例外。有许多寺院前全有很大的照壁，壁上雕刻了各种花纹。

有一种比较少见的即是在照壁心上用砖雕满绣球，如百花齐放，令人神思振奋。

伊斯兰教建筑的照壁，不只是用在大门前，值得注意的是用在大殿或墓祠的前、后、左、右或是左、右、后。这就给人以精丽严谨的感觉，并深深感到在次要建筑上加工，往往能使主要建筑更为生色。许多墓祠及礼拜殿全证实了这一点。

75. 瓦作

一般灰布瓦的伊斯兰教建筑与其他宗教建筑无甚差异，只是仍然遵守不用动物形纹作装饰的原则。最常使用的花纹是卷草等物，无论正脊、大吻、走兽、套兽等全是用植物叶茎塑成，然后烧制。不墨守使用龙凤与走兽等制，而是敢于另作新法。在琉璃作上，有些例外，即是仍然使用了兽形题材。

关于屋顶使用琉璃瓦一事，在内地的伊斯兰教建筑上用得不多，不过占已知实例的百分之二三，如济宁大寺、广州怀圣寺、沁阳大寺等。

有的照壁亦使用琉璃，如济宁大寺、兰州解放路寺等。琉璃多用绿色，很少用蓝色。沁阳寺用孔雀蓝色琉璃最为鲜艳夺目。

琉璃砖瓦使用最多的是新疆一带，如墓祠圆顶、墙壁以及坟墓上都大量使用绿或蓝琉璃瓦或花琉璃砖，如蓝色白地之类。花纹图案也很可取。

西藏不烧瓦（早年有砖，质量也差），所以无灰布瓦顶。

76. 彩画

内地伊斯兰教建筑，回族寺一般不施彩画。主要是因为经卷上说建筑应该朴素简洁，所以大殿内部常用本色木面，不加彩色油饰，如洪水泉后窑殿整个装板上雕琢细致，但是不用任何彩色，令人感到非常朴素大方而又美观。

不过有些重要的大寺，也很注意彩色。特别值得一提的是西安华觉巷清真寺、

山西太原清真寺、山东济宁大寺、北京东四牌楼及牛街清真寺、通县清真寺等，以及其他后窑殿内的圣龛彩画色调全很富丽堂皇。彩画都不用动物纹作装饰题材，而是用花卉及阿拉伯文字。有的在天花上只用一种阿拉伯文字，更是单纯而生动。木柱上多用红地金花转枝莲，如济宁大寺、北京东四寺等处。北京东四清真寺大殿为明代彩画，数年前曾按原样予以重新油饰，仍然可以看出明代彩画的特点，以及其辉煌富丽的气氛。

总的看来，华北一带多用青绿彩画，西南一带多为五彩遍装，西北一带多用蓝绿点金，此种差异尚不知因何造成，不过它们全源于我国传统是没有问题的。

新疆如乌鲁木齐等处的回族寺院彩画，尚与内地无大差异。而南疆维吾尔族寺院彩画则有许多特殊作风。

因为平顶结构上，木料能用彩画的地方只是柱、梁、枋及屋檐板处，且有的地方并不施彩画，而是以雕刻取胜。

比较朴素的做法，则是在柱上油饰成或褐或蓝或绿等色调，而顶上梁枋则为白色。

最为富丽堂皇的则是柱上及梁枋上绘制各种花纹，有的甚为精致、华丽可取。

一般的枋子上，彩画较难处理，主要是因为枋子过于细长，但维吾尔族匠人却有许多办法。最常用的做法，是将枋心分成数段，分段加以装饰处理。在枋子空白的地方，常露出来本色木面，略加雕刻，显现出一种金黄色调，甚是美丽大方。

此外，也有在枋下施以连续的花纹，或在转角处加红褐色线条的种种变化，极为随意。

年代较近的建筑彩画，愈益鲜艳多彩，并且常在墙肩上加施彩画，多为连续状花纹，非常生动。颜色则多为红、白、绿、蓝等色，有的也因为花样过多，显得杂乱庸俗。

在顶棚上也常绘画各种花卉、卍字、风景等，它们比较特殊的作风，是各块天花的图案全不相同，但又有一致的作风，这是内地建筑上少有的。

在墓祠内部圆顶上，一般多是纯白色（即灰本色）但是也有的墓祠内部是满布粗壮的花纹卷草，以及阿拉伯文等。一般图案多粗壮有力，而少细腻的作风。

由上所述可知，我国各地的伊斯兰教建筑，都具有鲜明的民族特点和地方特色。它不但与国内其他宗教建筑有显著的差异，而且与国外的伊斯兰教建筑也大不相同。真如一束娇艳的花朵，丰富了世界建筑文化的花坛。自唐朝伊斯兰教传入我国以后，随着时间的推移，各个朝代的伊斯兰教建筑也都有新的不同的发展和特点。让我们珍视古代劳动人民遗留给我们的宝贵建筑遗产，很好地学习、继承和发扬其优良传统，为开创我国社会主义的新兴建筑事业而作出贡献。

主要参考书

[1] 白寿彝.中国伊斯兰教史纲要及其参考资料.上海：文通书局，1948.

[2] 民族问题研究会编.回回民族问题.北京：民族出版社，1980.

[3] 中国科学院民族研究所编.少数民族史志丛书.北京：中国科学院民族研究所，1964.

[4] 金吉堂.中国回教史研究.银川：宁夏人民出版社，2000.

[5] 马以愚.中国回教史鉴.北京：商务印书馆，1948.

[6] 许崇灏.伊斯兰教志略.北京：商务印书馆，1944.

[7] 张星烺.中西交通史料汇篇.北京：京城印书局，1940.